Approaching Frontiers of New Materials

走近前沿新材料

中国工程院化工、冶金与材料工程学部
中国材料研究学会 编写

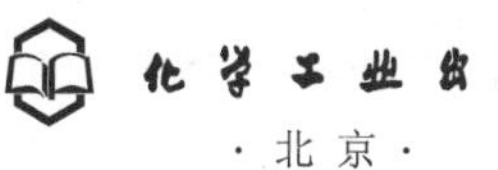
化学工业出版社
·北京·

内容简介

新材料产业是制造强国的基础，是高新技术产业发展的基石和先导。为了普及材料知识，吸引青少年投身于材料研究，促使我国关键材料“卡脖子”问题尽快得到解决，本书甄选部分对我国发展至关重要的前沿新材料进行介绍。书中涵盖了18种前沿新材料，主要包括信息智能仿生材料、医用材料、新能源和环境材料等。全书所选内容既有我国已经取得的一批革命性技术成果，也有国际前沿材料、先进材料的研究成果，以期推动我国材料研究和产业快速发展。

每一种材料都深入浅出地阐释了源起、范畴、定义和应用领域，还配有引人入胜的小故事和图片，让广大读者特别是中小学生更好地学习和了解前沿新材料。

图书在版编目（CIP）数据

走近前沿新材料.3 / 中国工程院化工、冶金与材料工程学部，中国材料研究学会编写. —北京：化学工业出版社，2022.3

ISBN 978-7-122-40632-3

Ⅰ.①走… Ⅱ.①中… ②中… Ⅲ.①材料科学-普及读物 Ⅳ.① TB3-49

中国版本图书馆 CIP 数据核字（2022）第 018037 号

责任编辑：刘丽宏　　文字编辑：林　丹
责任校对：王　静　　装帧设计：王晓宇

出版发行：化学工业出版社（北京市东城区青年湖南街13号　邮政编码100011）
印　　装：北京天宇星印刷厂
710mm×1000mm　1/16　印张14　字数230千字
2022年3月北京第1版第1次印刷

购书咨询：010-64518888　　售后服务：010-64518899
网　　址：http://www.cip.com.cn
凡购买本书，如有缺损质量问题，本社销售中心负责调换。

定　　价：88.00元

《走近前沿新材料3》

编 委 会

总序

新材料作为科技强国建设的重要物质保障，是具有战略性、基础性和先导性的产业。新材料领域的健康发展，需要紧紧围绕国家重大需求，不断开展宏观战略研究，及时面向社会发布行业发展趋势、存在的问题和行业指导性建议，以期助力推动我国新材料与高新技术、高端制造和重大工程的深度融合。

《中国新材料研究前沿报告》《中国新材料产业发展报告》《中国新材料技术应用报告》《走近前沿新材料》系列新材料品牌战略咨询报告与技术普及性图书立足新材料产业发展链条，涉及研究前沿、产业发展、技术应用和科学普及四个维度，每年面向社会公开出版。其中，《中国新材料研究前沿报告》主要任务是关注对行业发展可能产生重大影响的原创技术、关键战略材料领域基础研究进展和新材料创新能力建设，梳理出发展过程中面临的问题并提出应对策略和指导性发展建议；《中国新材料产业发展报告》主要任务是关注先进基础材料、关键战略材料和前沿新材料的产业化问题与对行业支撑保障能力的建设问题，提出发展思路和解决方案；《中国新材料技术应用报告》主要任务是关注新材料在基础工业领域、关键战略产业领域和新兴产业领域中应用化、集成化问题以及新材料应用体系建设问题，提出解决方案和政策建议；《走近前沿新材料》主要任务是将新材料领域不断涌现的新概念、新技术、新知识、新理论以科普的方式向广大科技工作者、青年学生、机关干部进行推送，使新材料更快、更好地服务于经济建设。以上四部著作以国家重大需求为导向，以重点领域为着眼点开展工作，对涉及的具体行业原则上每隔2~4年进行循环发布，这期间的动态调研与研究会持续密切关注行业新动向、新态势，及时向广大读者报告新进展、新趋势、新问题和新建议。

以上系列新材料品牌战略咨询报告与技术普及性图书由中国工程院化工、冶金与材料工程学部和中国材料研究学会共同组织编写，由中国材料研究学会新材料发展战略研究院组织实施。2022年公开出版的四部咨询报告分别是《中国新材料研究前沿报告（2021）》《中国新材料产业发展报告（2021）》《中国新材料技术应用报告（2021）》和《走近前沿新材料3》，这四部著作得到了中国工程院重大咨询项目《新材料发展战略研究》《新材料前沿技术及科普发展战略研究》《新材料研发与产业强国战略研究》及《先进材料工程科技未来20年发展战略研究》等课题支持。在此，我们对今年参与这项工作的专家们的辛苦工作致以诚挚的谢意！希望我们不断总结经验，不断提升智库水平，更加有力地为中国新材料的发展做好战略保障和支持。

以上四部著作可以服务于我国广大材料科技工作者、工程技术人员、青年学生、政府相关部门人员，对于图书中存在的不足之处，望社会各界人士不吝批评指正，我们期望每年为读者提供内容更加充实、新颖的高质量、高水平的图书。

二〇二一年十二月

前言

科技创新和科学普及是手心与手背的关系，两者相互关联、相互依存。科技创新的根本目的是取得创新的主动权，通过科技创新促进经济社会高质量发展，提升人民群众的生活水平和幸福感。科学普及则是联结科技工作者与人民群众之间的桥梁和纽带，将科技创新工作以喜闻乐见的形式播撒到大众中去，让科技的种子在大众中汲取养分、生长壮大，从而进一步反哺科技创新。

近年来，新材料得到了日新月异的蓬勃发展，呈现出材料与器件一体化、结构与功能复合化，以及多学科交叉、多技术融合、绿色低碳和智能化等发展趋势，材料领域新理论、新概念、新知识、新技术层出不穷，新材料产业不断发展壮大，新材料应用技术研究不断深入。然而，社会各界对于新材料的认知速度远远跟不上新材料的发展速度，因此，通过《走近前沿新材料》系列科普读物来提升工程技术人员、科技工作者、政府决策人员、青年学生等群体对新材料的认知，提升研究开发、技术应用以及政府决策过程中对新材料及技术的考量，促使新材料更快、更好地服务于经济建设和社会发展，加强新生代对新材料的了解具有迫切且重要的意义。

《走近前沿新材料 3》是中国材料研究学会在承担中国工程院重大战略咨询项目《新材料研发与产业强国战略研究》所取得的研究成果的基础上完成的出版物，是中国材料研究学会品牌系列出版物之一，是继 2019 年《走近前沿新材料 1》和 2020 年《走近前沿新材料 2》之后的又一部关于前沿新材料的科普作品。

科普是一门学问，是一项高超的技术，用科普的形式表达科技成果，并不是科学家水平的降低，而是更高水平的体现，因为只有当科学家对某个科学问题理解得深入透彻、运用到炉火纯青的时候，才能用简单生动的语言表达出来。在今年的科普作品里，有作者把层层组装涂层技术比作千层饼，有作者将折纸/剪纸的形变艺术与超材料的功能完美结合，还有作者将3D打印材料化身为哈利·波特的魔杖，这些作品把晦涩难懂的科技语言变得有色彩、有温度，令人恍然大悟、茅塞顿开。

以中国工程院重大战略咨询项目《新材料研发与产业强国战略研究》成果为基础编写的四本出版物中，《走近前沿新材料3》是唯一的科普作品，经过编委们的共同努力，《中国新材料前沿研究报告》《中国新材料产业发展报告》《中国新材料技术应用报告》三本书的精华部分得以浓缩到这本科普读物中。

本书的内容包括光伏材料、储氢材料、可降解医用材料、手性材料、智能压电材料、气凝胶、超材料、铁电材料、石墨烯等新材料，也包含对前沿材料的科学原理和制造技术的介绍。各篇章的作者都是活跃在新材料研究、制造、应用领域的优秀的科学家、教育家、工程师。感谢各位作者，用思想的火花点亮智慧之光，引领各位读者进入神奇的新材料世界。由于创作时间紧，书中还存在诸多不足之处，望编委会在今后的工作中进一步改进，同时我代表编委会呼吁更多的科技工作者参与到材料科普工作中来，为读者奉献出更加精彩的作品。

特别感谢参与本书编写的所有作者：

- 能源之光　鲁建峰　黄福志
- 会“呼吸”的金属　阎有花　武　英
- “千层饼”层层组装涂层及技术　纪晓静　杨　凯　曾荣昌
- 可降解医用金属　王雪梅　曾荣昌
- 手性：左与右的博弈　缪腾飞　张　伟
- 智能压电材料　白功勋　肖　珍
- “多才多艺”的金属　赵　晨　王崇臣
- 气凝胶　肖芸芸　彭　飞　冯　坚
- 懒惰的“小螺搬运工”与金属低温失效　张雨衡　卢　岩　韩卫忠
- 高性能亚稳钛合金　任　磊　肖文龙
- 折纸/剪纸超材料　许河秀　王明照
- 探索原子世界的凝固形核　雷岳峰　牛　硕　牛海洋
- 铁电材料　周　飞　曲　囡　朱景川
- 超浸润界面材料　王德辉　邓　旭
- 电致变色材料　韦友秀　颜　悦
- 仿生材料　陈　振　张增志

· 跨越维度的携手　　　　　　　　　邢　悦

· 从哈利 · 波特到 3D 打印　　　　　师　博　杨源祺　陈帅雷　黄依婧　黄佳玮　姚瑞希　赵　沧

新材料是现代高新技术、新兴产业的基础和先导，新材料是人类文明的基石，希望通过本书的传播，更好地构筑我国新材料领域的基础，为今后几十年我国材料领域的发展贡献一份力量。希望《走近前沿新材料 3》能为广大读者提供有益的参考。

谢建新

二〇二一年十二月

目录

能源之光

鲁建峰　黄福志

引言

能源是人类生存与发展的物质基础，人类社会的每一次进步都伴随着能源利用方式的变革。工业革命以来，人类对能源的需求量与日俱增，煤、石油、天然气等自然资源为我们源源不断地提供了能量。如今，自然环境恶化、温室效应日益严重，这些信号警示我们，对新型清洁能源的开发与利用已经迫在眉睫，我们亟须开发出满足未来生产、生活需求的新型能源利用方式。

自 19 世纪末期人类进入“电气时代”以来，电能已经逐渐成为工业生产和人类生活的主要能量来源，小到手机、电灯、空调，大到汽车、高铁、工业设备都离不开电能的驱动。人类对电能的掌握离不开英国著名的物理学家法拉第的贡献，他发现的电磁感应现象，为发电机的出现奠定了基础。如今，为了满足人们日益增长的用电需求，火电厂的数量和规模也在持续增加，且其中大部分仍采用传统的发电方式，通过燃烧煤炭等化石燃料产生热能，驱动发电机的转子做切割磁感线的运动产生感应电流，即将热能转化为动能进而通过电磁感应转化为电能。这样的发电方式驱动人类社会发展了 100 多年，虽然使人们的生活水平和生产能力得到了巨大的提升，但不可否认的是，这样的发电方式不仅效率低下，而且对环境的危害极大。目前，火力发电对化石燃料的最高能量转化率仅为 40% 左右，且在化石燃料燃烧过程中会产生大量的温室气体和污染物，近些年来频繁出现的极端天气，如高温、干旱、雾霾等都与其有较大关联。因此，抛弃传统思维，寻求新型清洁的发电方式成为一项迫在眉睫的任务。那么，到底何种能源利用方式才是真正的能源之光呢？

太阳能是地球上一切能量的源头。作为一种清洁可再生的资源，太阳能取之不尽，用之不竭。太阳能作为一种免费的、随处可取的能源，不受能源危机和燃料市场不稳定因素的影响。据统计，地球上的太阳能资源可达120000TW，其分配不受地域限制，无论是发达地区还是偏远地区，无论是内陆地区还是沿海地区，都有分布，且容易获取。产生太阳能的装置可以安装在建筑的屋顶和墙壁上，无需占用大量土地，并保持建筑的美观。

太阳能的利用形式多种多样，它可以直接转化为热能、生物能，例如，化石燃料是由古生物的遗骸经过一系列复杂变化形成的。太阳能也是风能的源头。但是，将太阳能转化为电能是一种最直接的能量转化途径。太阳能电池正是这样一种可以将太阳能直接转化为电能的装置，其发电过程中不产生任何污染物。

太阳能电池的发展与原理

太阳能发电这一革命性技术是人们经过了漫长的探索才逐渐掌握的。1839年，年仅19岁的贝克雷尔在研究电解池时，观察到光照可以使电极两端产生额外电压，这是人们第一次发现“光生伏特效应”，即“光伏效应”，因此太阳能电池技术也叫光伏技术。1883年，美国科学家查尔斯·弗里茨通过在硒半导体上覆上一层金得到了半导体-金属结，实现了1%的能量转化效率。1954年，美国贝尔实验室诞生了第一代实用的太阳能电池。到了20世纪70年代，由于石油危机的爆发，人们意识到利用新能源的必要性，从此，太阳能电池开始应用到民生领域。

太阳能电池的工作原理的基础是光伏效应，即半导体在受到光照时产生电动势的现象。如果将电子看作水，那么光照可看作工作的水泵，光伏效应便是由工作的水泵将水源源不断地从低处的水池提升到高处的水池，使两处的水池形成压力差。当连通两处水池的管道的阀门打开，高处的水便会流回低处，形成回路，电子亦是如此。

光伏技术的发展是由光电材料的发展驱动的。第一代光伏技术是基于晶硅材料，即晶硅太阳能电池，包括多晶硅、单晶硅，是目前应用最为广泛的、商业化最成功的太阳能电池。这里以单晶硅太阳能电池为例介绍太阳能电池的工作原理：单晶硅太阳能电池的光电转换材料由n型掺杂和p型掺杂的硅基半导体组成。n型半导体为电子浓度较高的半导体，即电子为多子，其通常为掺入少量磷元素的硅晶体，由于磷原子最外层有五个电子，而硅原子的最外层仅有四个电子，磷原子中的一个电子无法与相邻的硅原子成键，因此其几乎不受束缚，极易成为自由电子。p型半导体为“空穴”（可看作正电荷）浓度较高的半导体，即空穴为多子，其通常为掺入少量硼元素的硅晶体，硼原子最外层有三个电子，比硅原子的最外层少一个电子，因此其可吸收其他电子来填充此空穴。但总体来看，无论n型还是p型半导体，其电子数量与质子数量保持一致，所以对外均显示电中性。当n型半导体与p型半导体结合到一起时，由于两种半导体的多子种类不同，浓度差会使n型半导体中的电子向p型半导体中扩散，p型半导体中的空穴向n型半导体扩散，进而形成一个由n型半导体指向p型半导体的内建电场，与扩散作用形成制衡。当两者平衡时，在n型和p型半导体的界面处附近就会产生一个具有电势差的薄层区域，即pn结（图1），单晶硅太阳能电池的开路电压一般为0.5～0.6V。当光线照射到吸光层，具有足够能量的光子可将电子激发，进而产生电子-空穴对。电子-空穴对可被内建电场分离，其中电子向n型区域移动，空穴向p型区域移动，最终可将电子输送到外电路，提供电能。因此，电流大小与电子-空穴对的数量直接相关，光照强度、电池面积等都对电流大小产生影响。

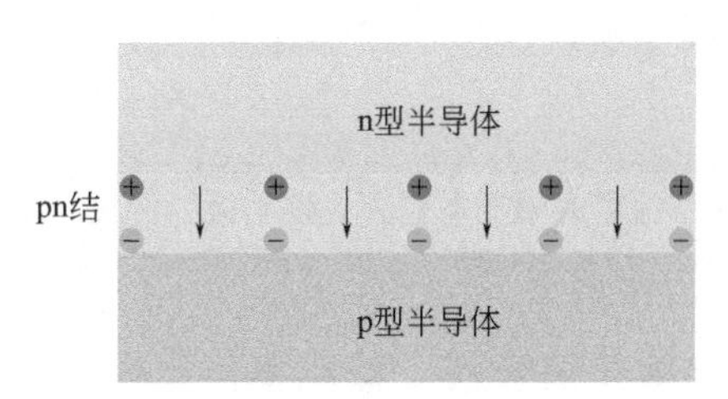

图1　PN结示意图

由于晶硅太阳能电池制备工艺复杂，成本高昂，且在其生产制备过程中有着较大的能源消耗，例如硅锭制备需要1000多摄氏度熔融，一个高能耗的清洁能源产业本身就是一个悖论，因此，人们需要一种更加低成本、低能耗的光伏发电方案。20世纪末期出现了基于无机化合物半导体薄膜材料的太阳能电池，包括了砷化镓（GaAs）、铜铟镓硒（CIGS）、碲化镉（CdTe）等一系列薄膜太阳能电池，它们也被称为第二代太阳能电池。然而，第二代太阳能电池仍然不够完美。首先是效率问题，除成本高昂的砷化镓薄膜太阳能电池以外，其他薄膜太阳能电池能量转化效率较低，与单晶硅太阳能 26% 以上的能量转化效率相去甚远。其次，砷化镓、铜铟镓硒、碲化镉太阳能电池虽然没有采用硅材料，但是，铟、镓、硒等仍是较为稀有的元素，且镉、砷等又有着较大的环境危害。最后，这些电池的制备方法大多采用真空镀膜方法，设备昂贵，能耗不低。

为了实现低成本、低能耗、可大面积制备、环境友好型的太阳能电池，人们又研发出了可印刷制备的第三代太阳能电池（图 2），包括染料敏化太阳能电池、有机太阳能电池、钙钛矿太阳能电池等。染料敏化太阳能电池是一种利用介孔半导体薄膜材料和染料敏化剂材料制备光活性层的太阳能电池，其工作原理与传统太阳能电池不同，其原理为：当光照射到染料分子时，染料分子中的电子受激跃迁，然后注入半导体薄膜中，进而传输到外电路，失去电子的染料分子可被还原态的电解质还原再生，电解质变成氧化态，而氧化态的电解质可以在对电极处获得电子，再次变回还原态电解质，形成回路。

(a) (b) (c)

图 2　第三代太阳能电池：（a）以单晶硅太阳能电池为代表的第一代太阳能电池；（b）以铜铟镓硒太阳能电池为代表的第二代太阳能电池[1]；（c）以钙钛矿太阳能电池为代表的第三代太阳能电池[2]

染料敏化太阳能电池虽然实现了低成本、规模生产，但是光敏材料稳定性较差、封装工艺复杂等问题，限制了其商业化进程。相比而言，有机太阳能电池和钙钛矿太阳能电池是目前最有潜力实现商业化的两种新型太阳能电池。有机太阳能电池是由有机光电材料构成光吸收层的太阳能电池，当光线入射时，光子激发有机给体材料中的电子，产生激子（受库仑力束缚的电子 - 空穴对），在给体与受体的界面处分离，电子进入受体材料输送到负极，空穴留在给体材料输送到正极，将它们输送到外电路便可实现做功。

2010 年左右，由于有机太阳能电池效率始终偏低，人们开始寻找新的更高效的光伏技术。钙钛矿太阳能电池应运而生，开始引起人们的广泛关注。

钙钛矿太阳能电池的核心吸光材料为钙钛矿材料，但是它并不是某种天然的“矿”，而是人工合成的具有钙钛矿晶型的有机 - 无机或纯无机卤化物材料。钙钛矿太阳能电池结构为由 n 型半导体、p 型半导体和钙钛矿吸光层组成的 p-i-n 或 n-i-p 结构。整个钙钛矿太阳能电池的工作原理主要可以分为三个部分，即光生载流子的形成，电子 - 空穴对的分离和转移，以及电荷的收集和传输。首先，太阳光照射到钙钛矿太阳能电池，钙钛矿吸光层材料可以吸收能量大于其能隙的光子，产生电子 - 空穴对。为了实现电子与空穴的有效分离和传输，通常在钙钛矿吸光层两侧分别引入能级与吸光层材料匹配的 n 型和 p 型半导体材料，等于是加载了一个选择性筛子，n 型半导体材料只允许电子进入，p 型半导体材料只允许空穴进入。最终，电子和空穴分别通过电子和空穴传输层后被两端电极收集，输送到外电路。

各类太阳能电池的研究进展与应用

1. 硅基太阳能电池

晶硅太阳能电池的组成部分包括钢化玻璃、EVA 材料（乙烯 - 乙酸乙烯酯共聚物）、电池片、背板等。其中电池片是晶硅太阳能电池的核心，单晶硅太阳能电池以纯度高达 99.999% 的单晶硅棒为原料，其制备方法主要有提拉法和悬浮区熔法。提拉法是将硅材料在石英坩埚中加热熔化，使籽晶与硅液面接触向上提升以长出柱状的晶棒；悬浮区熔法生长单晶硅技术是将区熔提纯和制备单晶结合在一起的一种方法，其可以得到纯度很高的单晶硅，但成本较高。单晶硅经切片和一系列处理后便可进入太阳能电池的制备流程，其主要有以下步骤[3]。

（1）“制绒”。太阳能电池制备的第一步是使用碱液对单晶硅片的表面进行处理，以去除表面损伤与杂质，并形成金字塔形的锥状表面，这种表面有利于减少光的反射，增强对光的吸收。

（2）扩散制结。制结，即对单晶硅片进行掺杂以形成 pn 结，掺杂的方法有热扩散法、离子注入法、激光法等，其中热扩散法最为常用。热扩散法使用的磷源为三氯氧磷（$POCl_3$），经过一系列的反应，磷会扩散到硅片内部，形成 n 型掺杂，进而形成 pn 结。

（3）等离子刻蚀边缘。在扩散制结结束后，硅片还需经过等离子刻蚀边缘以去除边缘的 PN 结，防止短路。

（4）去除磷硅玻璃。在热扩散制结的过程中，硅片表面会形成一层含有磷的二氧化硅层，其会严重影响电荷传输，通常采用氢氟酸刻蚀将其去除。

（5）沉积减反膜。在硅片表面沉积减反膜可以进一步减少光的反射，增加对光的吸收，等离子化学沉积 SiN 是最为常用的方法。此外，其制备过程中还会引入大量的氢，使硅片表面的悬挂键不断饱和，起到钝化的作用。

（6）印刷电极与烧结。印刷电极一般通过丝网印刷在太阳能电池的正面和背面印刷银铝浆，并烘干以形成良好的通路。烧结可以降低整个系统的自由能，提升器件稳定性。

目前，单晶硅太阳能电池的能量转化效率与其他太阳能电池相比仍然具有一定优势，当前单晶硅太阳能电池模组的最高能量转化效率是由日本公司 Kaneka 创造的，其制备的 79cm^2 的单晶硅太阳能电池模组实现了 26.7% 的效率，13177cm^2 的单晶硅太阳能电池模组实现了 24.4% 的效率[4]。中国企业在光伏领域的表现同样非常出色，如隆基股份、通威股份等企业，其单晶硅棒和硅片产量居于世界前列。

然而，单晶硅太阳能电池高昂的成本使其难以大范围推广，难以实现光伏发电的普及化。幸运的是，这一困扰很快被一对跨国师生解决了。他们就是马丁·格林教授和施正荣，他们攻克了在玻璃基板上生长晶硅薄膜的难题，进而凭借此技术制备出了多晶硅太阳能电池，实现了硅基太阳能电池成本的大幅下降，此薄膜厚度最薄仅为几微米，与单晶硅薄膜的几百微米相比，极大地节约了用料，且多晶硅薄膜的制备不需要像单晶硅那样苛刻的制备条件，有利于产品良品率的提升。施正荣于 2000 年回国创业，将自己在太阳能方面学到的知识应用于多晶硅太阳能电池的产业化生产，创办的多晶硅太阳能电池企业取得了巨大成功，甚至在 2006 年一度成为中国首富。

非晶硅和微晶硅太阳能电池的硅用量更是进一步减少。非晶硅太阳能电池的光活性层通常采用辉光放电法，高温分解并沉积掺有乙硼烷和磷化氢的硅烷，制备 N 型和 P 型的非晶硅薄膜。微晶硅太阳能电池的光活性层则通常采用高压沉积技术、取热丝化学气相沉积技术等进行制备。目前小面积（1cm^2）的非晶硅与微晶硅太阳能电池的效率也仅为 10% 左右，与单晶硅太阳能电池 25% 以上的效率有着较大差距[4]。

中国西部高海拔的戈壁荒漠有着丰富的太阳能资源，在此建设大面积的光伏电站可充分利用当地独特的自然条件。我国在青海省的塔拉滩建立了世界上最大的光伏电站，其面积超过了 600km^2，接近新加坡国土面积的大小，它一年的发电量可达14.94亿千瓦·时，对应到火力发电相当于标准煤46.46万吨，减少排放二氧化碳约122.66万吨、二氧化硫4.5万吨、氮氧化合物2.25万吨。得益于我国超高压输电技术，这里产生的清洁电能可以直接输送到江苏、河南等地。此外，它还是一座水光互补光伏电站，太阳能板在发电的同时，由于其对光照的遮挡作用，这里土地水分的蒸发速率大大降低，清洁光伏组件的水也起到了灌溉土地的作用，因此太阳能板下面土地的水分得到了保持，并渐渐长出了茂盛的牧草，水土流失现象得到了有效抑制，但是到了干燥的秋冬季节，太阳能板表面温度较高，大面积的干燥牧草有着巨大的失火风险。这一问题很快便得到了有效解决，青海当地畜牧业发达，电站便邀请附近的村民到园区内放牧，电站内茂盛的牧草为牛羊提供了充足的食物，同时牧草的减少也大大降低了火灾风险，实现了双赢。

2. 铜铟镓硒、碲化镉薄膜太阳能电池

铜铟镓硒（CIGS）和碲化镉（CdTe）太阳能电池均属于无机薄膜太阳能电池。

首先，CIGS薄膜太阳能电池是多层膜结构组件（图3），其主要结构有玻璃基底、背电极（Mo）、吸收层（CIGS）、缓冲层（通常是CdS）、透明导电层（ZnO及Al掺杂ZnO双层结构）、上电极（通常为Ni/Al）、减反射层（MgF_2）。除玻璃基底外，柔性的不锈钢、聚合物（如PET）以及其他金属薄片都可用作基底，因此可制备柔性铜铟镓硒太阳能电池[5]。

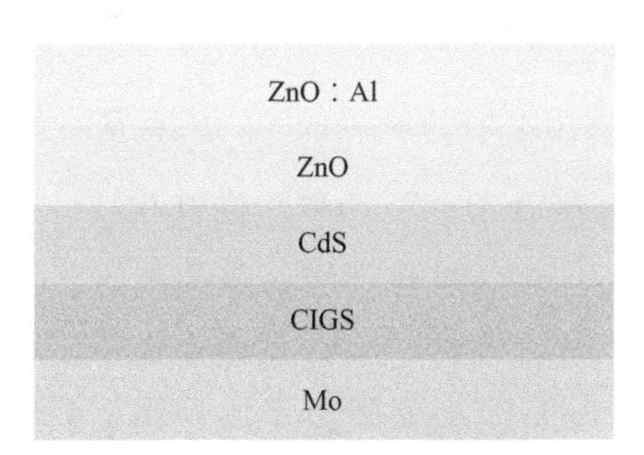

图3　CIGS太阳能电池示意图

CIGS吸收层的制备是CIGS薄膜太阳能电池制备中最关键的部分，其制备方法包括共蒸发法、后硒化法、电沉积法、丝网印刷法、微粒沉积法、分子束外延法等。目前已经用于工业化生产并且制备出高效率电池的方法是共蒸发法和后硒化法[6]。共蒸发法是在真空环境中，同时加入Cu、In、Ga、Se

四种蒸发源，通过控制蒸发源的温度来控制蒸发速率，将四种元素按照比例沉积到基板表面，制备出 Cu（In,Ga）Se_2 薄膜。后硒化法是先将 Cu、In、Ga 三种金属元素通过蒸镀法、磁控溅射法等方法沉积到基板表面，制得前驱体金属薄膜，然后将此薄膜转移到 H_2Se 气体中进行硒化，最终得到铜铟镓硒薄膜。两种方法各有优劣：共蒸发法可较为精确地调节四种元素的比例，有利于制备高性能太阳能电池，在实验室制备小面积的 CIGS 器件时，薄膜质量较好；后硒化法中的 CIG 预制层较易制备，有利于大面积生产，但在硒化处理时，硒化程度较难精确控制，因此能量转化效率略低。目前，德国 Avancis 公司生产的有效面积为 670.6cm^2 的铜铟镓硒太阳能电池组件，实现了 19.6% 的能量转化效率 [4]。

CdTe 太阳能电池的结构可用透明导电玻璃或者金属材料作为基底，根据基底的不同，有两种典型的电池结构，分别为上层配置和底层配置 [7]，如图 4 所示。上层配置的 CdTe 薄膜结构是以透明玻璃为基底，依次生长透明导电层（TCO 层）、n 型 CdS 窗口层、p 型 CdTe 吸收层和背接触层。底层配置的 CdTe 薄膜结构以金属衬底为基底，首先沉积 p 型 CdTe 吸收层，然后再生长 n 型 CdS 窗口层、透明导电层 [8]。

(a)	(b)
背接触层	透明导电层
CdTe	CdS
CdS	CdTe
透明导电层	背接触层
玻璃衬底	金属衬底

图 4　CdTe 太阳能电池的配置：（a）上层配置；（b）底层配置

CdTe 薄膜的制备方法有很多，如近空间升华法、磁控溅射法、真空蒸发法、电沉积法等。相较于近空间升华法、磁控溅射法及真空蒸发法等，电沉积法具有制备成本低、控制简单、反应温和等优势，在大面积制备方面具有较大的发展潜力。CdS 薄膜的主要制备方法有化学浴沉积法、连续离子层吸附法、磁控溅射法、近空间升华法、化学气相沉积法等 [9-12]。

3. 砷化镓太阳能电池

砷化镓太阳能电池的制备工艺较为复杂，其光吸收活性层的制备方法有液相外延技术、金属 - 有机化学气相沉积等。砷化镓太阳能电池能量转化效率高，目前面积为 866.45cm^2 的单结砷化镓薄膜太阳能电池，其能量转化效率可达 25.1%[4]，通过制备叠层结构，其能量转化效率可达 30% 以上。此外，砷化镓太阳能电池具有很好的耐高温性能，其在 250℃的条件下仍能正常工作。凭借出色的能量转化效率和稳定性，多结砷化镓太阳能电池在航空航天领域应用广泛。

“嫦娥五号”轨道器就采用了目前效率最高的三结砷化镓太阳能电池，其结构为 GaInP/GaAs/Ga，能量转化效率不少于 30%。轨道器采用的三结砷化镓太阳能电池尺寸为 4cm × 6cm，并采用密栅网格型半刚性基板结构，实现了高比能太阳能电池阵设计。实际在轨工作期间，“嫦娥五号”轨道器太阳能电池电路工作点功率密度最大达到了 230W/m^2，表现出了优异的性能 [13]。

4. 染料敏化太阳能电池

1991 年，瑞士洛桑联邦理工学院的迈克尔·格兰泽尔教授制备出了第一块染料敏化太阳能电池，并实现了 >7% 的光电能量转化效率，开辟了太阳能电池领域中的一个全新的方向。

染料敏化太阳能电池由光电极、光敏染料、电解质、对电极、透明导电玻璃组成。其中，光电极为纳米半导体材料，常见的有 TiO_2、ZnO、SnO_2、Nb_2O_5 等，它们可通过溶胶 - 凝胶法、水热法、磁控溅射法等制备。光敏染料是实现光电转换的重要部分，它们吸附在光电极上，可吸收光照产生电子，常见的有钌的多吡啶化合物 [14]、锌的卟啉化合物 [15]，主要通过化学合成制得。除了人工合成的光敏染料，一些天然色素，如叶绿素 [16]、花青素 [17]、甜菜红素 [18]、类胡萝卜素 [19]，也可作为光敏染料，可从植物中提取，对环境几乎无害。

电解质起氧化还原的作用，还原型电解质有着还原染料的作用，氧化型电解质为空穴载流子。对电极是为氧化型电解质提供电子的装置，需具有良好的电子传导能力和较好的电催化性能，常见的对电极材料有金属铂和各种碳材料。

染料敏化太阳能电池以其低成本、无污染、工艺简单等优点被认为是未来光伏发电最有前景的发展方向之一，有效面积为 398.8cm^2 的染料敏化太阳能电池组件已经实现了 8.8% 的能量转化效率 [4]。此外，柔性染料敏化太阳能电池的出现进一步拓宽了太阳能电池的应用范围。北京大学的研究团队制备出了柔性纤维态染料敏化太阳能电池，光电能量转化效率超过 1.5%。

5. 有机太阳能电池

1986 年，柯达公司的华人博士邓青云将四羧基苝的一种衍生物与酞菁铜（CuPc）制备到一起组成异质结，实现了 1% 左右能量转化效率，开启了有机太阳能电池这一新的研究领域。有机太阳能电池发展至今，已经出现了多种结构[20]，如图 5 所示。

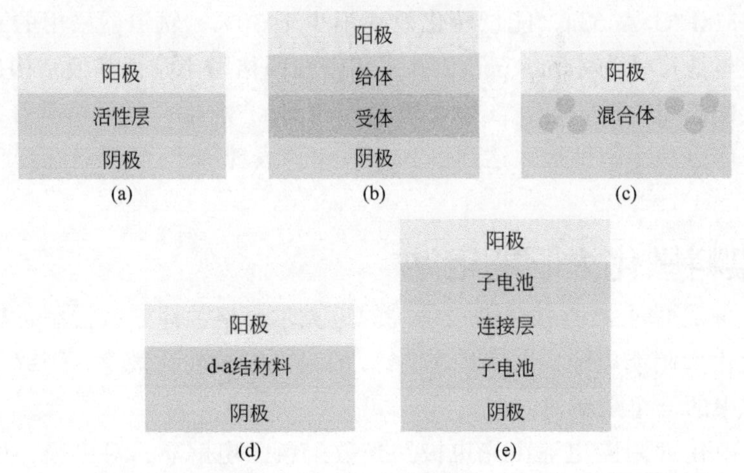

图 5　有机太阳能电池的结构：（a）单层结构；（b）双层异质结结构；（c）本体异质结结构；（d）单层分子 d-a 结结构；（e）叠层结构

（1）单层结构[21]。在两电极之间仅制备一层单极性的有机半导体材料，但此种结构的内建电场较弱，电子 - 空穴对复合严重，能量转化效率极低。

（2）双层异质结结构。在两电极之间制备给体层与受体层可形成异质结结构，此种结构可以有效将电子与空穴分离，并传输到电极，因此能量转化效率较高。

（3）本体异质结结构。通过给体与受体制备本体异质结可以实现较大的界面接触，更短的载流子扩散长度，从而显著提升电子 - 空穴对的解离效率[22, 23]。

（4）单层分子 d-a 结结构。将具有电子给体性质的分子与受体分子以共价键的方式连接，可形成同质双极材料，以此种材料制备的单层结构器件即为单层分子 d-a 结[24]。

（5）叠层结构。将两个或多个不同带隙的子电池堆叠串联，可形成叠层结构，此种结构通过光谱互补，可以有效提升光子的利用率，进而提升能量转化效率[25]。

活性层材料是决定太阳能电池性能的关键。1993 年，聚对苯乙烯撑类给体材料的出现开启了有机聚合物给体材料的快速发展时期。随后通过引入空穴传输性能较好的 3- 己基噻吩（P3HT）材料，器件的能量转化效率超过了 7.7%[26]。2003 年，第一个 D-A 共聚给体材料 PFDTBT 出现[27]。2009 年，基于酯基取代的噻吩并 [3,4-b] 噻吩（TT）与烷氧基取代的苯并 [1,2-b:4,5-b’] 二噻吩（BDT）共聚，制得了新型给体材料 PTB4[28]。2014 年，出现了给体材料 PTB7-Th，使用其制备的单结有机太阳能电池，能量转化效率突破 10%[29]。2018 年，出现了 PBDB-TC1 给体材料，相应的有机太阳能电池器件效率达到了 14.4%[30]。2019 年，通过混聚将酯基取代的噻吩引 PBDB-TF 中制备了新型给体材料 T1，实现了 15.1% 的能量转化效率[31]。目前，面积为 $203cm^2$ 的有机太阳能电池组件效率可达 11.7%[4]。

有机太阳能电池中的受体材料可分为富勒烯衍生物类和非富勒烯衍生物类。富勒烯衍生物类的受体材料中，$PC_{71}BM$ 最为知名，其具有较窄的带隙和光吸收的红移，因此有利于提升太阳能电池的效率。非富勒烯衍生物类的酰亚胺类、苯并噻二唑类表现较好。2019 年，出现了一种以缺电子单元苯并噻二唑为核的非富勒烯受体材料 Y6，以其作为受体材料的有机太阳能电池组件实现了 15.7% 的能量转化效率[32]。

有机太阳能电池中的各功能层一般通过溶液法进行制备，不仅可以通过常见的旋涂法进行成膜，还可通过刮刀涂布法、狭缝涂布法、喷墨打印法等印刷制备技术进行大面积成膜（图 6），再结合卷对卷生产工艺，有机太阳能电池便可像印刷报纸一样，快速、连续地被生产出来。在刮刀涂布和狭缝涂布中，薄膜厚度和质量受到多种因素影响，如基板的表面能、溶液的表面张力、刀头与基板之间的距离、刮刀的行进速度等。通过参数调控，采用刮刀涂布法制备 $16cm^2$ 的有机太阳能电池，其效率达到 7.5%[33]。此外，喷墨打印技术，作为一种成熟的印刷技术，也可用于有机活性层的大面积成膜。

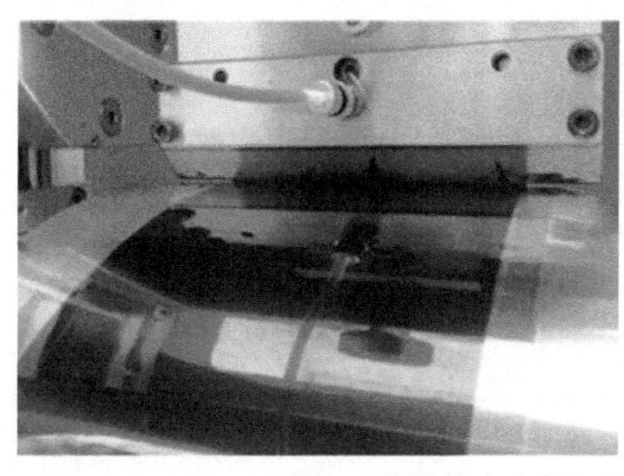
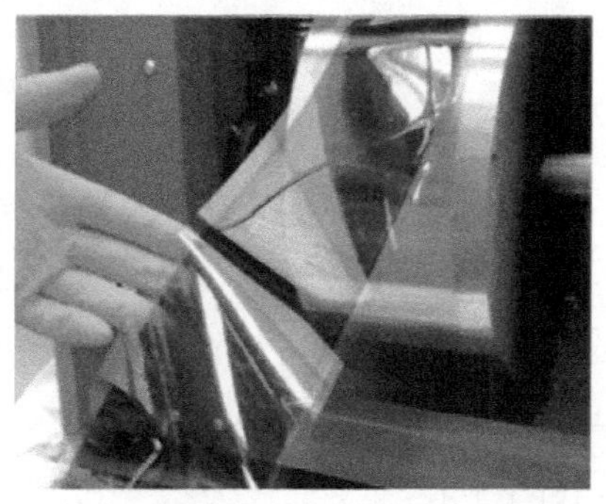

图 6　狭缝挤出法制备柔性有机太阳能电池[34]

6. 钙钛矿太阳能电池

钙钛矿太阳能电池的结构是从染料敏化太阳能电池演化过来的，2009年，钙钛矿型吸光材料首次被引入染料敏化太阳能电池中作为光敏染料，制备的电池器件能量转化效率为3.8%[35]。2011年，钙钛矿纳米晶首次被应用到太阳能电池中，制备出了能量转化效率为6.5%的钙钛矿量子点敏化电池器件[36]。2012年，韩国和瑞士科学家制备出了第一个全固态钙钛矿太阳能电池，其采用TiO_2作为电池器件的电子传输层，固态的钙钛矿材料作为电池器件的吸光层，Spiro-OMeTAD薄膜材料作为空穴传输层，其能量转化效率达到了9.7%[37]，自此，钙钛矿太阳能电池吸引了各国科学家的广泛关注，开始迅速发展。目前，小面积的钙钛矿太阳能电池的最高效率已经达到了25.6%，接近单晶硅太阳电池的效率。日本Panasonic公司制备的有效面积为$804cm^2$的大面积组件实现了17.9%的能量转化效率[4]，中国公司极电光能制备的面积为$63.98cm^2$的钙钛矿太阳能电池组件实现了20.1%的能量转化效率。

钙钛矿太阳能电池主要由五个功能层组成，分别为透明导电氧化物玻璃基底、电子传输层、钙钛矿吸光层、空穴传输层及金属电极。首先，根据各功能层的排列顺序不同，钙钛矿太阳能电池可分为正式结构（n-i-p）和反式结构（p-i-n）两种。正式结构为电子传输层（n型半导体）在钙钛矿吸光层的下方，空穴传输层（p型半导体）在钙钛矿吸光层的上方，钙钛矿吸光层夹在中间，而反式结构恰好与之相反，如图7所示。

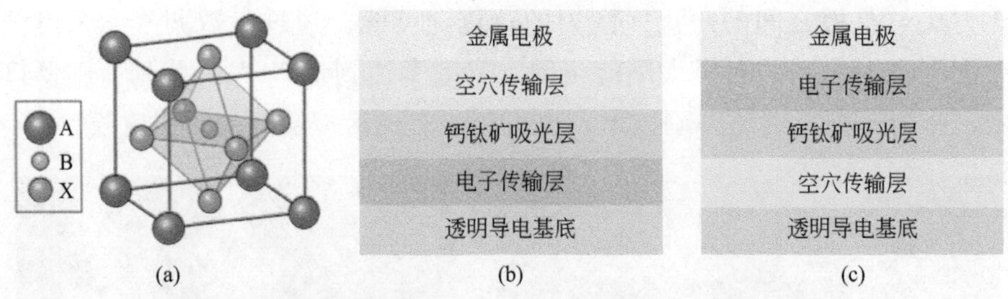

图7 钙钛矿太阳能的结构：（a）钙钛矿材料的晶体结构；（b）钙钛矿太阳能电池的正式结构；（c）反式结构

钙钛矿吸光层是钙钛矿型的有机-无机或纯无机卤化物半导体材料，分子通式为ABX_3，其中A位为有机阳离子，一般为甲脒$[CH(NH_2)_2^+, FA]$、甲胺（$CH_3NH_3^+$，MA）以及无机铯离子（Cs^+）等；B位为二价金属元素，位于八面体的体心位置，一般为Pb^{2+}和Sn^{2+}等；X位为卤素离子，其与B位的二价金属离子相连形成八面体配位，一般为I^-、Br^-和Cl^-等。通过调节钙钛矿吸光层材料中的各离子的种类和比例可以实现带隙等光电性能的调节。同时随着成分的变化，其稳定性也会有很大差异。目前常见的钙钛矿吸光层材料的组分有$FA_xMA_{(1-x)}Pb(I_yBr_{(1-y)})_3$、宽带隙$FA_xCs_{(1-x)}Pb(I_yBr_{(1-y)})_3$、窄带隙$FAPb_xSn_{(1-x)}I_3$和纯无机$CsPbI_3$等[38-40]。钙钛矿材料具有多种晶形，其中立方晶形具有光伏效应，能够吸收光能，产生自由电子 - 空穴对。

钙钛矿活性层的制备是决定钙钛矿太阳能电池性能的关键，其制备方法总体上可分为溶液法和气相法。气相法与铜铟镓硒太阳能电池的共蒸法类似，在真空环境下，通过升高温度蒸发有机卤化物材料和碘化铅，使其沉积在基板表面，形成钙钛矿薄膜，此种方法全程没有溶剂的参与，因此器件稳定性较好，但制备工艺相对复杂，且目前此种方法制备的太阳能器件能量转化效率低于溶液法。溶液法是更为常见的一种制备方法，与有机太阳能电池不同的是，钙钛矿薄膜的制备过程不仅涉及薄膜涂布的均匀性，还涉及更为关键的成核结晶。小面积钙钛矿薄膜一般通过旋涂法制备，且通常在旋涂过程中滴加反溶剂以加快成核速率，避免空洞的出现，形成致密均匀的钙钛矿晶体薄膜。大面积钙钛矿薄膜一般通过印刷技术进行制备，如刮刀涂布法、狭缝涂布法、棒涂法、喷墨打印法、超声喷雾法等。在其制备过程中，对于成核结晶过程的调控同样十分关键，例如，为了加快溶剂的挥发速度，常将可吹出高速气流的气刀与刮刀涂布法和狭缝挤出法相结合，以加快成核过程，减少溶质分子的聚集。目前对钙钛矿薄膜的研究仍不透彻，对制备大面积钙钛矿薄膜的调控仍达不到最优，所以大面积钙钛矿太阳能电池组件性能与单晶硅太阳能电池组件仍有一定差距。

电子传输层的作用是高效地转移钙钛矿吸光层产生的电子，同时要阻挡空穴。TiO_2是最早应用于钙钛矿太阳能电池器件的电子传输材料，主要应用于正式结构，但其制备往往需要500℃的高温烧结，虽然器件稳定性较好，但是能量转换效率较低。随着研究的不断深入，目前已经出现了SnO_2、ZnO、Nb_2O_5、Zn_2SnO_4等无机半导体材料，以及C_{60}和［6,6］- 苯基 -C_{61}- 丁酸异甲酯（PCBM）等有机电子传输材料。它们的制备方法有化学浴沉积法、溶胶 - 凝胶法、真空蒸镀法等。

空穴传输材料的作用是传输空穴并阻挡电子，其空穴传输能力的强弱对钙钛矿太阳能电池器件的性能有着显著影响。常见的有机空穴传输层材料有Spiro-OMeTAD、PEDOT:PSS、聚（3- 己基噻吩 -2,5- 二基）（P3HT）、聚［双（4- 苯基）（2,4,6- 三甲基苯基）胺］（PTAA）等，无机空穴传输层材料有NiO

等。其中 Spiro-OMeTAD 是最早应用的空穴传输层材料，也是在正式器件中应用最为广泛的空穴传输层材料，PTAA 是反式钙钛矿太阳能电池中常用的空穴传输层材料。

钙钛矿太阳能凭借出色的光电转化性能、低廉的制造成本，以及适用于大面积连续生产的性质，被认为是最有潜力的新型太阳能电池，所以其商业化进程也得到了迅速的推进。国内的极电光能、纤纳光电、协鑫光电等公司纷纷宣布了各自的工业化生产规划，开始建设兆瓦级的生产线，国外的牛津光伏公司已经在德国建立起了钙钛矿 - 硅叠层太阳能电池生产线，其制备的钙钛矿 - 硅叠层太阳能电池实现了 29.5% 的能量转化效率 [4]。

总结

丰富的太阳能是大自然对人类的最佳馈赠，太阳能电池是有效利用太阳能的最佳选择。从 20 世纪中后期，太阳能电池出现并应用到各个领域开始，它作为一种革命性的能源技术便吸引了全世界广泛的关注，也因此得到了迅速的发展。晶硅太阳能电池作为第一代太阳能电池，是商业化应用最为成功的一类太阳能电池，它的出现让普通人得以享受光伏发电的福利。为了追求更低的生产成本，更加快速、高效的生产工艺，第二代、第三代太阳能电池逐渐问世，它们使用更加低廉、易获取的原料，采用各种快速、高效的制备技术，但是它们在能量转化效率、工作稳定性等方面仍与晶硅太阳能电池有一定差距。

晶硅太阳能电池已经经过了 50 年左右的产业化发展之路，而大部分新型太阳能电池仅经过了二三十年的发展时间。特别是，钙钛矿太阳能电池仅经过了 10 年左右的发展时间，其能量转化效率已经可以与多晶硅太阳能电池媲美。所以，我们应该相信，随着科技的不断进步，低成本、高效制备太阳能电池的目标可以实现，将光伏发电普及到千家万户的目标也可以实现。

参考文献

[1] ChirilĂ A, Buecheler S, Pianezzi F, et al. Highly efficient Cu(In,Ga)Se_2 solar cells grown on flexible polymer films [J]. Nature Materials, 2011, 10(11): 857-861.

[2] Bu T, Li J, Li H, et al. Lead halide-templated crystallization of methylamine-free perovskite for efficient photovoltaic modules [J]. Science, 2021, 372(6548): 1327-1332.

[3] 杨慧敏，吴昊，刘凌云．单晶硅太阳能电池的生产工艺 [J]. 电子技术与软件工程，2016(20): 106.
[4] Green M A, Dunlop E D, Hohl-Ebinger J, et al. Solar cell efficiency tables (Version 58) [J]. Progress in Photovoltaics: Research and Applications, 2021, 29(7): 657-667.
[5] 郭杏元，许生，曾鹏举，等．CIGS 薄膜太阳能电池吸收层制备工艺综述 [J]. 真空与低温，2008(3): 125-133.
[6] Shafarman W N, Stolt L. Cu(InGa)Se_2 Solar Cells [C]. Handbook of Photovoltaic Science and Engineering, 2010.
[7] Kranz L, Gretener C, Perrenoud J, et al. Doping of polycrystalline CdTe for high-efficiency solar cells on flexible metal foil [J]. Nature Communications, 2013, 4(1): 2306.
[8] Liu F, Zeng Q, Li J, et al. Emerging inorganic compound thin film photovoltaic materials: progress, challenges and strategies [J]. Materials Today, 2020, 41: 120-142.
[9] Swansou D E, Sites J R, Sampath W S. Co-sublimation of $CdSe_xTe_{1-x}$ layers for CdTe solar cells [J]. Solar Energy Materials and Solar Cells, 2017, 159: 389-394.
[10] Camacho-Espinosa E, Rejón V, Hernández-Rodríguez E, et al. $CHClF_2$ gas mixtures to activate all-sputtered CdS/CdTe solar cells [J]. Solar Energy, 2017, 144: 729-734.
[11] Chander S, Dhaka M S. Time evolution to $CdCl_2$ treatment on Cd-based solar cell devices fabricated by vapor evaporation [J]. Solar Energy, 2017, 150: 577-583.
[12] Ojo A A, Olusola I O, Dharmadasa M I. Effect of the inclusion of galium in normal cadmium chloride treatment on electrical properties of CdS/CdTe solar cell [J]. Materials Chemistry and Physics, 2017, 196: 229-236.
[13] 刘志强，赵晨，曹彦，等. “嫦娥五号”轨道器供配电系统高比能设计 [J]. 深空探测学报，2021 (3): 237-243.
[14] Niedzwiedzki D M. Photophysical properties of N719 and Z907 dyes, benchmark sensitizers for dye-sensitized solar cells, at room and low temperature [J]. Physical Chemistry Chemical Physics, 2021, 23(10): 6182-6189.
[15] Campbell W M, Jolley K W, Wagner P, et al. Highly efficient porphyrin sensitizers for dye-sensitized solar cells [J]. The Journal of Physical Chemistry C, 2007, 111(32): 11760-11762.
[16] Panda B B, Mahapatra P K, Ghosh M K. Application of chlorophyll as sensitizer for ZnS photoanode in a dye-sensitized solar cell (DSSC) [J]. Journal of Electronic Materials, 2018, 47(7): 3657-3665.
[17] Chaiamornnugool P, Tontapha S, Phatchana R, et al. Performance and stability of low-cost dye-sensitized solar cell based crude and pre-concentrated anthocyanins: Combined experimental and DFT/TDDFT study [J]. Journal of Molecular Structure, 2017, 1127: 145-155.
[18] Subalakshmi K, Senthiiselvan J, Kumar K A, et al. Solvothermal synthesis of hexagonal pyramidal and bifrustum shaped ZnO nanocrystals: natural betacyanin dye and organic eosin Y dye sensitized DSSC efficiency, electron transport, recombination dynamics and solar photodegradation investigations [J]. Journal of Materials Science: Materials in Electronics, 2017, 28(20): 15565-15595.

[19] Khalili M, Abedi M, Amoli H S. Influence of saffron carotenoids and mulberry anthocyanins as natural sensitizers on performance of dye-sensitized solar cells [J]. Ionics, 2017, 23(3): 779-787.

[20] 密保秀，高志强，邓先宇，等. 基于有机薄膜的太阳能电池材料与器件研究进展 [J]. 中国科学：化学，2008 (11): 957.

[21] Tang C W, Albrecht A C. Photovoltaic effects of metal-chlorophyll-a-metal sandwich cells [J]. The Journal of Chemical Physics, 1975, 62(6): 2139-2149.

[22] Savoie B M, Dunaisky S, Marks T J, et al. The scope and limitations of ternary blend organic photovoltaics [J]. Advanced Energy Materials, 2015, 5(3): 1400891.

[23] Gasparini N, Wadsworth A, Moser M, et al. The physics of small molecule acceptors for efficient and stable bulk heterojunction solar cells [J]. Advanced Energy Materials, 2018, 8(12): 1703298.

[24] Cravino A. Conjugated polymers with tethered electron-accepting moieties as ambipolar materials for photovoltaics [J]. Polymer International, 2007, 56(8): 943-956.

[25] Yong C, Yao H, Gao B, et al. Fine-tuned photoactive and interconnection layers for achieving over 13% efficiency in a fullerene-free tandem organic solar cell [J]. Journal of the American Chemical Society, 2017, 139(21): 7302.

[26] Baran D, Ashraf R S, Hanifi D A, et al. Reducing the efficiency-stability-cost gap of organic photovoltaics with highly efficient and stable small molecule acceptor ternary solar cells [J]. Nature Materials, 2016, 16(3): 363-369.

[27] Svensson M, Zhang F, Veenstra S C, et al. High-performance polymer solar cells of an alternating polyfluorene copolymer and a fullerene derivative [J]. Advanced Materials, 2003, 15(12): 988-991.

[28] Liang Y, Feng D, Wu Y, et al. Highly efficient solar cell polymers developed via fine-tuning of structural and electronic properties [J]. Journal of the American Chemical Society, 2009, 131(22): 7792-7799.

[29] Chen J D, Cui C, Li Y Q, et al. Single-junction polymer solar cells exceeding 10% power conversion efficiency [J]. Advanced Materials, 2015, 27(6): 1035-1041.

[30] Zhang S, Qin Y, Zhu J, et al. Over 14% efficiency in polymer solar cells enabled by a chlorinated polymer donor [J]. Advanced Materials, 2018, 30(20): 1800868.

[31] Cui Y, Yao H, Hong L, et al. Achieving over 15% efficiency in organic photovoltaic cells via copolymer design [J]. Advanced Materials, 2019, 31(14): 1808356.

[32] Yuan J, Zhang Y, Zhou L, et al. Single-junction organic solar cell with over 15% efficiency using fused-ring acceptor with electron-deficient core [J]. Joule, 2019, 3(4): 1140-1151.

[33] Zhang K, Chen Z, Armin A, et al. Efficient large area organic solar cells processed by blade-coating with single-component green solvent [J]. Solar RRL, 2018, 2(1): 1700169.

[34] Lucera L, Machui F, Kubis P, et al. Highly efficient, large area, roll coated flexible and rigid OPV modules with geometric fill factors up to 98.5% processed with commercially available materials [J]. Energy & Environmental Science, 2016, 9(1): 89-94.

[35] Kojima A, Teshima K, Shirai Y, et al. Organometal halide perovskites as visible-light sensitizers for photovoltaic cells [J]. Journal of the American Chemical Society, 2009, 131(17): 6050-6051.

[36] Im J H, Lee C R, Lee J W, et al. 6.5% efficient perovskite quantum-dot-sensitized solar cell [J]. Nanoscale, 2011, 3(10): 4088-4093.
[37] Kim H S, Lee C R, Im J H, et al. Lead iodide perovskite sensitized all-solid-state submicron thin film mesoscopic solar cell with efficiency exceeding 9% [J]. Scientific Reports, 2012, 2: 591.
[38] Zhao D, Chen C, Wang C, et al. Efficient two-terminal all-perovskite tandem solar cells enabled by high-quality low-bandgap absorber layers [J]. Nature Energy, 2018, 3(12): 1093-1100.
[39] Mcmeekin D P, Sadoughi G, Rehman W, et al. A mixed-cation lead mixed-halide perovskite absorber for tandem solar cells [J]. Science, 2016, 351(6269): 151-155.
[40] Wang P, Zhang X, Zhou Y, et al. Solvent-controlled growth of inorganic perovskite films in dry environment for efficient and stable solar cells [J]. Nature Communications, 2018, 9(1): 2225.

会“呼吸”的金属

——谈储氢合金

阎有花　武　英

呼吸是指机体与外界环境之间气体交换的过程。世间的生物依靠呼吸来获取生命活动的动力。然而，呼吸只是生命体的专利么？其实，有些金属也能够“呼吸”，它们能吸入和呼出氢气，不支持必要生命活动，却可以储能并为航天器、潜艇和燃料电池汽车等提供动力。

储氢合金的特别之处

首先，我们来了解一下氢气。氢气来源广泛，可由水制得，其在氧气中燃烧又生成水，对环境无污染，且发热值高。不管是从当前化石能源短缺问题出发，还是出于环境保护与可持续发展的考虑，氢能被认为是未来最理想的清洁能源。

与高压气瓶或低温液化等物理储氢方式不同，储氢合金通过与氢化合，以金属氢化物形式储存氢，并能在一定条件下将氢释放出来。采用储氢合金来储氢，不仅具有储氢量大、能耗低、使用方便的特点，而且可免去庞大而笨重的钢制容器，使存储与运输更为方便和安全。

合金作为储氢材料，根据不同的用途有不同的要求。一般来说，有以下几方面基本要求：第一，单位质量、单位体积吸氢量要大，这决定了可利用的能量的多少；第二，金属氢化物形成与分解的平衡压要适当，即能在适合、稳定的氢压下大量吸、放氢；第三，吸放氢速率快，可逆性好；第四，抗氧化、湿度和杂质中毒能力强，具有高的循环寿命。这就好比生物呼吸一样，要气足、呼吸平和且顺畅。

储氢合金的前世今生

储氢合金的研究起始于 20 世纪 60 年代，首先是美国布鲁克 - 海文国家研究室的 Reilly 和 Wiswall 发现了镁和镍比为 2 ∶ 1 形成的 Mg_2Ni 合金；1970 年，荷兰菲利浦实验室发现了 $LaNi_5$ 合金，其在常温下具有良好的储氢性能，随后 Reilly 和 Wiswall 又发现了 TiFe 合金，如图 1 所示。此后，世界各国从未停止过新型储氢合金的研究与发展。

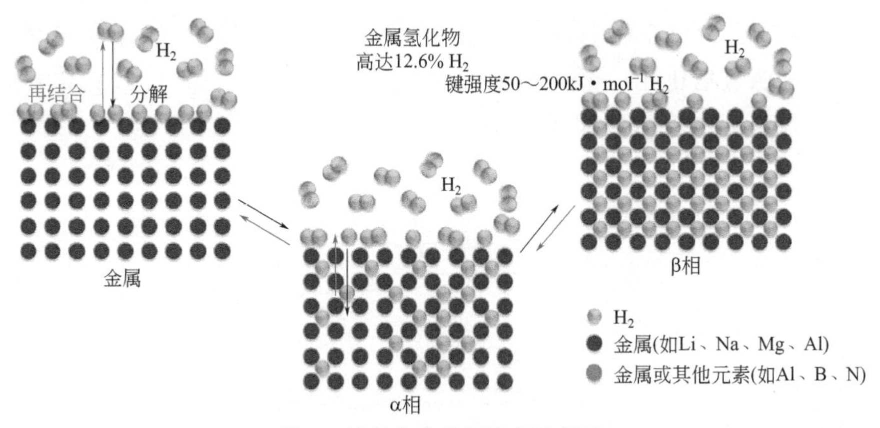

图 1　储氢合金吸氢机理示意图

能与氢化合生成氢化物的金属元素通常可分为两类：一类是 *A* 类金属，

如 Ti、Zr、Ca、Mg、V、Nb、稀土元素等，这类金属元素容易与氢反应，形成稳定氢化物，并放出大量的热，称为放热型金属；另一类是 *B* 类金属，如 Fe、Co、Ni、Cr、Cu、Al 等，这类金属元素与氢的亲和力小，不容易形成氢化物，氢在其间溶解时为吸热反应，因此这类金属称为吸热型金属。目前正在研究与开发应用的储氢合金基本上都是将 *A* 类金属与 *B* 类金属组合在一起，制备出在适宜温度下具有可逆吸放氢能力的储氢合金。这些储氢合金主要可分为以下几大类：AB_5 型（稀土系）、AB_2 型（锆系与钛系）、AB 型（铁钛系）、A_2B 型（镁系）储氢合金等。

储氢合金的大家族

1. AB_5 型（稀土系）储氢合金

以 $LaNi_5$ 为代表的稀土系储氢合金被认为是所有储氢合金中应用性能最好的一类，其晶体结构见图 2。$LaNi_5$ 室温下与几个大气压的氢反应，即可被氢化，生成 $LaNi_5H_6$。储氢容量约为 1.4%（质量分数），25℃的分解压力（放氢平衡压力）约为 0.2MPa，吸放氢速率快，很适合于室温环境下使用。但其在吸氢后晶胞体积膨胀（大约 23.5%），反复吸放氢过程中，合金会严重粉化。稀土系 AB_5 型的 $LaNi_5$ 及相关衍生合金可用于镍氢电池负极材料，目前已在各国实现工业化生产。

近些年来，稀土系储氢合金又发展出了非化学计量比的 AB_3、A_2B_7 型储氢合金，合金储氢量比 AB_5 型合金高，且能在室温下吸氢，如 $La_{0.7}Mg_{0.3}Ni_{2.8}Co_{0.3}$ 的可逆储氢量可达 1.8%（质量分数）。

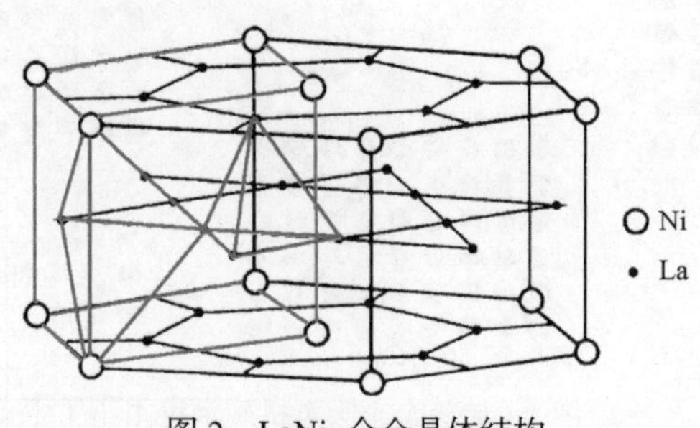

图 2　$LaNi_5$ 合金晶体结构

2. AB_2 型（锆系与钛系）储氢合金

AB_2 型 Laves 相储氢合金有钛基和锆基两大类。锆基 AB_2 型储氢合金主要有 Zr-V 系、Zr-Cr 系、Zr-Mn 系，其中 $ZrMn_2$ 是一种吸氢量较大的合金[储氢量 2.0%（质量分数），理论电化学容量 482mA・h/g]。20 世纪 80 年代末，为适应电极材料的发展，在 $ZrMn_2$ 合金的基础上开发了一系列电极材料，这类材料具有放电容量高、活化性能好等优点，所以具有较好的应用前景。钛基 AB_2 型储氢合金主要有 TiMn 基和 TiCr 基两大类，日本松下公司在优化 Ti-Mn 成分时，发现 Mn/Ti=1.5 的合金在室温下储氢量最大，可达到 $TiMn_{1.5}H_{2.5}$ [含氢量约为 1.8%（质量分数）]。另外，热碱浸渍、氟化处理等表面改性对合金的活化及快速充放氢性能均有显著改善。

钛 / 锆系储氢合金主要用于氢燃料电池汽车的金属氢化物储氢箱。当前，AB_2 型合金存在初期活化困难、高倍率放电性能较差及合金的原材料价格相对偏高等问题，但由于 AB_2 型合金具有储氢量高和循环寿命长等优势，被看作是镍氢电池的下一代高容量负极材料。

3. AB 型（铁钛系）储氢合金

AB 型储氢合金有 TiFe 系合金与 TiNi 系合金两类。TiFe 合金是 AB 型储氢合金的典型代表，是 1974 年美国布鲁克 - 海文国家研究室的 Reilly 和 Wiswall 发现的。TiFe 合金活化后在室温下即能可逆吸放大量的氢，理论储氢量 1.86%（质量分数），室温下的平衡氢压为 0.3MPa，很接近工业应用，且价格便宜、资源丰富，在工业生产中占有一定优势。但 TiFe 合金也存在较大的缺点，如活化困难、抗杂质气体中毒能力差、反复吸放氢后性能下降等。为了克服这些缺点，人们在 Ti-Fe 二元合金基础上，用其他元素代替 Fe，开发出了一系列新型的更适合的合金。

4. A_2B 型（镁系）储氢合金

Mg 在地壳中含量排第八位（2.7%），储量丰富。由于其化学性质活泼，所以在自然界以化合物形式存在。镁系储氢合金原子结构模型见图 3，在 300 ～ 400℃和较高的氢压下，镁可与氢气直接反应生成 MgH_2，并放出大量的热，反应方程式如下：

$$Mg + H_2 \longrightarrow MgH_2$$

其理论含氢量可达7.6%（质量分数），在用于储氢的可逆氢化物中，镁氢化物具有最高的能量密度（9MJ/kg），是非常有潜力的储氢材料。但Mg热稳定性高，放氢性能差，因此纯镁只能在高温高氢压下氢化，高温低氢压下脱氢，限制了其实际应用。

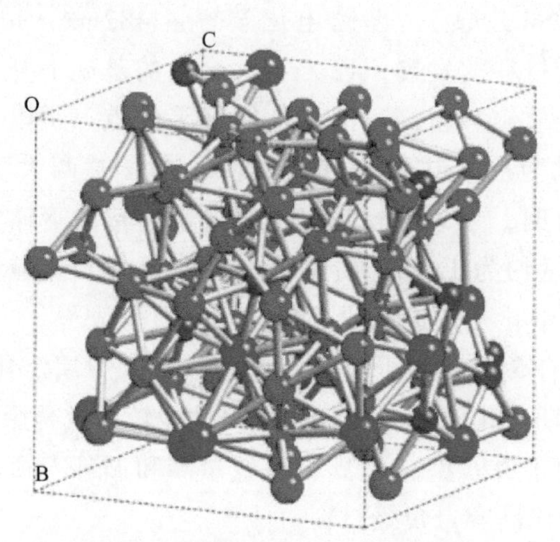

图3　镁系储氢合金原子结构模型

为降低Mg的放氢温度，改善热力学性能，将Mg与Ni、Cr、Co、Fe、Ti、RE（稀土）等金属合金化，制备出二元或更复杂的合金及氢化物，而复杂氢化物的分解温度往往比MgH_2低。以此为设计理念的镁基储氢合金主要包括Mg-Co、Mg-Cu、Mg-Ni、Mg-Fe、Mg-La、Mg-Al等体系及在此基础上发展出的三元及多元合金。提高纯Mg-H储氢体系的吸放氢速率，则可以通过对Mg基体表面进行改性，增加其表面积来提高基体表面对氢气的亲和力，以及提高扩散速率来实现。其中机械球磨、添加催化剂等方法可以显著提高Mg基体的吸放氢性能，增加实用的可能性。

储氢合金的应用

1. 通信基站、分布式供能及备用电源

氢燃料电池、氢燃料电池分布式电站、小功率家庭用氢燃料电池热电联供系统和移动式、便携式燃料电池电源等都是未来氢能转化技术的典型性应

用，见图 4 和图 5。由于燃料电池内部的运动零件极少，因此燃料电池发电厂一般没有常规火电厂那样复杂的锅炉、汽轮发电机等大型设备，不会出现设备零件损坏导致的重大事故。同时，设备的整装性使得占地面积小，可在线监控，具有自动操作能力。如果氢燃料能够用于工业发电和千家万户的日常生活，将会为保护地球环境作出巨大贡献。

图 4　氢能燃料电池的应用领域

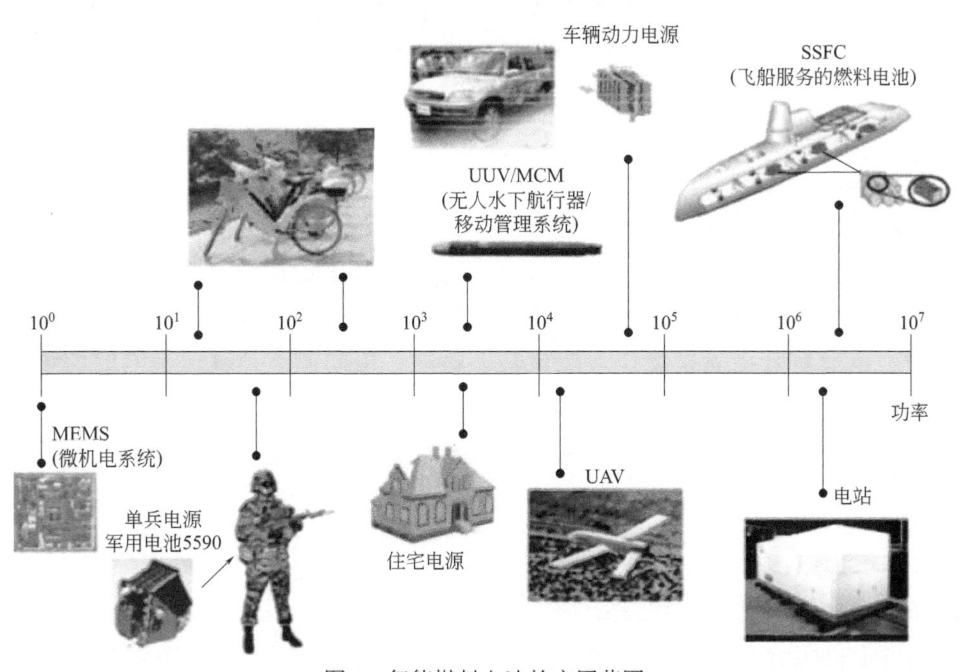

图 5　氢能燃料电池的应用范围

2. 氢能源汽车

用氢做燃料的氢燃料电池汽车（图 6）是解决汽车燃料问题的终极方案。氢能的主要使用方式是氢在内燃机内的直接燃烧和氢在燃料电池中的电化学转换。如果是仅仅用于上下班的班车、校车，纯电池电动汽车是不错的选择，但由于续驶里程和充电时间的限制，远距离行驶时，纯电动车并不适合。

最好的替代方案无疑是氢燃料电池车。如果有一天开发出的储氢材料具有高的储氢密度，替代目前高压的氢，以固态储氢的方案实现商业化，不需要高的压力，随处有低压的加氢站，加的是氢，排的是水，无噪声，零尾气污染，这种汽车跑到哪里都没问题。

图 6　氢燃料电池汽车

3. 空调与采暖

稀土储氢材料不仅能储氢，也是理想的能量转换材料。自从美国学者 Terry 提出氢化物热泵以来，引起了各国科学工作者的广泛关注，研制开发极为迅速，已成为金属氢化物工程的热点之一。氢化物热泵是以氢气作为工作介质，以储氢合金氢化物作为能量转换材料，由同温下分解压不同的两种氢化物组成热力学循环系统，以它们的平衡压差来驱动氢气流动，使两种氢化物分别处于吸氢（放热）和放氢（吸热）的状态，从而达到升温、增热或制冷的目的。

4. 传感器和控制器

稀土储氢合金生成氢化物后，氢达到一定平衡压，在温度升高时，合金压力也随之升高。根据这一原理，只要将一小型储氢器上的压力表盘改为温度指示盘，经校正后即可制成温度指示器。这种温度计体积小，不怕振动，准确。美国 System Donier 公司每年生产 75000 支这种温度计，广泛应用于各种飞机。这种温度传感器还可用于火警报警器、园艺用棚内温度测定及自动开关窗户等。利用稀土储氢合金吸放氢时的压力效应，如某些储氢合金吸氢后在 100℃时即可得到 6 ～ 13MPa 的压力，除可制成无传动部件的氢压缩机外，还可作机器人动力系统的激发器、控制器和动力源，其特点是没有旋转式传动部件，因此机器人反应灵敏，便于控制，反弹和振动小。稀土储氢材料的应用领域很多，如还可用在氢的同位素分离、超低温致冷材料、吸气剂、绝热采油管、高性能杜瓦瓶等，目前这些研究还在进一步开展中。

储氢合金的未来

氢能是未来能源结构中最具发展潜力的清洁能源之一，氢气的储存是氢能应用的关键环节。金属氢化物储氢具有储氢密度高、能源损耗低、稳定安全、便于储存和运输等显著优势。虽然目前仍存有技术上的难题，但长远来看，该技术的发展潜力巨大。未来，会“呼吸”的储氢合金将呼出一个低碳环保、绿色亮丽的生态环境！

“千层饼”层层组装涂层及技术

纪晓静　杨　凯　曾荣昌

起源

1966 年，杜邦公司科学家伊莱尔将表面处理后带有电荷的固体基底样品反复交替地浸泡在带有正、负电荷的勃姆石和二氧化硅胶体中，从而实现了样品表面胶体粒子多层膜的制作。从此，一种全新的层层组装涂层与技术诞生了。这种涂层结构重重叠叠，类似于我们日常喜爱的“千层饼”。

所谓层层组装技术就是利用分子间静电作用力交替地在材料表面装载或组装带有异种电荷的物质，从而制作多层保护膜的方法。这种方法如同“千层饼”的制作方法。首先，用开水和好面，在平底锅里烙熟一层；接着放上一层香料，再烙一层。这样熟一层，就把生的一面翻向锅底，熟的一层翻上来，如此反复进行，一锅一次只烙一个饼。为讲究花样，人们放的香料，一层与一层不同，或花生、或核桃、或枣干、或芝麻，一层一个味道，每层各具风味。素有“天下第一饼”美称的溪口千层饼于清光绪四年 (1878 年) 开始制作至今，比伊莱尔开发的层层组装技术整整早了 88 年！

层层组装技术的发展和改进

最初，由伊莱尔发明制作的这个类似“千层饼”的具体制备技术较为简单。如图 1 所示，首先将表面预处理，一般采用碱性的氢氧化钠溶液浸泡，然后将表面带有负电荷的固体基体浸泡在聚阳离子溶液中一段时间，紧接着用蒸馏水多次冲洗。其目的主要是洗去由于物理吸附富集在表面的聚阳离子。再将表面带有正电荷的基体浸泡在聚阴离子溶液中一段时间，然后用水洗去物理吸附的聚阴离子。这样便完成了一个周期的组装。重复上述过程，从而在基体上组装多层由静电力（即正、负电荷相互吸引）而紧密结合的膜结构物质，最终完成在固体样品上组装聚电解质多层膜结构物质的目的。

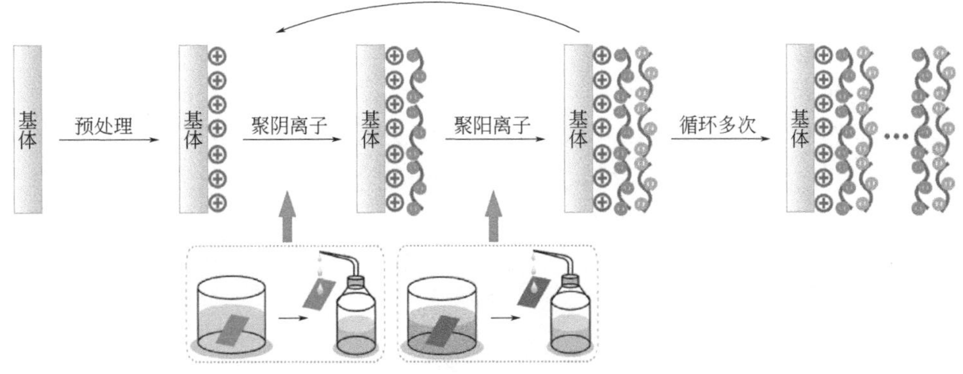

图 1　通过浸泡法层层组装技术制备多层膜工艺

1991 年，德谢尔教授重新提出了层层组装的概念，并将其用于功能性聚电解质和有机小分子组成的超薄膜制备，研发了新的“千层饼”食材，烹饪了新的美味，进而改进了现代“千层饼”（层层组装）的制作工艺，他也因此成为层层组装技术应用领域的核心人物。

层层组装技术发展到现代社会，已经由原来的采用带电基板浸泡吸附相反电荷沉积制备的方法转变为包括滴涂、喷涂在内的旋涂（旋转喷涂）法和包括浸渍提拉法、垂直沉积法在内的浸泡法两大门派。

实现旋涂法层层组装技术的关键是首先通过给样品基材施加恒定的向心力，使其匀速转动，组装材料由于惯性及黏附力的共同作用，迅速在基材表面成圆形放射状，并迅速均匀分散开来，从而形成均匀的旋涂涂层（图 2）。

根据组装层材料的不同特性，可选择不同组装方式。对于黏性较大的聚电解质或者粒径较大的胶体、悬浊液等，一般采用滴涂。对于黏性小的聚电解质及粒径小的悬浊液等，则一般采取喷涂。

如同制备“千层饼”时一定要首先清洗砧板，两层食材之间一定要加酱料一样，在利用旋涂法制备层层组装涂层时，在每一层涂层的制备和开始之前都需要滴加或者喷涂一层水。这是因为水能够清洗表面的污渍。另外，对于黏度大、表面张力大的组装材料而言，水能够帮助组装材料快速扩散。

浸泡法则是通过将基材在不同电荷的溶液中重复浸泡，将不同的聚电解质沉积在基材表面，从而制备层层组装的复合膜层。与旋涂法相同的是，每次浸泡结束后，同样需要用水冲洗表面。其主要目的是冲洗掉基材表面多余的聚电解质溶液，使得涂层结构更加紧密。与旋涂法不同的是，由于浸泡法在聚电解质溶液中停留时间较长，因此，若为较活泼的金属基材（如镁及合金），那么样品表面在聚电解质中容易发生除沉积外的腐蚀性反应：

$$Mg \longrightarrow Mg^{2+} + 2e^{-} \tag{1}$$

$$2H_2O + 2e^{-} \longrightarrow 2OH^{-} + H_2\uparrow \tag{2}$$

因此，样品表面产生了溶解破坏，还有氢气泡存在，从而破坏复合膜层的完整性。虽然浸泡法能够一次性大批量生产层层组装的复合多层膜样品，但旋涂法获得的涂层结合力和耐蚀性等性能更为优越。

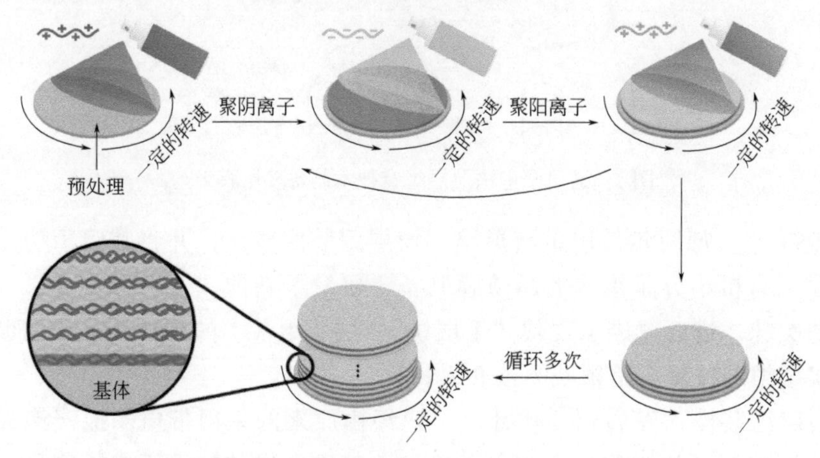

图 2　通过旋转喷涂法层层组装技术制备多层膜工艺

层层组装技术的驱动力

层层组装技术成膜的驱动力有静电作用力、氢键作用力、电荷转移作用力、共价键作用力、主客体作用力等，这几种驱动力之间既有密切的联系，又有各自的特点。

（1）静电作用力。静电作用力是自然界中普遍存在的一种作用力，也是构筑多层复合薄膜最常用的驱动力。基于异种电荷相吸的原理，带有相反电荷的组装基元交替沉积制备出多层复合薄膜。能够采用静电作用力自组装的物质很多，例如有机大分子、无机纳米粒子、生物大分子、胶体微粒、小分子等。利用静电作用力层层组装制备复合薄膜的优势是：复合薄膜的结构和排列方式能够得到有效的控制，其厚度在分子水平上可控。但是，基于静电作用力层层组装技术的成膜材料必须带有电荷，这限制了成膜材料的种类。

（2）氢键作用力。静电作用力层层组装所用的溶剂极性很大，通常是水，但是有一部分聚电解质不溶于水，只能溶解于有机溶剂中，所以就不能用静电组装方法制备。1997 年，吉林大学张希课题组最早提出了以氢键作用力构建多层膜的方法——氢键层层组装技术。氢键的键能介于共价键和分子间作用力之间，其具有选择性、方向性、饱和性、协同性及在自然界广泛存在等特点，所以基于氢键作用为驱动力已经成为一种重要的制膜方法。与相对稳定的静电力层层组装技术不同，氢键作用力对环境的 pH 值、温度等因素十分敏感，使得制备出的多层膜结构在微环境变化情况下容易解离，甚至不能成膜。

（3）电荷转移作用力。1952 年，马利肯在量子力学基础上提出了电荷转移理论，即当电子在分子间或分子内从电子给体向电子受体发生部分转移时，结果形成了电荷转移配合物。一般在未发生电荷转移的非键结构中，分子间主要以范德华力为主；而在电荷分离结构中，分子间作用力主要表现为电荷转移作用力。基于电荷转移相互作用，可以使两种非离子型聚合物层层组装为复合薄膜。利用此作用力制备的薄膜，聚合物的端基一般包含电子接受基团和电子给予基团，在两种基团的接触面上，可以形成电荷转移络合物。制备的薄膜具有均匀的疏水官能团，从而开拓了非水体系有机物的应用。

（4）共价键作用力。由于通过静电作用力、氢键作用力及电荷转移作用力制备的微胶囊，在极性溶剂和高浓度盐溶液中易受到侵蚀，稳定性较差，近几年基于共价键作用力的层层组装技术兴起，其主要依赖聚合物之间的反应来完成组装，共价键的键能高于静电力和氢键，所以制备出的微胶囊稳定性较好。

（5）主客体作用力。主客体作用力是超分子化学中常见的一种组装技术，是 1987 年诺贝尔奖获得者克拉姆教授提出的，其作用机理是以具有识别能力的冠醚作为主体，有选择地与作为客体的底物发生配合。

（6）其他作用力。除以上几种作用力外，其他作用力也可以作为成膜驱动力，如表面张力、毛细管道作用力、卤键作用力、碱基对作用力等。使用不同的作用力、不同的组装材料制备出的薄膜的表面结构、形态及功能存在差异，极大地扩展了层层组装技术的应用领域，为功能型薄膜材料提供了技术支持（图 3）。

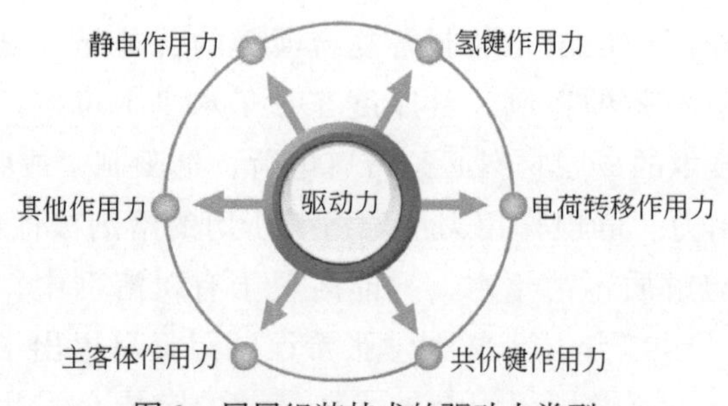

图 3　层层组装技术的驱动力类型

层层组装技术的应用

简易的成膜方式、温和的反应条件、丰富的组装基元以及多重的组装驱动力极大地拓展了层层组装技术的发展领域，这也使得层层组装的复合薄膜具有种类繁多的功能。当前，基于层层组装构筑的复合功能薄膜已经在光电器件、分离膜、生物化学以及药物释放等方面展现了优异的性能。

（1）光电器件方面。通过层层组装制备光电器械中的多层膜，提高了其优异的传导性能及光学性能。有的通过添加光敏离子使多层膜具备荧光性能；有的通过加热使其产生荧光；还有的多层膜在电催化和透光性能方面有优异的性能；将多层膜用于超级电容器的电极，增加了其储电性能，使超级电容器存储电荷的能力和容量均比普通电容器的大。太阳能电池一直以来都是研究的热点，利用太阳能电池代替其他光电器件，减少能源的浪费，并利用光电转换保护环境，也是未来发展的趋势。台湾成功大学苏彦勋博士利用层层自组装技术制备的太阳能电池将会应用于更广泛的领域。

（2）分离膜方面。通过静电作用组装的复合膜，主要用于纳滤膜和食品储藏等方面。纳滤膜是 20 世纪 80 年代末期问世的一种新型分离膜，其截留分子量介于反渗透膜和超滤膜之间，为 200 ～ 2000，由此推测纳滤膜可能拥有 1nm 左右的微孔结构，故称为“纳滤”膜。纳滤膜可以截留二价以上的离子和其他颗粒，所透过的只有水分子和一些一价的离子 (如钠、钾、氯离子等)。因此，纳滤膜可以用于生产直饮水，出水中仍保留一定的离子，并可降低处理费用。脂质体是一种类似于细胞结构的双分子层薄膜，由于脂质体能保护包裹的活性物质而被应用于基因转染、癌症治疗和化妆品等领域。而脂质体存在着保存期内粒径变大、絮凝、药物渗漏以及口服后在胃肠道中易被分解等问题，从而限制了其在食品中的应用。利用层层自组装技术将聚电解质沉积在脂质体表面形成一层保护膜是提高其贮藏和消化稳定性的有效手段。

（3）生物化学方面。层层组装技术可以在比较温和条件下同时装配几种生物材料，这种装配方式十分适合生化研究，目前应用较多的是生物传感器和生物反应器。日籍化学家国武豐喜最早使用层层组装技术装配了多层酶生物反应器，这种多层酶生物反应器最主要的优点是选材自由，通过改变组装层数、组装顺序、组装层距离来实现对生物反应器的控制。许多天然大分子也是带有电荷的，如脱氧核糖核酸分子，通过静电作用力可以使其与带有特定功能的聚电解质进行组装，形成聚电解质 - 天然大分子复合薄膜，这种薄膜在生物传感器上有重要应用，同时以这种方法制备出的生物传感器具有方法简单、价格低廉等优点。

（4）药物释放方面。在医疗实践中，为了达到更好的治疗效果，常常需要定点、定量释放药物以进行恰当的治疗，而具有靶向作用的 pH 响应性药物载体正符合这一要求。纳米载体的药物缓释及爆释作用是以扩散等方式在一定时间内以某种速度扩散到环境中，在运输过程中不会造成药物损失，可以提高药物的使用效率，同时也能降低药物毒性。层层组装技术可以将需要的材料引入纳米载体，并对载体的内外进行修饰，赋予其多功能性，近年来具有缓释及爆释作用的纳米载体的研究十分活跃。一般在手术后极容易发生细菌感染，感染处附近的 pH 值会呈酸性。因此，需要设计一种在酸性条件下药物快速释放而在中性环境中药物缓慢释放的释放体系。兰州大学刘鹏课题组制备了一种以羧基改性的介孔二氧化硅纳米颗粒为核，通过层层组装技术用荧光素异硫氰酸酯改性的壳聚糖和海藻酸钠进行包衣的纳米胶囊。多层膜修饰后的介孔二氧化硅纳米颗粒核可增强抗癌药物阿霉素的负载能力，多功能聚电解质壳可在介质 pH 值下调节药物的释放速度。对于 pH 5.0 的介质，由于外环境的 pH 值略高于海藻酸钠的酸度系数（3.4 ～ 4.2），海藻酸钠的大部分羧基质子化为—COOH 的形式，而壳聚糖（酸度系数约为 6.5）的剩余氨基去质子化为 NH_3^+ 形式。静电相互作用的裂解使得多层聚电解质壳在低的 pH 值下更具渗透性。因此，阿霉素可以很容易地通过聚电解质壳渗透到模拟的体液中。

层层组装技术的前景

层层组装技术作为近年来较为新颖的一项技术，广泛应用于化学、物理、生物、材料和纳米科学等研究领域。然而，目前研究人员的研究重点大部分在层层组装体系的制备、结构和功能上，对其组装过程的形成机制探讨较少，因而深入了解层层组装技术的组装机制及规律，对解决实验过程中出现的问题和层层组装技术的发展具有重要意义。可以预期的是，随着层层组装技术的进一步发展和完善，层层组装技术将在诸多领域发挥重要作用，同时推动科技进步和经济发展。

可降解医用金属

——像崂山道士一样遁形的“医用金属材料”

王雪梅　曾荣昌

生物医用材料，又称生物材料，是一类用于诊断、治疗、修复或替换人体组织或增进其功能的新型高技术材料。它包括医用金属材料、陶瓷材料、高分子材料及复合材料。医用金属材料如奥氏体不锈钢、钛合金是惰性的。医用陶瓷材料有些（如氧化铝）是惰性的，有些（如羟基磷灰石和生物活性玻璃）是可降解和吸收的。医用高分子材料有些（如聚乙烯、丙烯酸树脂和聚氨酯）不可降解，有些（如聚羟基烷酸酯）则可降解。可降解高分子材料可在水、光和生物酶等的作用下发生分离，分解成可被生物体吸收或排泄掉的小分子。常见的临床可降解医用高分子材料包括聚乙醇酸缝合线、聚乳酸和壳聚糖等。但可降解高分子材料机械强度低，应用受到限制。

可生物降解医用金属（Biodegradable Metals）材料是指能应用在人体体液中，帮助人体完成组织修复，并在使命完成后能自行降解、吸收或消失的一类金属。整个降解过程宛如崂山道士的“穿墙术”。那么，金属具备怎样的特质才能作为可降解医用材料呢？首先，医用金属材料必须对人体无毒无害，也就是具有良好生物相容性。其次，如果在人体组织愈合后，能够自行降解，通过人体正常的代谢就能吸收或排出，那就避免了二次手术带来的身体和经济的负担，我们将这种性质称为生物可降解性。

大家熟悉的叶绿素（镁卟啉）含有二价镁，人体血红蛋白的血红素（铁卟啉）含有二价铁。

目前，可降解医用金属材料已经发展出了以镁、锌、铁等为基材的三大类，其研究目前都已进入临床或应用阶段。其中，镁基合金在医学领域应用前景尤为广阔，已有镁骨钉等产品上市。首先，镁及其合金有良好的生物相容性，能够促进骨细胞增殖、分化，促进骨骼的生长、愈合；其次，它们有较高的生物安全性，镁是组成骨骼和肌肉的重要元素之一，是组成人骨的第二大阳离子，几乎参与人体所有新陈代谢反应，许多酶都离不开镁离子；再者，其质量轻，弹性模量与人体骨骼非常接近，可避免应力遮蔽效应，具有良好的力学相容性；如果经过特殊设计，就能实现腐蚀速率可控，这样就能控制它们在人体内工作的过程中，缓慢降解吸收，过量的镁离子通过肾脏尿液排泄掉（图 1）。这样的植入材料简直是太完美了！

图 1　镁合金的特点

所谓应力遮蔽效应是指当两种或者多种具有不同弹性模量的材料共同承载外力时，较高弹性模量的材料将会承担较多的载荷，而弹性模量较低的材料则只需承载较低的载荷。对于人体而言，细胞的生长需要压应力的刺激。

与可降解医用金属材料相比，不可降解金属或惰性金属（如不锈钢、钴-铬-钼和钛合金）作为医用材料的缺点比较明显：这些金属弹性模量高，骨植入会产生应力遮蔽效应。虽然惰性金属具有良好的耐蚀性能，但是不会在人体里发生降解，一旦植入我们的身体，这些金属就要与我们的身体终身相伴。此外，由于身体免疫系统自动对外来金属的排斥反应，心血管金属支架的长期植入很容易引发身体的排斥反应，如心血管支架血栓、再狭窄等，需要药物控制。因此，开发新型可降解的医用金属支架和骨植入材料显得尤为迫切。

“遁形”金属的秘诀

镁是非常活泼的金属，相对于氢标准电极，镁的标准电极电位为 -2.37V，是所有结构金属中最负的。在大气环境中，镁及其合金常温下就会发生腐蚀现象。在干燥空气中，镁的表面会生成氧化镁；在湿润环境中，镁表面的氧化镁会转变成氢氧化镁。大气中的二氧化碳与水形成碳酸，与表面的氢氧化镁反应还会生成碳酸镁，如图 2 所示。由此可见，镁的化学性质十分活泼，并且镁的腐蚀过程是自发的、极易发生的，且是不可逆的。此外，镁合金表面的氢氧化镁还会与大气中的污染物发生反应。例如，二氧化硫与氢氧化镁发生反应，在镁合金表面盖上一层薄薄的表面膜，但是这层表面膜无法对镁合金起到保护作用。这是由于这层表面膜在水中可以溶解，而溶解后，它们便不可能起到阻止内部的镁继续与外界发生反应的作用。

阳极反应：

$$Mg \longrightarrow Mg^{2+} + 2e^{-} \tag{1}$$

阴极反应：

$$2H_2O + 2e^{-} \longrightarrow 2OH^{-} + H_2\uparrow \tag{2}$$

镁在水溶液中的总反应：

$$Mg + 2H_2O \longrightarrow Mg(OH)_2\downarrow + H_2\uparrow \tag{3}$$

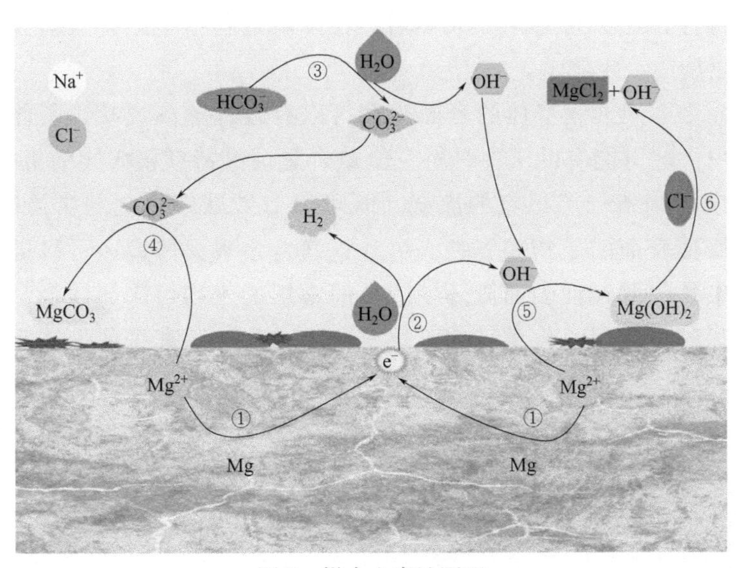

图 2　镁合金腐蚀原理

镁合金在溶液环境中的腐蚀速度比在空气中的腐蚀速度快。镁浸泡在自来水中，其表面可能变得坑坑洼洼，这说明自来水中的一些氯离子对镁的表面膜产生了破坏。而且，由于空气中的二氧化碳可溶入水中，变成碳酸，从而加快镁的腐蚀。在 pH 值低于氢氧化镁的过饱和值 10.5 的溶液环境中（即在酸性、中性、弱碱性的环境中），镁合金表面形成的氢氧化镁层不会稳定，发生化学反应（4），导致保护层内部的镁基体仍然会被腐蚀。

$$Mg(OH)_2 + 2Cl^- \longrightarrow MgCl_2 + 2OH^- \tag{4}$$

“遁形”金属的强化

可降解医用镁合金也不是完美无缺的存在，有其突出的优点，也包含着一系列的不足之处。这些不足是阻碍可降解医用镁合金广泛应用的主要原因，也是镁合金研究者所要解决的难题。

镁合金的生物安全性需要进一步改进，可通过合金化进行。所谓合金化，就是有意识、有目的地加入某一种或多种合金元素，达到改善金属的机械强度、耐蚀性能以及生物相容性。例如，可在镁中加入钙、锌、锰、锂等元素。

然而，有些商用镁合金中含有毒性元素。例如，AZ 系列镁合金中含有慢性神经毒性元素 Al。研究表明，Al 与老年痴呆症有关。部分稀土元素也可能存在潜在毒性。这类材料植入人体后，在降解过程中不断释放有害离子，对患者的健康构成一定影响。

与合金化不同，镁基体的表面改性可以有效地隔离或减少基体与体液的接触表面积，这可能有助于在骨折完全愈合之前维持镁植入物的机械完整性。在镁合金表面制备一层适宜的涂层，既可以有效减缓合金的腐蚀降解速度，同时还能增强表面的生物相容性。另外，镁合金表面修饰还可以提供细胞和组织黏附生长的弱碱性表面微环境。目前常用的生物可降解镁合金表面改性方法有微弧氧化涂层、化学转化涂层、仿生钝化法、离子注入法及有机高分子涂层等。

“遁形”金属的应用

早在 1907 年，一位名叫兰博特（Lambotte）的外国人脑洞大开，他利用铁丝环扎技术将带有铁螺钉的镁板固定在一起。但是由于镁和铁接触后与人体组织液组成了腐蚀原电池，发生了电化学反应，加速了镁的腐蚀，在术后的第一天就产生了局部的肿胀和疼痛。之后在排除了镁和其他金属混用后，Lambotte 与其助手 Verbrugge 用镁钉治愈了 4 例儿童骨折，除发现有气泡产生外，没有其他不良反应发生。Verbrugge 在接下来的几年里，利用镁及其合金进行了 25 例骨折治疗的临床实验，由于镁在植入后的快速腐蚀降解，镁板和镁钉固定系统植入 3 个星期后，骨折线就消失不见。除此之外，有病人反映，植入部位会有暂时的麻木感觉，但没有组织感染迹象或其他不良反应发生。在这些病例中，因植入物尺寸以及位置不同，镁在人体内大约存在 3 个星期到一年的时间后完全降解。尽管早期的研究显示出镁金属作为生物医用材料具有一些特有的优势，但由于其耐蚀性能不能令人满意，而当时恰巧诞生了具有生物惰性的不锈钢，所以镁金属在那个年代就被人们放弃了。

21 世纪以来，冶金领域的飞速发展使科学家和工程师们能够制造出具有更高的耐蚀性和改善的力学性能的镁及其合金，使镁基金属材料的医学应用研究又重新获得重视，并且针对可降解镁基金属材料在骨科植入中的应用进行了大量的体内外研究。一般而言，小型动物（例如小鼠、大鼠或兔子）可用于植入式设备的生物安全性评估，通过一系列 ISO 标准的生物学测试（包括刺激性和皮肤敏化测试、全身毒性测试）进行植入后的局部作用和毒物动力学研究。就生物功效的评价而言，大型动物（例如绵羊 / 山羊、猪、猴子和狗）用以进行临床适应症实验，以测试新型医疗器械的治疗效果。

2007 年，德国汉诺威医学院的 Frank Witte 教授将多孔 AZ91D 镁合金植入兔子股骨中，研究发现手术后 3 个月，AZ91D 镁合金基本完全降解，并且植入物周围形成更多的骨小梁，表明了镁基合金具有良好的生物相容性，且不会对植入物周围的组织产生有害影响。上海交通大学张小农课题组应用高纯镁螺钉将半腱肌自体移植物固定在兔 ACL 重建的股骨隧道中，并与传统的钛螺钉进行比较。在 ACL 重建的动物模型中，高纯镁螺钉在体内表现出稳定且均匀的腐蚀，没有感染、畸形、脱位或严重的宿主反应的迹象。最重要的是，与钛组的纤维软骨组织相比，高纯镁组在术后 12 个星期的肌腱 - 骨界面处具有高度专门化的过渡带，具有成熟的纤维软骨结缔组织。这些动物体内实验证明镁基金属作为骨科植入材料比较安全，并且能够促进新骨生成。

近年来，越来越多的外科医生针对镁基金属在临床上的应用进行研究。2013 年，德国 Syntellix AG 公司开发的 MAGNEZIX MgYREZr 可降解镁合金压缩螺钉成为全世界第一个获得 CE 认证的骨科产品，用于小骨和骨碎片的固定。韩国 U&I 公司制造的 Mg-Ca-Zn 螺钉也通过了韩国食品药品监督管理局（KFDA）的批准，这是世界上官方机构批准的第二种基于镁的骨科器械。在我国，大连大学附属中山医院的赵德伟医师自主设计的超纯镁螺杆于 2015 年被国家食品药品监督管理总局评为创新医疗器械，如图 3 所示，这极大地促进了纯镁基螺钉在股骨头坏死重建手术中的应用。

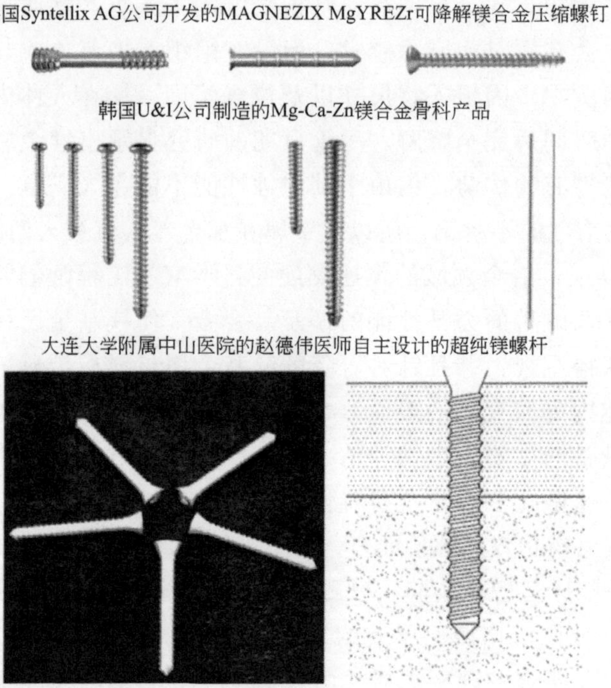

德国Syntellix AG公司开发的MAGNEZIX MgYREZr可降解镁合金压缩螺钉

韩国U&I公司制造的Mg-Ca-Zn镁合金骨科产品

大连大学附属中山医院的赵德伟医师自主设计的超纯镁螺杆

图 3 可降解镁合金的临床应用

目前临床应用的可降解金属材料多为可降解纯镁或镁合金的骨螺钉和骨板以及用于整形外科的镁丝。由于镁基金属的机械强度较钛、不锈钢等材质差，因此现阶段主要应用于非承重区的固定。针对这一问题，北京大学的郑玉峰教授课题组正在努力开发混合板螺钉型固定系统以及临床上使用的钛或不锈钢植入物。简而言之，将一根镁棒插入中空的不锈钢髓内钉中，并在髓内钉的中间部分钻孔，以允许镁离子向骨折部位释放。因此，外部髓内钉提供足够的机械强度以支持重负荷部位的骨折，而内部镁植入物有助于促进骨折愈合。镁和传统金属的结合可有助于发挥其各自的优势，同时有效避免潜在的问题，这为矫形设备中的混合系统提供了一种新的研发方向。

“遁形”金属的发展前景

目前，基于镁的固定器已成功应用于患者的一些低负荷骨折部位，而没有不良的临床反应，这可以激励临床医生和科学家考虑在其他适应症中使用基于镁的装置。此外，开发包含镁植入物和传统金属装置的创新混合系统以修复高承载部位骨折是一个有前景的方向。虽然由于镁基金属的力学性能不足，目前在临床上的应用范围具有一定的局限性，但其良好疗效已经预示着可降解镁作为骨科植入物具有广阔的发展前景。随着实验和临床的反馈以及生物材料技术不断提高，未来可降解镁基金属必定会在骨科临床治疗中被广泛应用。

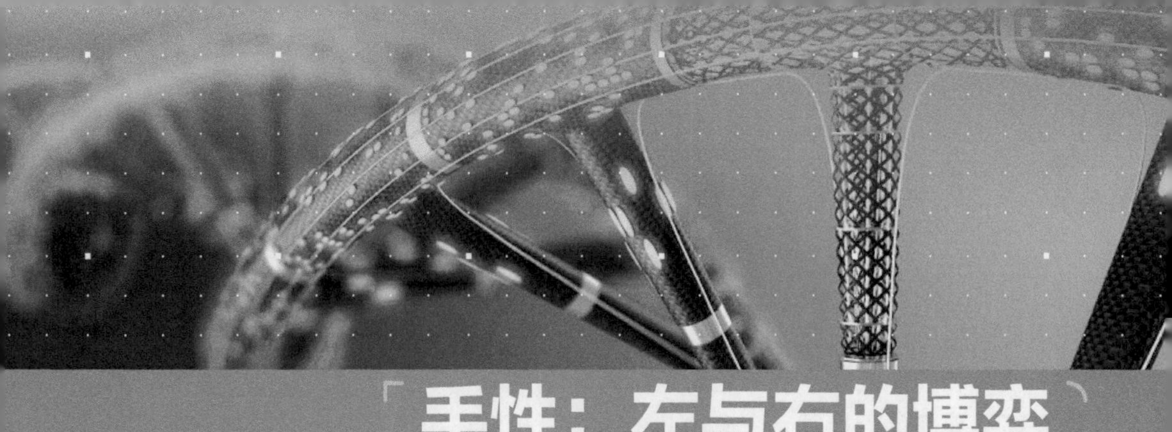

手性：左与右的博弈

缪腾飞　张　伟

现实中，如果一个人经常左右不分，那么他一定会受到周围人的嘲笑。因为一个人可以很容易地通过自己的左手或者右手来判断出左边或者右边。但是，“左”和“右”真的这么容易被区分吗？德国哲学家康德曾经提出过这样一个问题，“假如我们生活在只有一只手的宇宙，那么这只手是左手还是右手？”左和右，既完全相同，又完全不同。在科学界，这同样也是一个老生常谈的话题。自然界中无数事物都可能会面临着“左”和“右”的问题。对此，科学家们专门提出了一个专有的名词——手性，专门用于对这些问题的概括和研究。

随着科学的发展与人类认知水平的逐渐提高，人们渐渐发现这一熟知的世界并不是完全对称的。有一种说法叫“上帝是一个轻微的左撇子”，即构成地球上有机体的氨基酸都是左旋的。氨基酸分子分为左手构型和右手构型，但是上帝在创造万物的时候偏偏使用了左手构型的部分。自然界中，还存在着许多其他类似的现象，例如，宇宙行星的自转方向具有高度的一致性，人的心脏都长在左边，海螺表面的旋转却几乎全是右旋（图1）。种种迹象表明，这个世界并非是完全对称的，而这种不对称性也正是产生手性的根本原因。

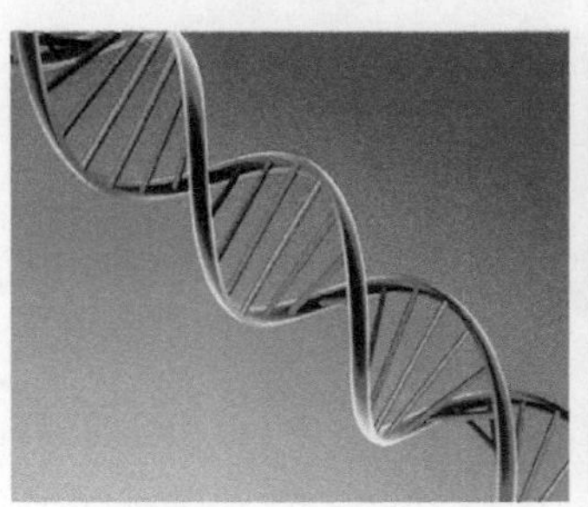

 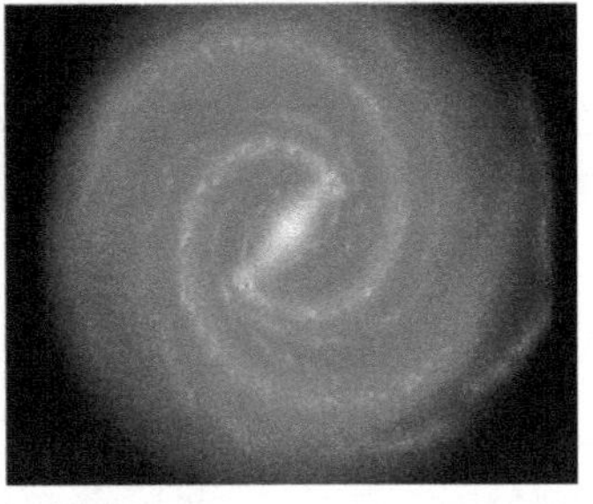

图 1　生活中的手性现象

初识手性——最美化学实验“巴斯德拆分”

什么是手性？手性用一句话概括就是指物质的实体与其镜像结构相同但无法完全重合的性质。例如，我们的双手，两者互为镜像却无法完全重叠。手性的发展已经历了一段丰富的历史，在早期社会，人类对手性的认知主要来自手性物质对光的一个偏转作用。如果有一束光，从 A 点照射到 B 点，那么 AB 方向就是光的传播方向，但光除传播方向之外，还有一个振动方向，这个振动方向与传播方向互相垂直。早在 19 世纪初期，科学家发现存在着某些晶体物质，当光通过时，其会导致光的振动方向发生偏转，这种性质被命名为“旋光性”。如果该物质可使偏振光顺时针旋转，称为“右旋”，如果该物质可使偏振光逆时针旋转，则称为“左旋”。当左旋体与右旋体等量混合时，则构成“外消旋体”。直到 1893 年，英国科学家开尔文首次使用手性（Chirality，取自希腊词 Cheir-，手的意思）来描述“物体与它的平面镜的镜像不能完全重合”的现象。在这期间，有一个非常著名的“史上最美化学实验”——巴斯德拆分，给手性领域的发展留下了浓墨重彩的一笔。

在当时，人们发现酒桶底部的残留晶体（酒石结晶），在酸化后（酒石酸）会发生旋光现象。但是，当人们重新在结晶母液中制备出酒石酸晶体时（在当时被称为葡萄酸，其实只是外消旋的酒石酸），却并没有出现这种性质。葡萄酸和酒石酸两者的化学组成完全一致，却有着不同的旋光性，这在当时成了化学界的未解之谜。此时，刚拿到博士学位的路易斯·巴斯德听说了这件事后，立即对此产生了浓厚的兴趣。他选用葡萄酸铵钠和酒石酸铵钠作为研究对象，力图破解这一科学难题。

1848 年，年轻的巴斯德猜想到，这两者的化学组成相同，那么一定是结晶形态的差异导致了它们具有不同的旋光性。他用显微镜观察晶体结构时，发现了一个奇特的现象：酒石酸铵钠的晶体结构都是不对称的。巴斯德进而推测，无旋光性的葡萄酸铵钠结晶应该是完全对称的。但是实验结果却出乎意料，因为葡萄酸铵钠的结晶居然也是不对称的。通过两者晶体仔细对比，他发现酒石酸铵钠晶体的半晶面都是向右的，而葡萄酸铵钠的半晶面有一半向右、一半向左。为了搞清楚这个问题，他在显微镜下用镊子将两种不同的晶体一颗一颗分开，并分别配成溶液。结果发现，含有半晶面向右晶体的溶液呈现出右旋光性，而半晶面向左晶体的溶液则呈现出左旋光性（图2）。这时，真相已经很明了，这不仅是晶体的特性，更是晶体内部分子的本质特征。换句话说，构成两种晶体的分子，即使化学组成相同，但在立体空间结构上存在着本质的差异。并且，葡萄酸也不是新的物质，只是由两种不同的酒石酸1∶1混在一起得到的混合物而已。巴斯德的发现正式揭开了手性最神秘的面纱，是对分子级别旋光异构现象最直观的证明，对后来的立体化学以及手性化学产生了深远的影响。直到今天，这种方法也是手性拆分的一个常用手段。而这一从宏观出发，并且简单直白地揭示分子层面手性信息的实验，也一直被评为“世界上最美化学实验”之一。

(a) 巴斯德

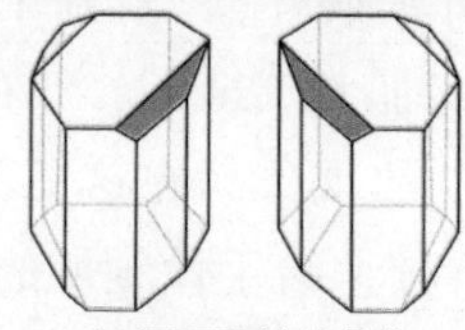

(b) 酒石酸铵钠晶体

图2　巴斯德与酒石酸铵钠晶体

手性并不遥远——“反应停”事件的悲剧

在人类努力想认识手性的同时，手性也一直在向人类展示它神秘、至关重要且无处不在的特点。手性的研究与人类社会的发展是息息相关的，其中一个重要的领域就是手性药物化学的发展。

20 世纪 80 年代，一部日本电影《典子》的播出，让人们认识了一个身残志坚的女性形象。剧中的典子一出生就没有双臂，她的父亲无情地抛弃了她和母亲，她与母亲相依为命，学会了用脚生活，用脚写字，并最终当上了政府职员。她的事迹感动了无数人，但是人们不禁产生这样一个疑问，典子的父母都是正常人，为什么典子一出生便没有双臂呢？这就与那个时代发生的一个著名的医学事件“反应停”有关。

“反应停”是一种可以缓解孕妇在妊娠期间发生的恶心和呕吐的药物。它的主要有效成分叫作沙利度胺，在 20 世纪 50 年代被生产并投入多个国家市场。然而在这之后，全球诞生畸形婴儿比例却异常升高。原来，沙利度胺其实是有两种构型，其中右旋构型具有镇静作用，也是起抑制妊娠反应效果的主要成分。然而左旋的构型，却会在胎儿四肢发育过程中，和关键的两种多肽相结合，使其失去作用，最终导致某些新生婴儿的四肢缺失，造成手或脚直接长在身体上，俗称“海豹畸形儿”，如图 3 所示。

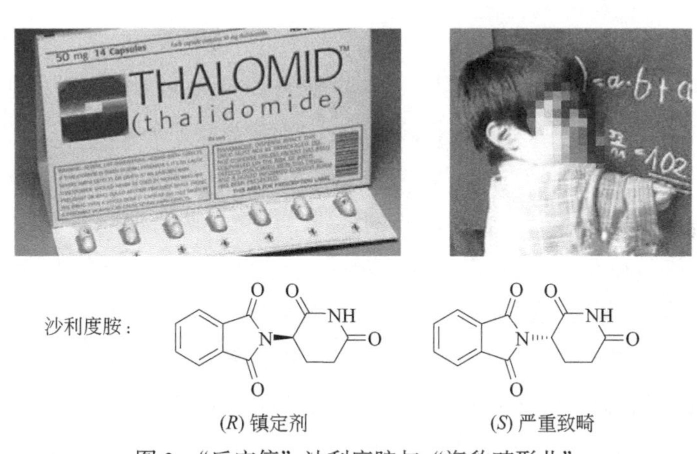

图 3 “反应停”沙利度胺与“海豹畸形儿”

除此之外，还有许多类似的药物分子，如氯胺酮分子、青霉胺和乙胺丁醇等。这些药物虽然分子组成是一样的，但由于构型的不同，却导致了截然相反的作用（图 4）。目前，手性药物占药物总量比例已超过 50%，并且它们的表现用“翻手为云，覆手为雨”来形容也不为过。这些例子大幅提高了人们对手性的认知，同样也导致了人们对于手性识别以及手性拆分方面的研究热情。

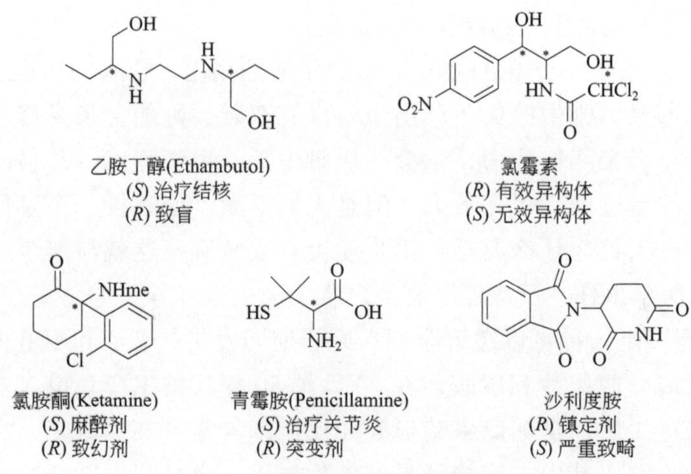

图 4　不同功能的手性药物分子

深入解读——远不止分子手性

随着对手性化学的不断发掘，科学家们渐渐发现手性有多种表达形式。如上面提到的各种手性药物分子，其由于内部含有手性碳原子而保留多种构型形式。所谓手性碳原子，就是指一个碳原子上连接有四个不同的基团，例如，常见的氨基酸分子，这类分子的本身与它的镜像相同却无法完全重合。这也是手性最基础的表达形式，我们称之为“点手性”，两种不同的构型也被叫作“对映异构体”。从分子层面讲，手性还可以分为“轴手性”。此类分子内部不具有立体手性中心，但是具有一个手性轴。当轴上连接基团满足一定要求时，这一类分子与它的镜像对称结构也是不能重合的。例如，我们常见的二苯基取代的或者二羟基取代的联萘结构，由于芳基之间的单键旋转受阻而具有不对称性。某些丙二烯化合物也会显示出轴手性。当丙二烯的两端碳原子上各连有不同的取代基，分子不具备对称面和对称中心，那么就具有了手性。还有少部分分子手性表现出螺旋手性的特质，例如，有机化学中的螺烯分子，其中苯环可以按顺时针或逆时针方向螺旋叠加，如图 5 所示。

前面已经提到，手性在生活中十分常见，因此手性的表达形式也远不止分子层次。我们按照尺度大小通常可以将手性分为四个层次：一级手性是指原子的不对称构型；二级手性是由整个分子的构象所产生的手性，主要是螺旋构象，如手性的大分子结构；三级手性是分子间通过非共价键相互作用而产生的手性超分子聚集体或液晶结构；四级手性结构是由二级或三级手性结构间进一步作用而得到的更高级、更复杂的手性结构。如图6所示。

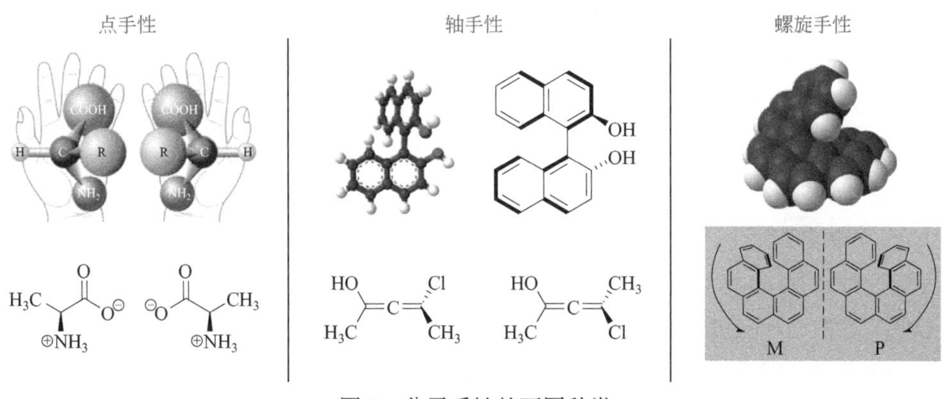

图5　分子手性的不同种类

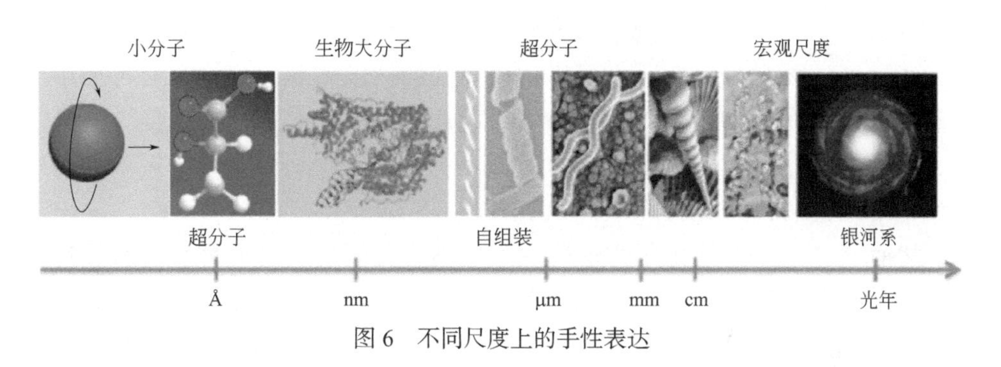

图6　不同尺度上的手性表达

除药物化学主要涉及原子或分子手性之外，近年来，对手性的研究已经逐渐进入更高层次，如何实现有效的手性堆积、手性放大、手性传递、手性记忆和构建手性开关是当下关键的科学问题。

如何拥有手性?

讲了这么多手性的知识以及手性的重要性，那么要如何才能获得手性呢？特别是在药物生产的过程中，往往都是需要某一种纯度异构体，而另一种异构体的存在则往往起到相反的作用。“反应停”事件之后，如何得到单一手性的光学异构体就成了化学研究领域的热门话题，同时也是化学家们面临的巨大挑战。就好比钻石一样，各式各样的钻石琳琅满目，但真正珍贵有价值的往往只是少部分最纯净的。那么，如何才能获得我们真正需要的单一手性物质呢？一般来讲有两种思路（图 7）：一种思路是直接生产出所需的特定的手性异构体，从根源上扼制另一种构型的出现。这一方法主要难在合成方面，因为毕竟两种构型的异构体在化学组成上是完全一致的，通过常规手段很难辨别或者区分两者。目前，主流的药物研究领域主要用这种方法，也叫“不对称催化合成”。这种方法主要来自 2001 年诺贝尔化学奖三位获得者，他们分别是美国孟山都公司的诺尔斯、日本名古屋大学的野依良治以及美国科学家夏普雷斯。举个例子，野依良治开发出的手性催化剂，催化效率可以达到 1∶1000000。也就是说，只需 1g 的催化剂，只要原料充足，就可以得到 1t 的手性产物，并且所得到的立体选择性非常高，几乎可以达到百分之百。这种高效率、高选择性的催化合成方法极大地提高了不对称催化合成的实用性，给未来的化学、生物学和医药领域带来了希望。各式各样的手性药物如雨后春笋般纷纷涌现，甚至以前被无数人唾弃的“反应停”都有了“重新做药”的机会。因为人们发现，只要分别拿到单独的两种构型异构体，另一种构型也并非一无是处，它既然可以抑制婴儿的四肢生长，那么也有可能用于抑制一些恶性东西的生长，如肿瘤等。因此，臭名昭著的“反应停”摇身一变，变成了治疗多发性骨髓瘤的有效药。由此可见，从认识到掌握并利用好手性，对人类社会的发展具有重要的意义。

然而，这些手性催化剂的催化效果并不是万能的，它们都有着自己特定的使用场合，并且所能催化合成的分子种类也还是相对比较有限。因此，在实际的生产中往往也需要使用另一种思路——手性拆分。这种思路是先得到两种构型的混合物，然后在混合物中提取出其中一种需要的异构体，去掉另一种不需要的异构体。这种方法的优势就体现在最开始只需合成外消旋的物质，极大地降低了合成成本及合成难度。据报道，大约有 65% 的非天然手性药物是由手性拆分得到的。类似当年巴斯德拆分实验，利用人力将两种不同晶体手动分开。但是，对于一些不易结晶的物质，想要手性拆分，就得选择其他方法。经过化学家们的不懈努力，另一种常用的拆分方法——色谱拆分，逐渐被广泛使用。所谓色谱拆分，简单地说就是将需要拆分的外消旋物质溶解至一个特定的流动相，然后将这一流动相通过一个手性拆分色谱柱，依靠分子与色谱柱之间某些相互作用的差异，实现两种异构体的不同时间流出，最终达到分离两者的目的。但是拆分过程却往往不是那么容易实现的，而且一般也很难做到百分之百拆分，这对于色谱柱里的填充物具有很高的要求。

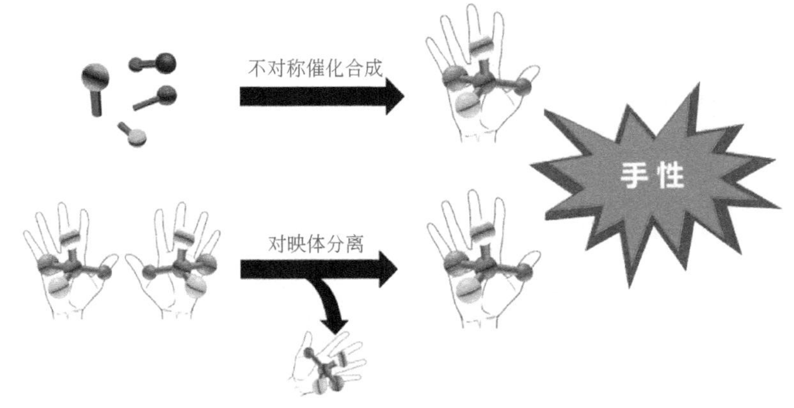

图 7　两种获得手性的基本方法

“团结就是力量”——不容忽视的大分子手性与超分子手性！

那么，类似手性拆分柱里的填充物的一些更为宏观的手性材料又是如何得到的呢？这就不得不提及高层次手性，例如大分子手性或者超分子手性材料的重要意义了。我们都知道，手性的东西很珍贵，有的价格甚至高于钻石，且很难获得。那么有没有办法，将一开始比较平庸的非手性原料“变成”具有手性特质的材料呢？这有点类似于“点石成金”，无疑是所有相关领域的化学家们喜闻乐见的。因此，如何使用少部分手性的添加剂作为“手性源”，来诱导大部分非手性的主体使其产生手性，类似手性传递或放大过程，逐渐成为化学家们越来越推崇的研究方向。超分子手性体现的是由多个分子作为构筑单元，通过分子间的一些作用力使它们在特定的空间中形成一个具有手性的组合结构。这种有序的结构通常以螺旋的形式表达出来，类似我们人体内的 DNA 螺旋结构。手性超分子的构筑单元可以是手性或非手性的无机分子、有机分子、高分子，甚至是生物大分子。通过超分子组装的方法，利用一些非共价键的弱相互作用（π-π 共轭堆积、氢键、金属 - 配体络合作用、酸碱作用、范德华力）可构筑不同功能的超分子手性体系。一般情况下，超分子组装体手性不是由单一驱动力构筑的，而是由以上多种非共价键作用力协同作用得到的。这些非共价键作用力一般是可逆的，因而其构筑的超分子组装体结构具有良好的动态可逆性和可调控性，为组装体结构的调节控制提供可能，也赋予了组装体丰富多样的结构和功能（图 8）。超分子组装体的优势还在于其不仅兼具了各个组装基元的性质，而且整体性能明显高于各组装基元性能的简单叠加。近年来，借鉴超分子化学的组装策略构筑具有特殊结构和优异性质的手性纳米材料，已经发展成为开发手性材料的有效途径之一。

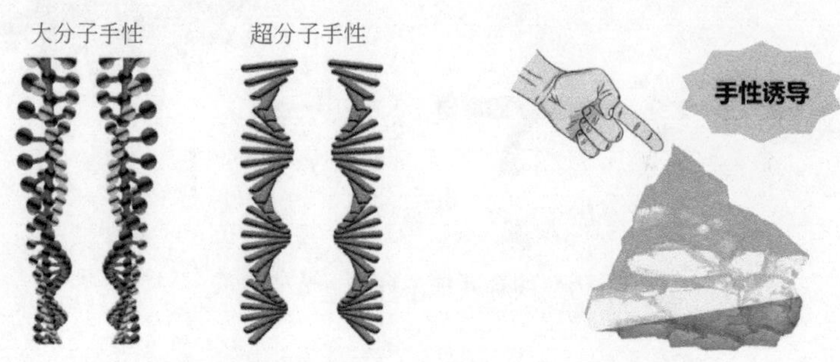

图 8　大分子手性、超分子手性及手性诱导

物质是人类社会进步的基础。经过 100 多年的不懈努力，手性物质的研究已经进入一个崭新的发展阶段。化学家们已经渐渐了解手性物质创造的规律，从采用手性源的不对称合成到不对称催化合成，从分子手性到大分子手性再到超分子手性，人们已经发展了许许多多的手性试剂、手性催化剂、不对称合成新反应和新方法，并创造出了许许多多的手性物质，包括手性药物、手性农药、手性液晶材料等，极大地推动了手性物质化学的发展。相对于药物分子等小分子手性，高层次手性的研究，如手性聚合物或者手性超分子则是连接分子手性与手性材料的桥梁。如今，手性材料在我们日常生活中乃至国防建设方面扮演了越来越重要的角色，不仅可以应用于手性催化或手性拆分，其在液晶显示、信息存储、光电材料甚至生物传感方面均占有一席之地。虽然对手性材料有相当长时间的研究，但是，由于内部结构较为复杂，我们对其实际应用的研究还十分有限，尤其是对于手性聚合物，目前可获得的手性高分子还存在种类和数量偏少、合成方法有限等诸多科学问题。因此，注重发展更加高效、高选择性的手性试剂和催化剂，不对称合成新反应、新方法、新概念及新策略，实现手性聚合物材料的精准创造是手性物质化学学科发展的必然趋势。与此同时，我们还要注重拓展手性材料在未来的应用场合，使得手性可以在推进人类社会进步的过程中大放异彩！

智能压电材料

——机械能与电能互相转换

白功勋　肖　珍

压电材料的前世今生

在这外卖琳琅满目的时代，你是否放缓自己的脚步，在家为自己或家人烧过一顿美味可口的饭菜呢？来到厨房，你会熟练地按压燃气灶手柄、扭转、点火，一顿带着满满爱意的晚餐很快就能上桌。你是否想过为何手柄的扭转能打出火花，点燃燃气呢？其实，这就是利用压电材料的点火过程。压电是什么？压电，源自希腊语 piezein，意为挤压或按压。当然，这里的挤压不是挤压葡萄来酿酒，而是挤压晶体来产生电流。这就可以解释为何按压并转动燃气灶的手柄（旋钮）就可点燃燃气了。按压转动的过程会带动弹簧作用，撞击压电陶瓷端面，从而使机械能转换为电能，产生上万伏的瞬间高压，打出电火花，并将从喷嘴喷出的燃气点燃。那么，压电效应是如何产生的呢？压电材料又具有什么样的性质呢？

有关压电效应，可以追溯到 100 多年前的一块无色透明的石英晶体上，如图 1 所示。1880 年，法国物理学家皮埃尔·居里和雅克·居里发现，在石英晶体等材料中可以产生压电效应，他们把石英晶体中由机械能转化成电能的过程称为压电效应，把具有该效应的材料称为压电体。1881 年，居里兄弟又通过实验验证了逆压电效应，即在外电场作用下，压电体会产生形变，从而由电能转换成机械能。随后的岁月长河里，压电材料得到了飞速发展。第一次世界大战期间，压电技术被用于声呐等实际应用，第二次世界大战进一步推进了这项技术。在现代社会中，压电材料作为机电转换的功能材料，在高新技术领域扮演着重要的角色。例如，利用压电材料制作的压电传感器广泛地应用于压电滤波器、微位移器、驱动器和传感器等电子器件中，在卫星广播、电子设备、生物医学及航空航天等高新技术领域都有着重要的地位。随着电子工业的快速发展，压电材料逐步出现复合化、功能特殊化、性能极限化和结构微型化等趋势，性能优良的智能压电材料成为21世纪最重要的新材料之一。

图1　石英晶体、物理学家皮埃尔·居里和雅克·居里

压电材料的工作机理

压电材料作为能将机械能与电能互相转换的一类智能材料，同时具有压电效应和逆压电效应。材料要具有压电性，与其晶体结构的对称性密切相关。沃伊特指出，介质具有压电性的必要条件是其晶体结构不具有对称中心。在这里，我们需要了解一个概念：何为对称中心？把一个图形绕着某一个点旋转180°，如果它能够与另一个图形重合，那么这两个图形是关于这个点对称的，这个点叫作对称中心。晶体共有32个点群，也就是按对称性可分为32类，其中20类无对称中心，它们可能具有压电性。但是，无对称中心只是产生压电效应的必要条件，而不是充分条件。因此，实际上这20类无对称中心的晶体中只有少部分具有压电性。

图2描述了具有对称中心和不具有对称中心的晶体在受到压力作用时，电场的变化情况。晶体若存在对称中心，即使施加压力使得晶体发生形变，晶体仍保持极化强度为零，不会产生压电效应。晶体若不存在对称中心，在

不受外力作用时，正电荷重心与负电荷重心重合，整个晶体总电矩为0，因而晶体表面不荷电。但是，当沿某一方向对晶体施加机械力时，晶体由于形变导致正、负电荷发生相对位移而重心不重合，即电矩发生变化，从而引起晶体表面荷电，伴随产生一电场，这个电场就表现为压电效应。反之，在压电材料上施加一电场可以使晶体的结构发生收缩或膨胀，随着晶体结构的膨胀和收缩，它将接收到的电能转换并以声波的形式释放机械能，形成逆压电效应。图3形象地展示了压电效应和逆压电效应的过程。

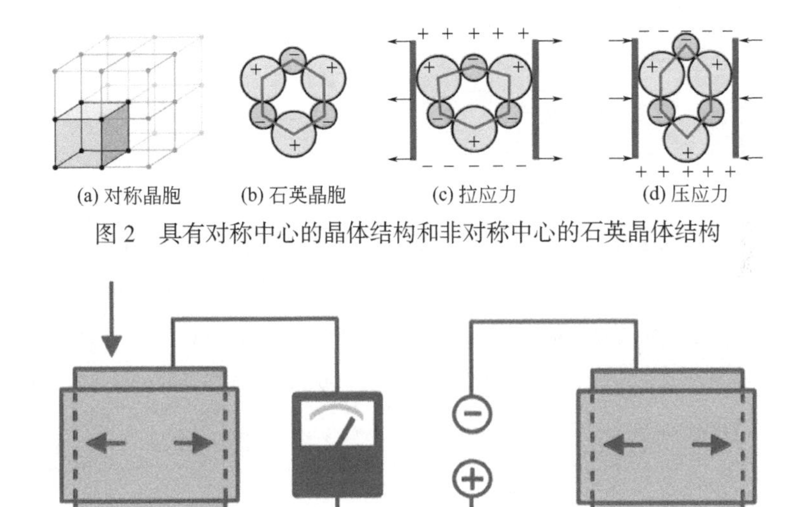

(a) 对称晶胞　(b) 石英晶胞　(c) 拉应力　(d) 压应力

图2　具有对称中心的晶体结构和非对称中心的石英晶体结构

(a) 压电效应　(b) 逆压电效应

图3　压电效应和逆压电效应

压电材料家族

压电材料家族应具备以下几个特性：机械能和电能之间的转换特性好、介电常数高、力学性能佳、击穿电压高、环境适应性好和寿命长。

拥有上述性能的压电材料家族，主要由两个小家庭组成：无机压电材料和有机压电材料。无机压电材料又可分为压电晶体和压电陶瓷（图4）。压电晶体一般指压电单晶体，是指按晶体空间点阵长程有序生长而成的晶体。这类晶体表现为非中心对称结构，因此具有压电性。典型的成员有石英晶体、镓酸锂、锗酸锂、锗酸钛以及铁晶体管铌酸锂、钽酸锂等。压电单晶体压电性相对较弱，介电常数低，受切型限制存在尺寸局限，但稳定性很高，机械品质因数高，多用来作标准频率控制的振子、高选择性的滤波器以及高频、高温超声换能器等。

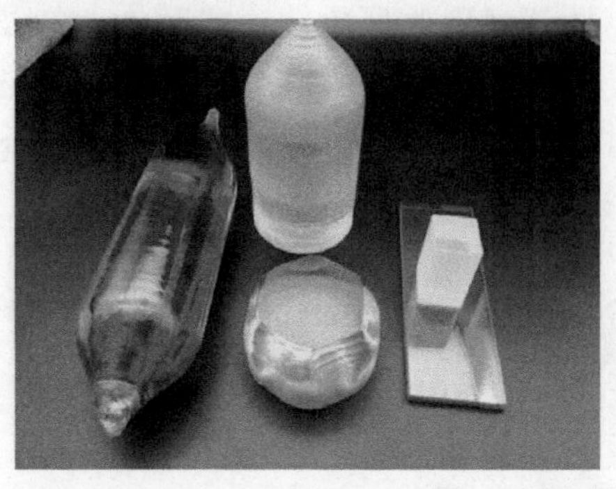
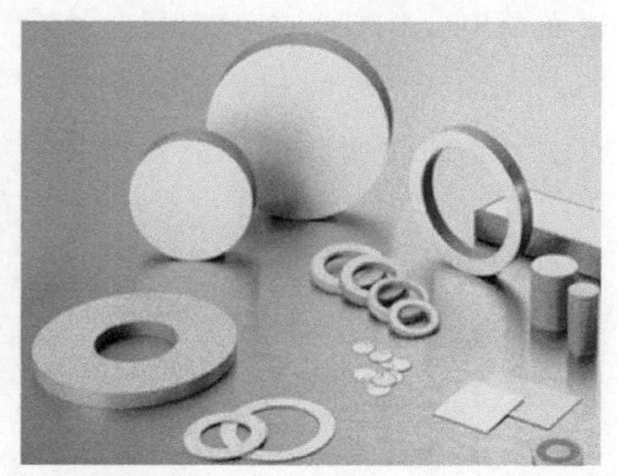

图 4　压电晶体和压电陶瓷

压电陶瓷则泛指压电多晶体，是指用必要成分的原料进行混合、成形、高温烧结，由粉粒之间的固相反应和烧结过程而获得的微细晶粒无规则集合而成的多晶体。如钛酸钡 $BaTiO_3$、锆钛酸铅 $PbZr_xTi_{1-x}O_3$、改性锆钛酸铅、偏铌酸铅 Pb_2NbO_3、铌酸铅钡 $Pb_xBa_{1-x}Nb_2O_6$、改性钛酸铅 $PbTiO_3$ 等。相对压电晶体而言，压电陶瓷压电性强、介电常数高，可以加工成任意形状，但机械品质因数较低、电损耗较大、稳定性差，因而适合于大功率换能器和宽带滤波器等应用。

有机压电材料又称压电聚合物，典型代表为聚偏氟乙烯（PVDF）。PVDF 材质柔韧，密度低，阻抗小，且介电常数高，因而发展十分迅速，在水声检测、超声测量、压力传感、引燃引爆等方面获得广泛应用。

此外，压电材料也可以和有机聚合物相复合，即有机聚合物中添加片状、棒状、杆状或粉末状压电材料。该类复合材料已在水声、电声、超声、医学等领域得到应用。

智能压电材料的广泛应用

智能压电材料的应用领域可以分为两大类：一类基于压电效应和逆压电效应的机械能与电能之间的能量转换，包括电声换能器、水声换能器、超声换能器和驱动器等；另一类是基于压电效应的机械信息转换为电学信息的传感检测应用。

1. 换能器的应用

换能器是用于将能量从一种形式转换为另一种形式的设备。压电换能器是将机械能与电能互相转换的器件，如机械振动能转变为电信号或在电场驱动下产生机械振动的器件。压电换能器技术的早期应用发生在第一次世界大战期间，被用于声呐，使用回波来检测敌舰的存在。小型压电换能器主要出现在固定电话中，被用于振铃器内，帮助产生明显的噪声，以提醒人们注意来电。此外，压电换能器也在石英手表中找到了"归宿"，这也是石英手表保持精确的原因。与其他器件相比，压电换能器具有以下优势：

• 自发电。由于它们的材料能够在一些能量的影响下产生电压，部分压电换能器电路不需要外部电源。

• 便携性。压电换能器电路由于尺寸小、测量范围大，易于操作、安装和使用。

• 高频响应。比正常频率响应高得多的频率响应意味着这些换能器的参数变化很快。

• 灵活性。由于建筑中使用的大多数材料可以塑造成不同的形状和尺寸，可以将这些换能器应用于各个领域。

压电换能器可用于工业、环境和生活的诸多方面。如工业生产中超声波清洗，将物体浸入溶剂中，然后用压电换能器搅动溶剂，许多表面难以接近的物体可以使用这种方法进行清洁。制造商也可将压电换能器应用到常见的电子设备中，如水听器、玩具、遥控器、喷墨打印机、电动牙刷和蜂鸣器等。

2. 驱动器的运用

压电驱动器可将电能转换为机械能或机械运动，实现电控制动或精密定位，如图 5 和图 6 所示。基于逆压电效应，平行于极化方向电场决定了晶体材料相对于相同方向的伸长率。电场在材料结构中的电偶极子上产生扭矩，这些电偶极子将沿电场排列，从而导致材料产生形变。压电驱动器按驱动方式不同，包括刚性位移驱动器和谐振位移驱动器。刚性位移驱动器的驱动模式主要有多层式驱动器和单（双）晶片驱动器。谐振位移驱动器(超声波电动机)种类繁多，从毫米级的微型电动机到厘米级的小型电动机，从单自由度的直线电动机到多自由度的平面电动机和球型电动机。压电驱动器具有很多显著的优点：理论上具有无限分辨率，通常可解析为亚纳米值，即检测到电源电压的最小变化并将其转换为线性运动，无需跳跃或步进；可以获得大驱动力而不会显著降低精度，例如，可以以微米精度定位高于 10N 的负载；不到 1ms 的极高响应时间，可以获得比重力加速度大几千倍的加速度；没有移动部件，没有摩擦或自由游隙，也不涉及疲劳或老化；功耗极低，驱动器仅在制动时吸收能量；驱动器件工作时不会产生磁场。这些优势使压电驱动器在以下几个领域非常受欢迎：精密机械和机械工程，应用于调整和挤压工具、工具喷嘴控制中的磨损校正和主动控制、微型泵、压电锤、微蚀刻、主动振动消除系统、微型和纳米机器人；光学和测量系统，应用于反射镜的快速扫描和定位、全息、干涉测量、激光扫描、光纤定位、图像稳定、主动自适应自动对焦；医学，应用于显微操作和显微外科手术、细胞渗透、微剂量系统、生理刺激、休克；微电子，应用于掩模定位、微光刻、检测和控制系统。

图 5　压电驱动器和压电电动机

图 6　压电位移台和压电定位技术应用于航天

3. 传感器的应用

压电传感器是利用压电效应，通过将压力、加速度、温度、应变或力的变化转换为电荷来测量这些变化的装置。压电传感器作为可将环境条件转换为可读和可用电信号的压电元件，通常有主动式和被动式两种类型。前者发送超声波信号并等待响应，然后释放电信号，在分析延迟时可以获得关于距离和深度的信息。后者只在接收到输入时发送信号，只有检测部分，因此属于被动式。压电材料可以在非常大的工作条件范围内（即温度、磁场）保持运行，因此在收集极端数据（如爆炸等场景）方面具有很高的价值。压电传感器还有许多其他优点：高度可定制的形状、宽广的操作范围、极端的响应能力等。这些与线性的输入 / 输出关系相结合，使压电传感器在传感检测方面有着非常重要的作用。因为压电材料具有易加工性，压电传感器可以制成各种形状和尺寸，包括压电盘、压电管、压电环和其他定制压电元件。压电传感器可以在横向、纵向或剪切力下工作，并且对电场和电磁辐射不敏感。响应在很宽的温度范围内也能保持线性，使其成为适用于恶劣环境的理想传感器。例如，磷酸镓和电气石传感器的工作温度范围为 1000℃。压电传感器的物理设计取决于需要的传感器类型。又如，压电式压力传感器在拉力和压力应用中，通常是利用两个或多个压电材料模块（如石英晶体）作为压电元件，具有测量范围宽、线性度好、稳定性高、动态特性优等特点，可用于检测单轴、双轴和三轴压力。基于压电传感器的通信终端和可穿戴设备如图 7 所示。

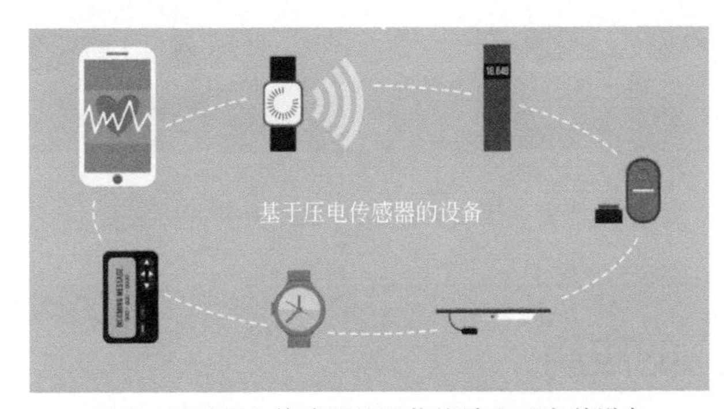

图 7　基于压电传感器的通信终端和可穿戴设备

4. 超声成像的应用

超声检查在医学诊断中占据了重要地位。超声波，超出人耳所能听到的声音，可用于查看人体内部的情况，如图 8（a）所示。妇科医生使用超声检查来观察未出生婴儿在子宫内的发育情况，心脏病专家使用这种技术检测泄漏的心脏瓣膜或确定血管中的血液流速。超声检查通常使用一个小巧、方便的设备，该设备在人体皮肤上移动以查看身体内部的情况，因此这种非侵入性技术无痛且易于使用。回声设备将频率在兆赫兹范围内的声波发送到必须检查的人体部位。这种超声波具有穿透液体和人体软组织的能力。在软组织和硬组织之间的界面，例如器官的边缘，这些超声波在一定程度上被反射，提供有关人体内部部位的空间信息。然后，这种反射或“回声”被设备捕获并使用成像软件在监视器上可视化。发射和接收声波之间的时间跨度反映超声波反射人体组织的距离的特征，因为人体内的声速是已知的。由于人体组织的特性差异通常很小，因此设备的接收部分必须非常敏感。在回声装置内，压电换能器通过将高频交流电压转换为声音来产生超声波。传感器接收返回的声波并将它们转换成电信号，以便进一步处理成图像。实际上，在紧凑型回声设备中，发送和接收发生在相同的组件中，其中返回的声波在发射声波之间的“中断”中被接收。

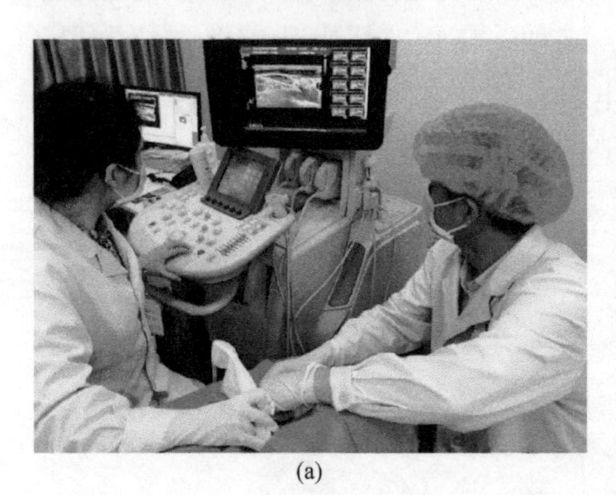

(a)

(b)

图 8　基于智能压电材料的超声医学检测和仿生飞行器

5. 机器人的应用

机器人是一种能够半自主或全自主工作的智能机器，可以辅助人类更好地工作、生活。机器人安装压电传感器与驱动器主要目的有以下三个：第一，在接触对象物体之前，可通过超声传感器获得必要的信息，为下一步运动做好准备工作；第二，探测机器人手和足的运动空间中有无障碍物，如发现有障碍，则及时采取压电驱动，避免发生碰撞；第三，通过压电传感器获取对象物体表面形状的大致信息并做出判断。超声传感器包括超声发射器、超声接收器、定时电路和控制电路四个主要部分。超声传感器的工作原理大致是这样的：首先由基于压电材料的超声发射器向被测物体方向发射脉冲式的超声波。发射器发出一连串超声波后即自行关闭，停止发射。同时基于压电材料的超声接收器开始检测回声信号，定时电路也开始计时。当超声波遇到物体后，就被反射回来。等到超声接收器收到回声波信号后，定时电路停止计时。此时定时电路所记录的时间，是从发射超声波开始到收到回声波信号的传播时间。利用传播时间值，可以换算出被测物体到超声传感器之间的距离。这个换算的公式很简单，即声波传播时间的一半与声波在介质中传播速度的乘积。超声传感器整个工作过程都是在控制电路的控制下顺序进行的。压电材料除以上在机器人方面的用途外，还有其他相当广泛的应用。如鉴频器、压电振荡器、变压器、滤波器等。在小型机器人领域，需要小型节能的驱动器和传感器。通过使用压电驱动器，制造像机器人蜜蜂这样可以爬行和飞行的小东西在技术上是可行的，如图 8（b）所示。事实上，被称为微型飞行器的机器人技术新领域旨在制造像昆虫或鸟类一样大小的小型无人机，可以用拍动的翅膀飞行。这些小型化的智能机器在一定程度上是通过使用智能压电材料实现传感和驱动的。

6. 能量收集的应用

随着便携式电子设备能耗的降低，收集可再生能源的概念再次引起人们的兴趣。在过去一二十年中，使用压电材料进行能量收集的研究得到显著增加。研究人员不仅用压电材料制造移动能源，允许从脚步声中收集能量，而且还从心跳、环境噪声和气流振动中收集能量。此外，研究人员正在试验通过更大的项目收集能量，甚至将普通的高速公路和道路变成发电站，基于智能压电材料从施加的力或振动中获取能量。材料的变形产生内部偶极矩，而偶极矩又在其表面上产生电荷。这个过程是可逆的，当电流穿过材料时，它的形状也会改变。电荷的极性产生交流电，然后转换为直流电。最后，转换后的电流用于为电容器或电池充电，这些电容器或电池可以存储能量供以后使用。中科院王中林院士认为，压电和纳米发电技术有朝一日可能会利用海洋的巨大力量，产生蓝色能源。王院士提出了利用来自脚步声、心跳、环境噪声和气流振动的能量研究，探索在低频（如 <10Hz）下工作的创新技术。研究探索了利用压电氧化锌纳米线在纺织纤维周围径向生长的技术。通过刷涂纺织纤维上的纳米线，产生压电能。研究人员已经建立了一种方法，通过与织物的相互作用将风和身体的运动转化为能量。压电在传感器上的应用被广泛接受。然而，人们对其作为直接能源的效率仍有疑问。由于产生非常少量的电所需的力相对很大，许多人认为压电永远不会有大规模的应用。然而在日本的火车站应用的压电照明系统，人们各自微不足道的脚步声加起来就

足以为照明系统和大门供电，这说明压电材料用作能量收集的潜力不容忽视，如图 9 所示。此外，基于压电能量收集的自驱动传感检测，是近年来新的发展趋势。

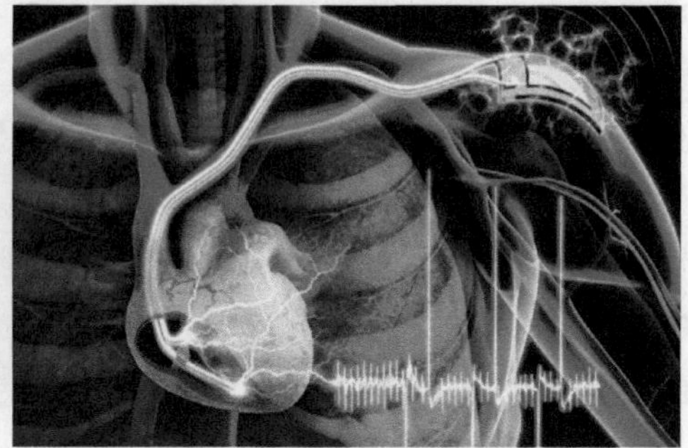

图 9　火车站基于压电材料的能量收集系统和压电心脏起搏器

“多才多艺”的金属——有机骨架材料

赵 晨 王崇臣

揭开金属 - 有机骨架材料的神秘面纱

金属 - 有机骨架材料（Metal-Organic Framework，MOFs）又称多孔配位聚合物（Porous Coordination Polymer，PCPs），是一类由金属离子或金属簇与多齿有机配体通过配位键桥连自组装构筑的周期性网络结构的晶态材料。早在 20 世纪 90 年代中期，第一代 MOFs 材料就已经被日本的 Kitagawa 研究组合出来 [1]，但此时的 MOFs 材料孔结构还需要客体分子的支撑，孔径和稳定性均受到了一定的限制。直到 1999 年，加利福尼亚大学伯克利分校的 Yaghi 研究组合出具有三维开放骨架结构的 MOF-5（又称 IRMOF-1），其结构可以看成是分离的次级结构单元（Zn_4O）与有机配体（对苯二甲酸）自组装而成 [2]。值得一提的是，去除孔道中的客体分子后，MOF-5 仍然能保持骨架的完整。由于 MOFs 的配位遵循软硬酸碱理论，故在 2006 年，中山大学陈小明院士团队采用 2- 甲基咪唑配体（软 Lewis 碱）和金属 Zn^{2+}（软 Lewis 酸）组装获得的代表性 MAF-4（也称 ZIF-8）材料具有高孔容、高疏水性、高热稳定性和化学稳定性等特点 [3]。随后，Yaghi 研究组利用多种咪唑类配体与锌离子或钴离子合成出多种 ZIF 系列类分子筛材料 [4]。迄今，碱金属、碱土金属、过渡金属、ⅢA 族金属和稀土金属等元素周期表中大部分金属离子都可以作为 MOFs 材料的节点金属离子。具有刚性结构的有机分子如芳香类多羧酸和含氮杂环类（吡啶、咪唑、嘧啶、吡嗪、三氮唑、四氮唑）常作为 MOFs

材料的有机连接单元。

MOFs 材料经历了数十年的发展，目前合成的 MOFs 材料具有动力学可控的特性，即外界条件如光、电和客体分子的变化不会对 MOFs 材料的孔道造成不可逆的变化，代表性的材料（图 1）包含 IRMOF（Isoreticular Metal-Organic Framework）、ZIF（Zeolitic Imidazolate Framework）、MIL（Materiel Institut Lavoisier）、UiO（University of Oslo）、HKUST（Hong Kong University of Science and Technology）、CAU（Christian Albrechts University）、PCN（Porous Coordination Network）、UTSA（University of Texas at San

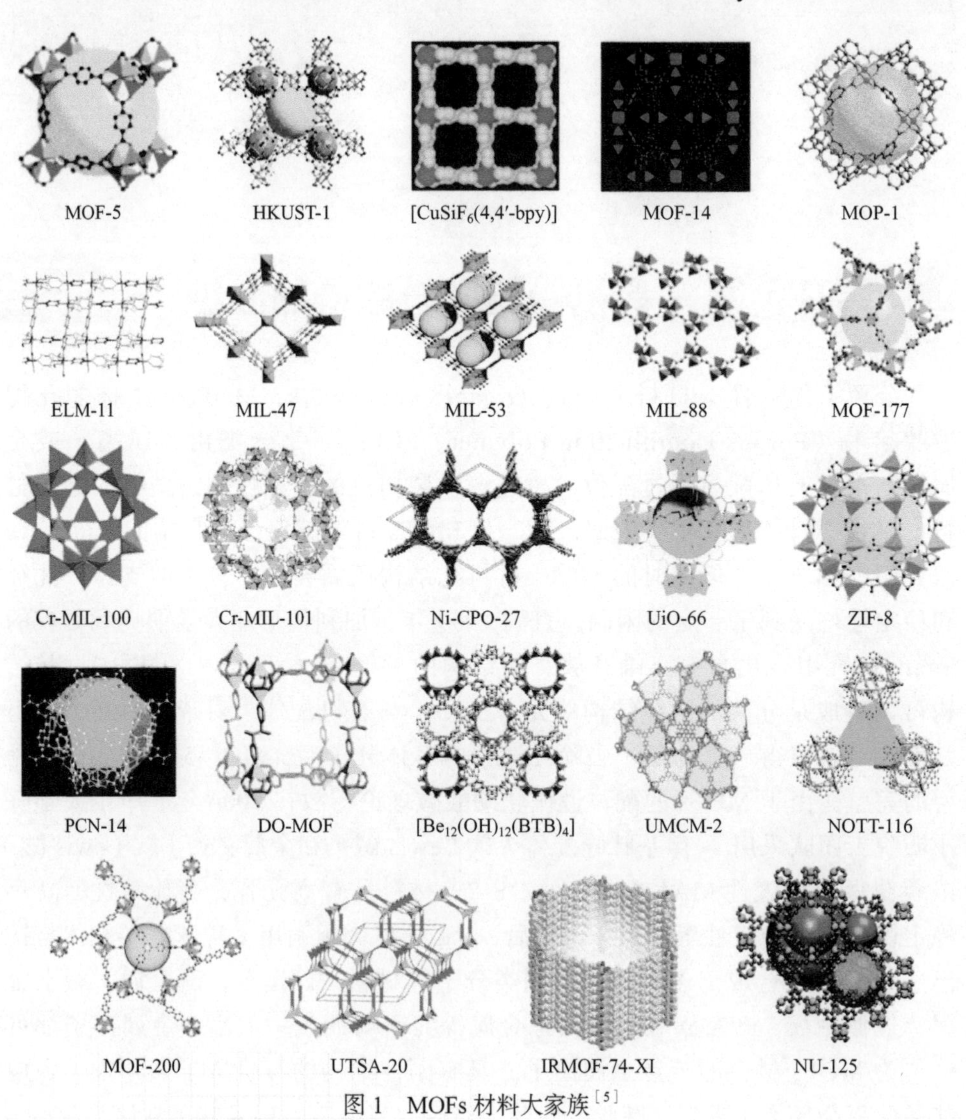

图 1　MOFs 材料大家族[5]

Antonio）、NOTT（University of Nottingham）、BUT（Beijing University of Technology）、BUC（Beijing University of Civil Engineering and Architecture）等系列。目前培养能用于单晶 X 射线衍射解析的 MOFs 方法主要有溶剂挥发法、扩散法、水热法和溶剂热法。除此之外，常用于制备 MOFs 粉体与膜材料的方法还包括超声法、微波加热法、电化学合成法和机械化学合成法等。截止到 2021 年 9 月 10 日，在 Web of Science 数据库以“metal-organic frameworks”为主题可以检索到 40719 篇学术论文，并且这个数字肯定会逐年增加，可以说 MOFs 绝对是材料、化学和环境等领域的研究热点！

金属－有机骨架材料的奇妙特性

MOFs 作为一种有机-无机杂化材料，其兼具有机材料与无机材料的特性，同时具有结构明确、种类丰富、超大的比表面积、形貌与尺寸可设计性与生物兼容性等优势，故比常见的多孔材料（无机多孔沸石、分子筛、活性炭）具有更突出的优势，主要表现在以下几个方面。

（1）结构明确。MOFs 是一类由金属团簇 / 离子与配体通过配位自组装形成的孔隙结构明确与孔径可调的新型晶态多孔材料，因此与一些传统材料相比，MOFs 可以通过单晶 X 射线衍射的方法测定其明确的晶体结构，为探究相关化学反应机理——构效关系提供直接证据。

（2）种类丰富。由于 MOFs 材料的种类可以通过选择金属离子与有机配体在适当反应条件下进行调控，故无数的有机配体和大量的金属离子组合可以合成出丰富的 MOFs 材料，同时反应体系中二元甚至多元有机配体或金属离子的加入更是为 MOFs 的合成提供了无限可能。目前已有 80000 多种 MOFs 结构可以在英国剑桥晶体数据中心（Cambridge Crystallographic Data Center, CCDC）检索到，而理论上 MOFs 的数量是无限的。

（3）具有可设计性与可修饰性。如图 2 所示，可以选择或设计不同的功能化构筑单元，直接合成具有不同功能的 MOFs 材料。还可以通过后修饰方法（Post Synthetic Modification, PSM）引入不同类别的功能基团，进行有针对性的性能调控，制备目标用途的 MOFs 材料。

（4）超大的比表面积与多孔结构。MOFs 具有超大的比表面积、孔体积与孔隙率，例如，NU-110 的 BET 比表面积可达 $7140m^2/g$，孔体积达到 $4.40cm^3/g$[6]。并且孔道尺寸受到有机配体的尺寸和形状及与金属离子配位模式的影响，故可以通过设计来改变孔道的特性。同时由于多孔结构使得MOFs材料暴露更多的活性位点，故其在非均相催化、气体储存与分离、分子传感、光电材料等领域展现出了可观的应用前景。

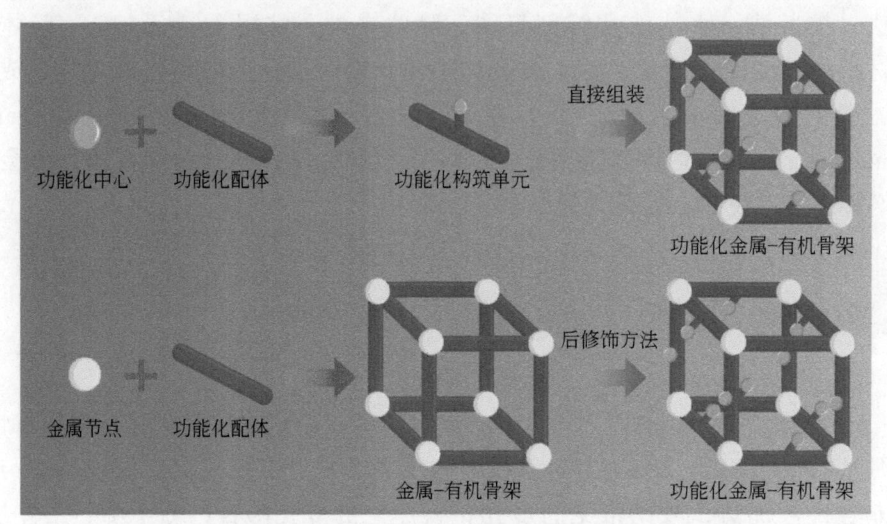

图2　运用直接自组装与后修饰方法制备功能化MOFs流程

（5）生物兼容性。MOFs材料中的金属离子中心可选用生物兼容性强的Fe、Al、Ca、Mg等元素，有机配体除常见的羧酸和含氮杂环类外，可选择缩氨酸、腺嘌呤等生物有机分子，两者在适当的反应条件下结合可定向构筑生物MOFs材料（bio-MOF），其已被证明是生物医学领域的理想材料之一。

多用途的金属-有机骨架材料

相比于传统意义上的有机聚合物与无机多孔材料，MOFs的比表面积与孔隙率更大，同时具有多种多样的孔道维度与拓扑结构，使其在气体储存与分离、水捕捉、污染物吸附、荧光传感、催化、超级电容器、医学、杀菌除藻、样品前处理等领域展现出了诱人的应用前景，如图3所示。

（1）气体储存与分离。在碳中和背景下，我国能源结构将逐渐由化石能源为主导向清洁能源过渡。氢能是全球公认的清洁能源，具有高热值与高转化率等方面的优势，其发展对于能源领域节能减排、深度脱碳、提高利用效率有着不可或缺的作用。但其中氢气的储存问题是氢能应用的主要瓶颈之一。由于MOFs具有大的比表面积与可调控的孔结构，在氢气存储领域得到了广泛的关注。其中，MOF-5 与 UiO-66 等材料均可实现在低温环境下储氢。而 Yaghi 研究组报道的超大比表面积 MOF-177 材料（BET 比表面积为 4500m^2/g）在 70bar（70×10^5Pa）和 77K 时对氢气的存储量高达 7.5%（质量）[7]。为此，德国化工巨头企业 BASF 已将 MOFs 储氢材料应用于新能源汽车的燃料系统中（图 4）[8]。除氢气外，甲烷也是一种较为理想的替代燃料。陈邦林和钱国栋运用溶剂热法制备了含有 Cu^{2+} 与吡啶基芳香四羧酸配体的三维多孔 MOFs 材料（命名为 ZJU-5a），其 BET 比表面积和孔容积分别达到 2823m^2/g 与 1.074cm^3/g。由于 ZJU-5a 中具有开放的 Cu^{2+} 位点、合适的孔道结构与 Lewis 吡啶碱性位点，在 60bar（60×10^5Pa）和 300K 条件下对甲烷的吸附量可达到 224cm^3 (STP)/cm^3[9]。到 2015 年，Eddaoudi 研究组成功制备了 Al-soc-MOF-1 材料，并惊喜地发现其对甲烷的储存能力会随着温度的降低而增强。特别是在 8MPa 和 258K 条件下，Al-soc-MOF-1 对甲烷的存储量达到 264cm^3 (STP)/cm^3 和 0.5g/g，第一次达到美国能源管理部门对甲烷吸附体积和质量的双要求[10]。

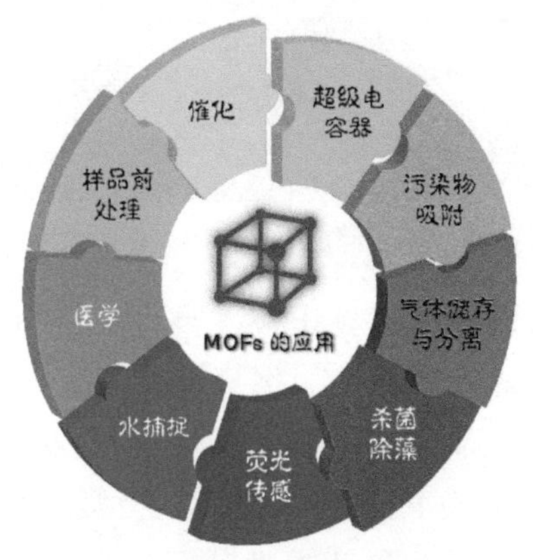

图 3　MOFs 材料的应用领域

在气体分离方面，由于某些 MOFs 材料在合成时可能存在配位不饱和金属活性中心，其可与 CO_2、烃类化合物、挥发性有机物发生化学反应而达到气体分离的作用。一般来讲，MOFs 对 CO_2 的饱和吸附量与其比表面积呈正相关关系。例如，MOF-210 的 BET 比表面积与孔容积分别达到 6240m^2/g 和 3.60cm^3/g，在 50bar（50×10^5Pa）和 298K 条件下对 CO_2 的吸附能力达到 70.6%[11]。同时，由于 CO_2 和 N_2 与 MOFs 间的吸附作用力不同，可通过调控 MOFs 的金属活性中心、Lewis 碱位点及极性官能团的数量提高对 CO_2 的选择性吸附能力。除此之外，可依赖于 MOFs 结构对不同烷烃分子的范德华力不同，对烯烃分子有较强的 π 电子间相互作用进行烷烃或烷烃 / 烯烃混合物的分离。但Long研究组发现，Fe-MOF-74中的配位不饱和Fe^{2+}中心与乙烯分子间有较强的相互作用，其在1bar（10^5Pa）和45℃时对乙烷和乙烯的分离效率分别达到99.0%和99.5%[12]。为了能够高效地过滤空气中的颗粒物，北京理工大学王博课题组采用双面热滚压加工方法将ZIF-8、ZIF-67与Ni-ZIF-8附着在塑料网、玻璃纤维织物、金属网、无纺布、密胺海绵等基底表面制备了MOFs膜材料[13]。以上膜材料具有良好的稳定性，且对空气中的颗粒物有出色的过滤效果。如在密胺海绵泡沫表面上生长的ZIF-8膜对$PM_{2.5}$和PM_{10}的去除率分别达到99.5% ± 1.7%和99.3% ± 1.2%。相信未来高性能MOFs粉体与膜材料在空气净化领域会发挥更为重要的作用！

图4　装备有MOFs储能材料的BASF新能源重型卡车

（2）水捕捉。淡水资源中能真正被人类直接利用的只占0.0076%，全球大多数人面临着水资源短缺的威胁。据推算，大气中的水蒸气及水滴含水量达到了13000万亿升，大概等于所有湖泊淡水总量的10%，因此从大气中捕水对缓解人类水危机具有重要现实意义。但是，在低湿度（<20%）条件下，从大气中捕获水分子是一项技术难题。为此，2017年，Yaghi研究组以MOF-801为核心材料，设计出一种概念型空气中水分子捕捉器（图5）[14]。该技术采用低能量密度（1kW/m^2）的太阳光作为能源，在相对湿度低至20%时，MOF-801对水蒸气的吸附量达到0.25kg/kg，具有极强的研究创新性与技术推广性。为了进一步提高MOFs材料对水分子的捕捉能力，2019年，上海交通大学王如竹研究组将高吸湿性盐LiCl封装在MIL-101(Cr)中[15]。多孔的MIL-101(Cr)提供了足够的孔体积储存LiCl和水分子，并通过限域效应诱导纳米级LiCl晶体的生长。研究结果显示，LiCl@MIL-101(Cr)在30℃与30%相对湿度下的水蒸气吸附量高达0.77kg/kg，远高于现有研究成果的水平，进一步推动了MOFs水捕捉技术的发展与应用。

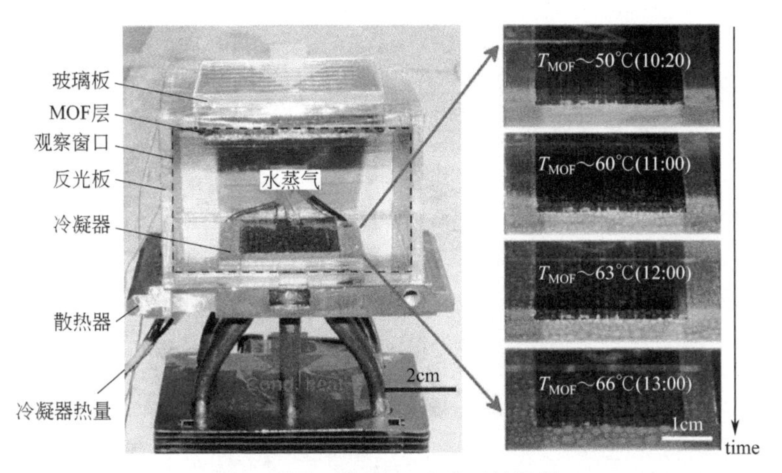

图 5 概念型 MOFs 水分子捕捉器

（3）污染物吸附。MOFs 具有开放的孔结构与超大的比表面积，可以促进水环境中污染物在 MOFs 中的扩散，并通过调控 MOFs 的配位不饱和金属位点、Lewis 酸碱位点、有机官能团种类、孔道尺寸、表面电性等方式实现对目标污染物的高效、快速及高选择性的吸附。目前，已报道的文献证明，MOFs 对有机染料、药物与个人护理品、农药和杀虫剂、重金属离子、放射性离子、全氟化合物、油类物质均有优异的吸附性能。MOFs 骨架与目标靶物的吸附机理主要包括静电作用、氢键作用、酸碱作用、配位作用、疏水作用、π-π 堆积作用、离子交换作用与孔尺寸选择性作用等。2017 年，北京建筑大学王崇臣研究组运用电化学沉积法制备的 ZIF-67 实现了对水中 21 种常见有机染料（16 种阴离子型、4 种阳离子型和 1 种中性染料）的吸附去除[16]，并发现所制备的 ZIF-67 对有些有机染料分子有优先吸附行为，因此还将其作为固相萃取装置的填料高效分离混合染料。另外，该课题组还将 MIL-88A 与 BUC-17 等 MOFs 材料固定于棉花纤维上[17, 18]，用于对水环境中 As^{3+}、As^{5+}、对氨基苯砷酸（p-ASA）与洛克沙胂的吸附去除。由于主要吸附机理是 As 元素与 MOFs 材料中的不饱和金属中心具有较强的配位作用，故本反应体系受共存物质的干扰较小。同时棉花纤维与 MOFs 材料之间结合得非常紧密，故有效抑制了 MOFs 材料在吸附过程中的流失现象，延长了材料的使用寿命。特别有趣的是，为了实现 MOFs 吸附剂的绿色脱附，避免使用有机溶剂清洗或加热脱附，王崇臣课题组运用原位离子交换沉积法制备了 UiO-66-NH_2/Ag_3PO_4（UAP-X）光控吸附剂[19]。如图 6 所示，在暗处时 UAP-X 中存在的 Ag^+ 会与磺胺甲噁唑中的端位——NH_2 发生弱配位反应，最大吸附量为 200mg/g。而当材料受到可见光（>420nm）照射时，Ag_3PO_4 中的 Ag^+ 会被光生电子还原为 Ag 单质，实现对磺胺甲噁唑的光控脱附。实验数据证明，UAP-120 可在光照 40min 后实现 73% 的脱附效率。

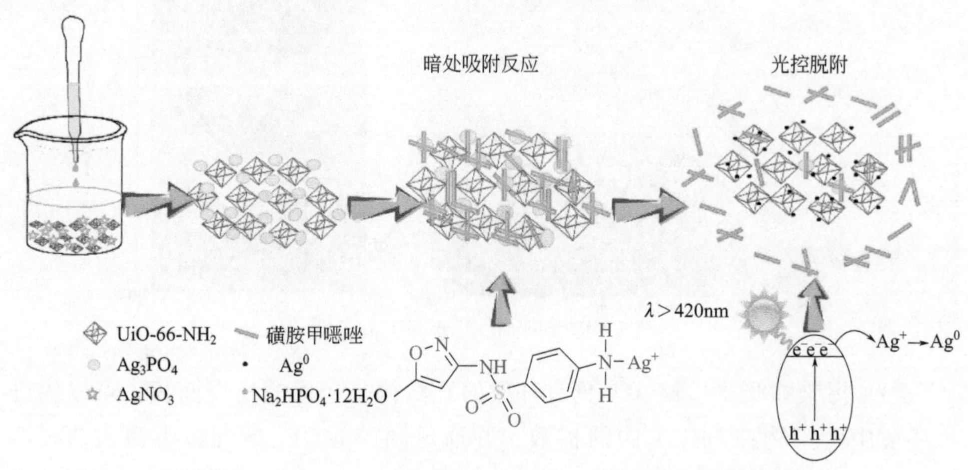

图 6　UiO-66-NH_2/Ag_3PO_4 复合物光控吸 - 脱附磺胺甲噁唑机理

MOFs 还作为吸附剂应用于水环境中常见阳离子［$Cr^{(VI)}$、Hg^{2+}、Pb^{2+}、Cd^{2+}、Co^{2+}、Cu^{2+} 等］与阴离子（F^-、PO_4^{3-}、ClO_4^-）的去除。值得注意的是，放射性核素 ^{99}Tc 是一种长寿命裂变产物，半衰期为 2.13×10^5 年，具有长期的放射性危害。通常情况下，^{99}Tc 以水溶性极强、稳定性极高的 $^{99}TcO_4^-$ 阴离子的形式存在，具有极强的迁移能力，传统核废料处理技术无法对 $^{99}TcO_4^-$ 进行有效固定。基于以上难题，苏州大学王殳凹研究组采用过渡金属 Ni^{2+} 与四齿氮中性配体自组装制备了阳离子型 MOFs 材料 SCU-102[20]。动力学实验表明，SCU-102 可在 10min 内吸附去除水中 100% 的 $^{99}TcO_4^-$，吸附速率明显大于传统阴离子树脂材料。并且在处理实际受污染的地下水体时，SCU-102 对 $^{99}TcO_4^-$ 的吸附选择性不受共存阴离子（SO_4^{2-}、CO_3^{2-}、Cl^-、NO_3^-）的干扰，分配系数高达 5.6×10^5mL/g。

（4）荧光传感。基于检测荧光变化实现对环境污染物与生物体液中目标物的定性与定量分析是目前最有前景的检测分析方法。该方法具有易于操作、前处理过程简单与效率高等优势。荧光 MOFs（Luminescent MOFs，LMOFs）不但兼具了传统 MOFs 材料的多孔性与可修饰性，同时构成其骨架结构的有机配体与金属中心离子具有特定的荧光性质，是潜在的荧光传感材料。具体而言，LMOFs 开放的孔结构、丰富的 Lewis 酸碱位点和不饱和配位金属位点可将目标分析物特异性地结合在一起，进而改变 LMOFs 自身的光吸收和发射的性质，最终实现 LMOFs 对特定物质的检测。目前，LMOFs 作为荧光传感材料主要包含四个类型，即荧光增强型（Turn-on）、荧光猝灭型（Turn-off）、先猝灭后增强型（Off-on）和比率型，目标检测靶物涉及离子、药物与个人护理品、持久性有机污染物、爆炸物、生物标志物等。例如，同济大学闫冰研究组以 2- 氨基对苯二甲酸、Zr^{4+} 和 Eu^{3+} 为原料，运用水热法合成了 UiO-66-NH_2-Eu 荧光传感材料[21]。该材料在较宽的 pH 范围内（4.0 ～ 10.0）均可保持荧光稳定性，如图 7 所示，当水中含有 Cd^{2+} 时，可以显著增强有机配体到 Eu^{3+} 的能量转移效率（也称天线效应），进而提高材料的荧光发射强度，实现对 Cd^{2+} 的传感检测。同时，该反应体系在紫外光照射时会发生明显的颜色变化，可快速简便地检测真实水环境样品中的 Cd^{2+}。相比于“Turn-on”型 LMOFs，早在 2009 年新泽西州立罗格斯大学 Li 研究组运用溶剂热法合成了具有微孔结构的 $Zn_2(bpdc)_2(bpee)$（bpdc = 4,4- 联苯二甲酯，bpee = 1,2- 联吡啶乙烯）。该 LMOFs 的荧光会被 2,4- 二硝基甲苯和 2,3- 二甲基 -2,3- 二硝基丁烷蒸气猝灭，因此也是首例 LMOFs 应用于爆炸物分子的检测[22]。

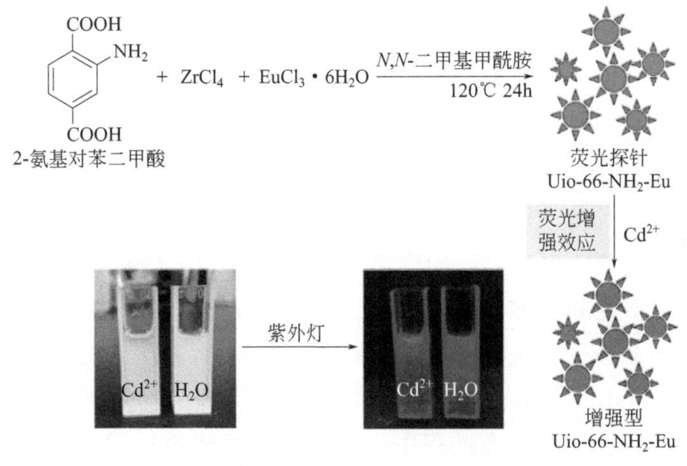

图 7　UiO-66-NH_2-Eu 用于荧光传感检测水中的 Cd^{2+}

除了检测传感水体或气体污染物，LMOFs 也常被用于分析检测生物标志物。例如，闫冰研究组将制备的 Eu@Sc-MOFs 材料应用于人体血清和尿液中苯乙醛（PGA）的检测，以评估从事玻璃纤维增强聚酯生产的工人的职业风险[23]。实验结果表明，PGA 分子可有效增强 Eu@Sc-MOFs 材料在 615nm 处的荧光强度，具有良好的选择性，PGA 的最低检出限为 4.16PPb。更有趣的是，研究人员开发了一种定量分析 PGA 分子的荧光试纸，与智能手机 App 联用后，可以发现随着 PGA 含量的增加，试纸的颜色会从蓝色转变为红色（图 8）。

总体来讲，设计的传感装置既便于携带又易于操作，非常适合 PGA 分子的现场检测。另外，南方医科大学陈文华研究组将一种水稳定性良好的 Cu-MOF 材料应用于 HIV-1 和埃博拉病毒 DNA 和 RNA 的检测，检测限低至 196pM（$1pM=10^{-12}mol/dm^3$）和 73pM[24]。主要原理是标记羧基荧光素与 Cu-MOF 之间的静电作用、π-π 堆积和氢键作用使得标记物的荧光产生猝灭现象。因此，该分析方法为病毒的早期诊断提供了新的途径。

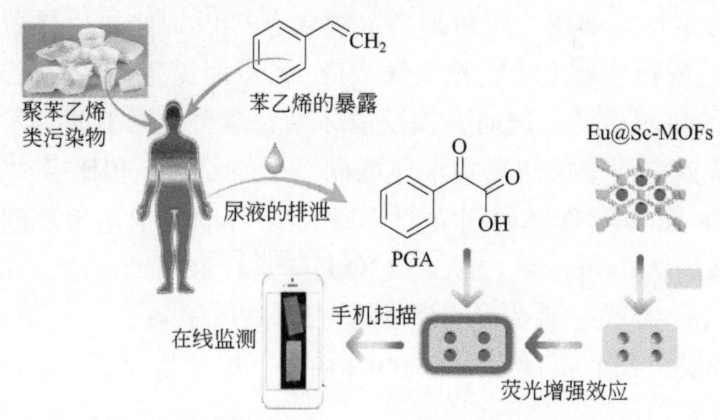

图 8　Eu@Sc-MOFs 作为“Turn-on”型荧光传感器检测人体中的 PGA

（5）催化。相比于传统无机催化材料，MOFs 因其晶态多孔性、灵活可修饰性及超大比表面积等优势在有机多相催化（氧化反应、还原反应）、光催化（制氢、产氧、光催化还原 CO_2 与有毒高价金属、降解有机污染物和有机合成）、电催化（氧还原、水分解和 CO_2 还原反应）和高级氧化（活化双氧水与过硫酸盐）领域得到了广泛的应用。对于 MOFs 催化氧化与还原反应而言，其主要是通过不饱和金属位点催化、有机配体的功能性催化和封装具有催化活性的客体分子进行相关催化反应。例如，山东师范大学董育斌研究组制备了一种含有配位不饱和 Co^{2+} 活性位点的 MOFs 材料，实验结果表明，Co^{2+} 在环己烷、烯烃和醇氧化反应过程中起到了至关重要的作用 [25]。华南理工大学傅志勇研究团队以 Zn^{2+}、2,4,6- 三 (4- 吡啶基)-1,3,5- 三嗪和 2- 氨基对苯二甲酸酯作为原料合成了一种氨基功能化的 MOF 材料，并将其应用于催化苯甲醛和含活泼亚甲基化合物的 Knoevenagel 的反应中 [26]。由于上述两个有机配体含有丰富的 Lewis 碱活性位点（9 个未配位的 N 原子），因此该 MOF 材料表现出了优异的催化活性。另外，MOFs 材料可调控的孔道结构为一些功能性客体分子特别是金属纳米颗粒的封装提供了途径，但常见的方法是将 MOFs 材料在金属前驱物中浸泡，在外加还原剂（如硼氢化钠）的条件下进行还原，反应条件比较苛刻。2020 年，美国得克萨斯农工大学周宏才研究组采用四硫富瓦烯四苯羧酸和甲基化的四硫富瓦烯四苯羧酸作为有机配体，合成了基于 Zr_6 节点簇的稳定 Zr-MOFs 材料。更为重要的是，该材料可在室温、无需外加还原剂的条件下将 Pd^{2+} 原位限域还原为 Pd 纳米颗粒 [27]。实验结果证实制备的 Pd@Zr-MOF 对不同取代基的苯甲醇具有优异的选择性催化活性。

近年来，MOFs 在光催化领域发展迅速，相关研究证明 MOFs 可被应用于光照下分解水制氢、光催化还原 CO_2 与 Cr（Ⅵ）及光催化降解有机物等。相比于传统的半导体材料，MOFs 作为光催化剂具有如下优势 [28]：

① 优异的吸附性能。对于光催化反应而言，污染物的预吸附效果会显著影响后续的光催化反应效率。由于 MOFs 具有多样性的结构，巨大的比表面积、孔体积和孔隙率，并且可以通过设计来改变其孔道特性，因而可根据需求调控 MOFs 材料的吸附性能。

② MOFs 的结构具有可设计性。MOFs 的光吸收性质可以通过引入一些功能基团（如氨基和卟啉基团）进行调控，实现其在可见光或近红外光区域表现出优异的光催化活性。

③ MOFs 的多孔结构赋予其更多暴露的活性位点和催化靶物 / 产物传输通道，利于光生电荷的转移和利用，从而相对减少光生空穴 - 电子对的复合，综合提高其利用效率。

④ MOFs 明确的结构特点使其成为研究光催化构效关系的理想模型。

⑤ MOFs 的结构具有多样性，其易与半导体材料或其他导电性良好的材料进行复合，形成异质结，增效光生电荷密度，促进光生载流子的分离。例如，2020 年武汉大学邓鹤翔与上海科技大学 Terasaki 研究组在国际顶级期刊 *Nature* 上发表文章，利用 MOFs 的多级孔结构特性制备了一种新型的 MOF 内“分子隔间（Molecular Compartments）”材料 [29]。即分别在 MIL-101(Cr) 两种尺寸（29Å 和 34Å，$1Å=10^{-10}m$）孔结构内生长经典 TiO_2 光催化材料，从而构建了具有“分子隔间”的 MOF/TiO_2 复合材料（图 9）。

研究结果表明，“分子隔间”的存在显著提高了材料对光的吸收能力与载流子分离速率，并强化了 TiO_2 与具有催化性能金属簇之间的协同作用。在 350nm 光照条件下，CO_2 还原的量子效率高达 11.3%，大幅提高了现有 MOFs 基材料对 CO_2 光催化还原的反应效率。

在环境修复领域，2017 年王崇臣研究组借助晶体工程学原理，采用维生素 H 的中间体 1,3- 二苄基咪唑 -2- 酮 - 顺 -4,5- 二羧酸作为第一配体，4,4′- 联吡啶作为第二配体，水热法合成了一种在宽 pH 范围（2 ～ 12）下能够保持结构稳定的 Zn 基 MOF 材料，命名为 BUC-21[30]。该 MOF 的带隙值为 3.4eV，在紫外光照射下可高效光催化还原 Cr（Ⅵ）与有机染料，催化活性远大于商业化 P-25 型二氧化钛粉末。同时，为了克服 MOFs 粉体材料在光催化过程中易流失、循环利用性差等问题，王崇臣研究组采用二次晶种法将 UiO-66-NH_2(Zr/Hf) 原位生长在 Al_2O_3 基底上，制备了 MOFs 膜材料 [31]。实验结果证明，在模拟太阳光照射下，UiO-66-NH_2(Zr) 薄膜可在 120min 内光催化还原 98% 的 Cr（Ⅵ）离子，并且经 20 轮光催化反应后，效率仍能保持在 94%，具有良好的应用前景。

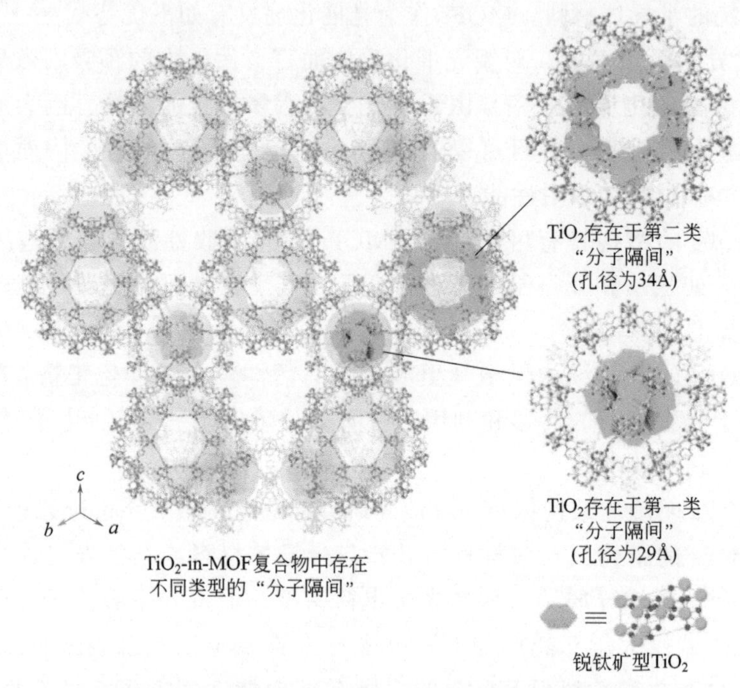

图 9　MIL-101(Cr) 定向控制 TiO_2 生长的位置与数量

另外，由于 MOFs 材料结构中含有过渡金属元素（Fe、Co、Ni、Cu 等），它也常被用于活化双氧水或过硫酸盐产生强氧化性自由基（·OH 与 SO_4^-·等），进而去除水中的难降解有机污染物。2021 年，王崇臣研究组报道了一种由 MIL-88A(Fe) 和有机半导体材料 3,4,9,10- 苝四甲酰二亚胺（PDINH）构成的复合材料，并将其应用于光催化 - 活化过一硫酸盐体系强化去除水中新型冠状病毒（COVID-19）的治疗药物磷酸氯喹（图 10）[32]。实验结果表明，MIL-88A(Fe) 与 PDINH 之间的能带位置具有良好的匹配性，在低功率 LED 光源照射下，光生电子会从 PDINH 快速迁移到 MIL-88A(Fe)。同时，反应体系中加入的过一硫酸盐作为电子捕获剂，在生成 SO_4^-·等活性自由基的同时，还抑制了光生空穴 - 电子对的复合。再结合 MIL-88A(Fe) 良好的活化过一硫酸盐性能，进而使得该反应体系具有高效的有机污染物去除性能。如图 10 所示，形象地将被污染的自然环境、PDINH/MIL-88A(Fe)、过一硫酸盐分别比喻为受伤的心脏、手术刀与注射液，寓意为在太阳光的照射下，PDINH/MIL-88A(Fe) 与过一硫酸盐协同、精准作用于水中磷酸氯喹污染物的去除，最终实现了水的净化作用。

鉴于 MOFs 材料兼具均相催化与非均相催化的特性，其在电催化方面也有着广泛的应用。例如，为了解决商业贵金属催化剂（铂、铱、钌）在阴极析氢反应应用中成本过高、易中毒失活等缺点，三峡大学李东升研究组将二维 Co 基 MOF 材料（CTGU-5）与导电助催化剂乙炔黑复合构筑了 AB@CTGU-5 复合材料[33]。实验结果证明，该材料具有优异的电催化析氢活性，即相对较正的起始点位（18mV）、较低的塔菲尔斜率（45mV/dec）、高交换电流密度（$8.6\times10^{-4}A/cm^2$）和高稳定性（96h）。2020 年，中国科技大学江海龙研究组以卟啉基 PCN-222 为前驱体，通过调变卟啉环中嵌入金属的种类，衍生制备了 Fe_1–N–C、Co_1–N–C 和 Ni_1–N–C 单原子催化剂[34]。其中 Fe_1–N–C 电催化产氨效率最佳，在 −0.05V vs. RHE 条件时产氨速率为 $1.56\times10^{-11}mol/(cm^2\cdot s)$，相应的法拉第效率达到 4.51%。更为重要的是，该工作体现了 MOFs 作为多孔材料制备单原子催化剂的优势，为后续设计并制备高效电催化材料提供了新思路。

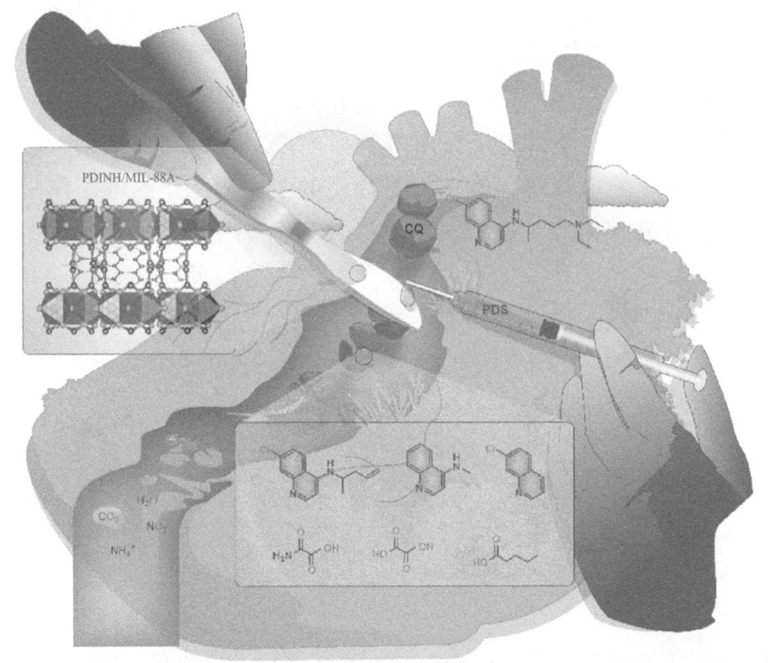

图 10　PDINH/MIL-88A(Fe) 光催化活化过一硫酸盐协同强化降解磷酸氯喹概念

（6）超级电容器。MOFs 因其具有巨大的比表面积、可调谐的孔径结构与赝电容氧化还原中心，使其具备了成为超级电容器电极材料的条件。例如，韩国汉阳大学 Sung-Hwan Han 研究组采用不同分子长度的二元羧酸配体与 Co^{2+} 离子合成了 3 种平均孔径为 2.58nm、13.95nm 和 78.96nm 的 Co-MOFs[35]。当扫描速率设定为 10mV/s 时，循环伏安测试得到的最大比电容分别为 131.8F/g、147.3F/g 和 179.2F/g，且以上材料经过 1000 次循环使用后仍能保持原始的晶相结构。北京理工大学王博研究组更是用电化学沉积法将 ZIF-67 与导电聚合物聚苯胺（PANI）生长在了碳布上[36]。其中 PANI 将离散的 ZIF-67 晶体交织串联在一起，同时又作为 ZIF-67 内表面和外电路之间的电子传输通道，有效增强了界面的法拉第过程。该研究为后续开发全固态柔性超级电容器提供了切实可行的新思路。2020 年，南京邮电大学黄维院士团队采用 Langmuir-Schäfer 膜技术制备了具有高密度氧化还原活性位点的 π-d 共轭 $Ni_3(HITP)_2$MOFs 导电薄膜，并将其用作电极材料，实现了高性能柔性透明电极的构建[37]。当光学透光率为 78.4% 时，$Ni_3(HITP)_2$ 电极的片电阻为 51.3Ω/sq。当电流密度为 5μA/cm^2 时，$Ni_3(HITP)_2$ 电极的面积电容值达 1.63mF/cm^2。更为重要的是，当电流密度提高至 50 倍时，电容保有率为 77.4%。该工作为后续开发以 MOFs 为基础的柔性高储能器件提供了新的机遇。另外，还可以通过优化电解质和电极的反应界面提高超级电容器的储能效率。如图 11 所示，Yaghi 研究组将 MOFs 制备成薄膜纳米晶体并附于隔膜两侧，经过电解质溶液浸泡处理后，形成了硬币型的超级电容器[38]。由于该电容器具有对称结构，并且电极材料 MOFs 具有开放的孔结构优势，使得电子在电解质与电极之间的迁移速率大幅提高，进而展现出了更优异的电化学性能。值得注意的是，MOFs 也可用作制备多孔碳与金属氧化物的前驱体，其也是具有潜在应用价值的高性能超级电容器材料。

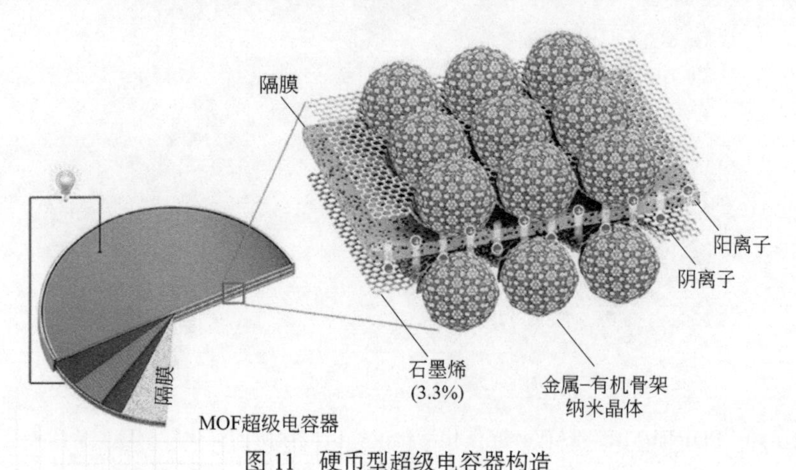

图 11　硬币型超级电容器构造

（7）医学。在选择生物安全性高的金属离子与有机配体的前提下，MOFs可以被应用于肿瘤治疗（光疗、放疗、微波治疗与声动力治疗）与药物传递等医学领域。例如，在光动力疗法中，常通过激发光敏剂以产生活性氧物质达到肿瘤死亡的目标。但常用的光敏剂水溶性差、有效载荷低、对肿瘤的靶向性差。更为重要的是，肿瘤细胞过量表达的谷胱甘肽可以作为抗氧化剂来抵抗活性氧物质对肿瘤细胞的攻击。因此，构建能够实现对谷胱甘肽智能消除的功能材料可以显著提高光动力治疗效果。2019 年，武汉大学张先正研究组采用“一锅法”制备了一种封印 Mn^{3+} 的卟啉基 MOF 材料 [39]。其中，Mn^{3+} 起到了猝灭卟啉配体荧光与抑制活性氧物质产生的双重作用，使其成为一种惰性诊疗材料。如图 12 所示，当该 MOF 材料被肿瘤细胞吞噬后，Mn^{3+} 与胞内的谷胱甘肽间发生的氧化还原反应使得 MOF 材料被分解成 Mn^{2+} 和游离的卟啉分子，不仅达到了对抗氧化剂谷胱甘肽的消耗，还实现了基于 Mn^{2+} 的磁共振成像与基于卟啉的荧光成像。同时，谷胱甘肽对卟啉基团的控释在一定程度上限制了光照条件下活性物质的产生浓度，有效避免了过氧自由基引发的炎症，最终显著提高了光动力疗法对肿瘤细胞的治疗效率。另外，MOFs 由于其具有多孔性与表面存在大量活性位点，故可装载和偶联声敏分

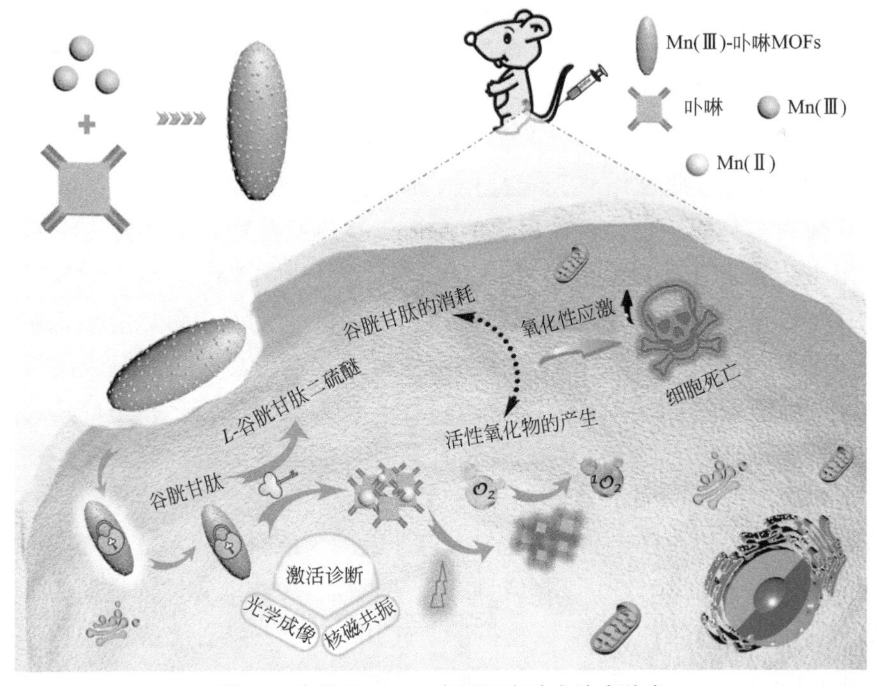

图 12　卟啉基 MOFs 应用于光动力治疗肿瘤

子，构建具有良好生物兼容性的超声敏感系统，进一步应用于肿瘤细胞的声动力治疗中。例如，中国科学院深圳先进技术研究院蔡林涛研究组以 Mn^{2+}、Zn^{2+}、Ti^{4+} 为金属中心，具有声敏性的四甲苯基卟啉为配体，制备了一系列新型 MOFs 材料 [40]。同时以人血蛋白为载体，构建了以上述 MOFs 材料为核心的声敏系统。实验结果证明，该系统在厚达 10cm 以上的肌肉模拟组织中仍具有声能激发响应特性。在低功率超声波辅助下，富集在肿瘤内部的 MOFs 材料能够定向产生单线态氧，有效抑制肿瘤生长并减少对器官的损伤。

MOFs 还可作为药物传递系统。传统药物传递系统分为有机药物传递系统和无机药物传递系统。前者一般具有很好的生物兼容性，但对药物的有效负载量较低，对药物的控制作用较差；后者虽然具有更高的药物负载量，可以按照规定的速率传递药物，但是生物兼容性较差，大多数金属纳米颗粒无法被生物降解，具有一定的毒性。MOFs 作为一类有机 - 无机杂化材料，兼具了上述两种药物传递系统的优势。同时，可以采用聚乙二醇、二氧化硅、环糊精、肝素与壳聚糖等材料对 MOFs 材料进行表面修饰，提高载药体系的稳定性、靶向性与生物兼容性，进一步降低免疫应答，赋予 MOFs 材料“隐身”的性能，并提高对细胞膜的透过性，减轻副作用。例如，格拉斯哥大学 Forgan 研究组将聚乙二醇共轭修饰到了 UiO-66 表面 [41]。实验结果表明，在 pH 值为 7.4 时，聚乙二醇的存在能显著提升 UiO-66 在磷酸盐中的稳定性，还能抑制药物的“突释”行为。而在 pH 值为 5.5 时，该反应体系可以实现对药物的缓释作用。壳聚糖是改善口服药物吸收的典型生物材料，2017 年凡尔赛大学 Hidalgo 研究组将壳聚糖用于 MIL-100(Fe) 的表面修饰，实现了对布洛芬药物的装载，也是首次报道的 MOFs 基口服药物载体材料 [42]。由于相互作用主要发生在壳聚糖的羟基和 MIL-100(Fe) 中的 Fe^{3+} 之间，故较好保留了 MIL-100(Fe) 的多孔性与晶体结构。壳聚糖的包覆作用可以有效保护 Fe^{3+} 不被酶降解。同时，壳聚糖的生物黏附性可以控制该材料在肠黏膜附近释放布洛芬，有效提高药物对细胞膜的透过性。值得注意的是，在局部药物递送中，由于细胞内环境的复杂性，开发合适且可靠的平台进行可视化药物释放具有重要意义。2021 年，中国科学院成都生物研究所天然产物研究中心邵华武研究组首次采用 Zr^{4+} 与四 (4- 羧基苯基) 甲烷为原料合成了具有真空结构的 MOF 纳米管（图 13）[43]。该材料具有强荧光性、生物兼容性、优异的负载能力及 pH 响应的释放性能（“自我指示”作用）。基于以上优势，该 MOFs 材料实现了对抗肿瘤药物阿霉素的可视化传递。总体来讲，由于 MOFs 材料具有较强的可修饰性，相信未来功能化修饰 MOFs 材料会在靶向给药、缓释传递及精准治疗等领域发挥更为重要的作用！

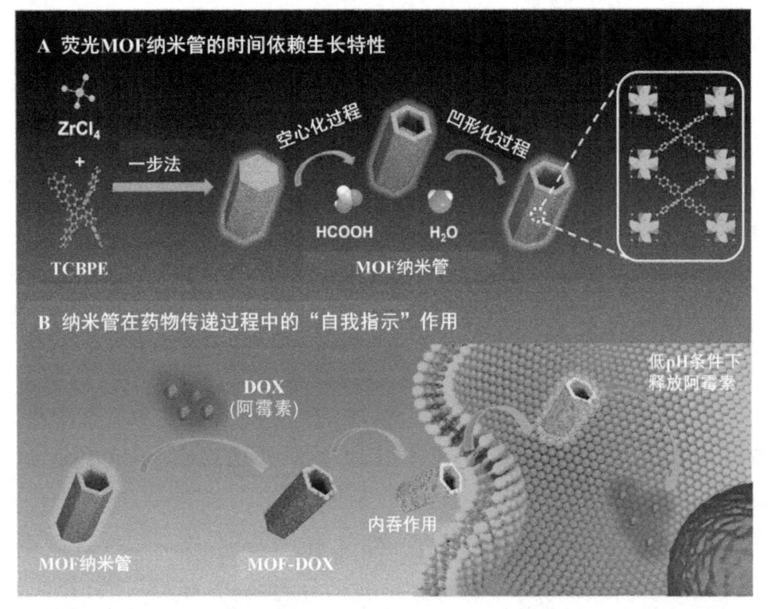

图 13　具有真空结构与荧光性能 MOFs 的合成及其“自我指示”传递抗肿瘤药物

（8）杀菌除藻。抗生素等杀菌药物面临着细菌耐药性的问题，同时为了达到缓释的效果，常常将药物活性成分包裹于胶囊内部，致使该类药物无法应用于外部伤口的杀菌。MOFs 材料含有对杀菌起到决定性作用的金属离子（如 Ag^{+}、Zn^{2+}、Co^{2+}、Cu^{2+} 等），更为重要的是，组成其结构的有机配体具有较好的生物兼容性，有利于 MOFs 破坏细胞壁结构，进而打乱细菌细胞内部的离子平衡，致使酶失活以及细胞质渗漏，最终实现高效、持久杀菌。例如，阿尔卡拉大学 Aguado 研究组将两个 Co 基 MOFs 材料（ZIF-67 和 Co-SIM-1）用于革兰氏阴性菌（恶臭假单胞菌与大肠埃希氏杆菌）的灭活[44]。结果显示两种 MOFs 材料均可有效抑制细菌的生长，并且当材料投加量升至 5 ～ 10mg/L 时，上述两种细菌的对数生长期被有效抑制。2018 年，王崇臣研究组采用 1,1-环丙烷二羧酸和 1,1- 环丁烷二羧酸作为第一配体，4,4′- 联吡啶作为第二配体合成了两种 Ag 基 MOFs 材料 BUC-51 和 BUC-52[45]。由于 BUC-51 和 BUC-52 可缓慢释放 Ag^{+} 破坏大肠埃希氏杆菌的细胞壁，致使细胞质流出而死亡，故其展现出了长效灭杀大肠埃希氏杆菌的性能。随后，王崇臣课题组又以咪唑 -4,5- 二羧酸作为有机配体合成了另一种 Ag 基 MOFs 材料 BUC-16[46]。其不但展现出优异的抑菌活性，还可有效去除水体中的藻类，如铜绿微囊藻、脆杆藻、二角盘星藻、平裂藻、水棉、鱼腥藻、二形栅藻、星盘藻、小球藻和桥湾螺旋藻等。该研究除了以血球计数板计数的形式计算藻类去除率，还以藻类释放的恶臭嗅味物质β-环柠檬醛作为研究对象判断BUC-16的除藻效果。实验结果显示，BUC-16的加入可以有效降低藻类对β-环柠檬醛的释放。实验第7天时，选取的铜绿微囊藻全部失活且再无恶臭气体排放。同时，研究者也以小鼠胚胎成纤维细胞（NIH/3T3）检测BUC-16的体外细胞毒性，发现其具有良好的生物兼容性。总体来讲，MOFs材料的组成与结构将直接决定其抗菌的速率、持续性与生物利用性。

除依赖MOFs材料释放金属离子达到除菌的目标外，MOFs材料还可通过光催化与高级氧化的方式产生活性自由基，其也可实现对细菌、真菌甚至病毒的灭杀。2019年，北京理工大学王博研究组制备了具有超高光催化杀菌活性的ZIF-8，实现对水体中大肠杆菌的高效灭杀，杀菌率大于99.9999%[47]。并运用多种表征与实验方式证明光催化过程中产生的超氧自由基（$\cdot O_2^-$）与过氧化氢（H_2O_2）是主要的活性物质。同时为了实现个人防护，研究人员还采用热压法制备了名为“MOFilter”的口罩。如图14所示，通过喷洒微生物气溶胶模拟真实使用场景，光照30min后可以观察到MOFilter口罩三层均没有细菌存活，而商用的N95口罩则在相同条件下残留了大量的活菌。在目前疫情常态化背景下，该研究成果极具应用价值。另外，目前还有研究团队将MOFs作为辅料添加到医疗器械和外科手术材料中，解决了大量实际需求。

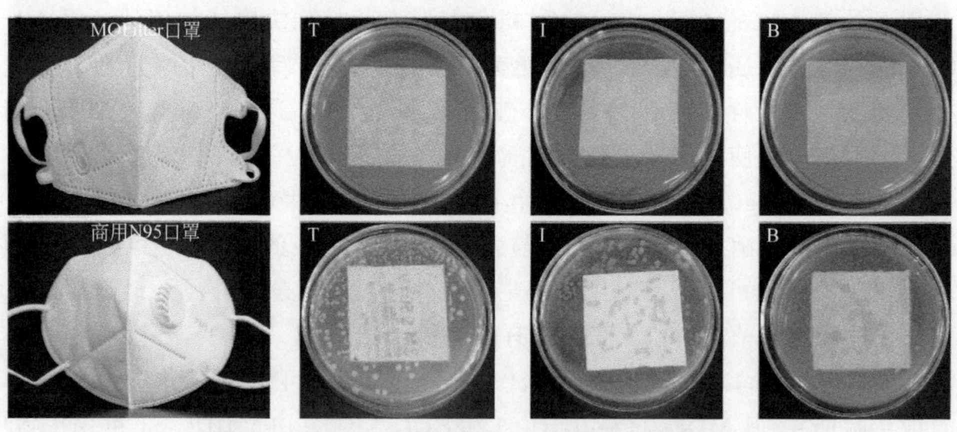

图14　MOFilter口罩与商用N95口罩灭菌效果对比

（9）样品前处理。得益于MOFs具有超强吸附性能与可修饰的特性，其可对特定一种或多种目标物有较强的选择性与萃取容量，进而被广泛应用于样品前处理技术中，包括固相萃取（Solid Phase Extraction, SPE）、微固相萃取（Micro-Solid Phase Extraction，μ-SPE）、磁性固相萃取（Magnetic

Solid Phase Extraction，MSPE）与固相微萃取（Solid Phase Microextraction，SPME）等。2006 年，南开大学严秀平研究组首次将异烟酸铜 MOF［$Cu(4\text{-}C_5H_4N\text{-}COO)_2(H_2O)_4$］作为固相萃取填料，实现了流动注射在线固相萃取 - 高效液相色谱联用技术测定煤飞灰和水中的痕量稠环芳烃，富集倍数能够达到 200 ～ 2337 不等[48]。伊朗 K.N. 图什理工大学 Mehdinia 研究组将成功制备的甲基修饰的 MOF-5@ 聚丙烯腈复合材料（CH_3-MOF-5@PAN）应用于固相萃取柱的吸附填料[49]。与商业化的 C-18 填料相比，CH_3-MOF-5@PAN 对左炔诺孕酮和乙酸甲酯两种雌性激素药物具有更低的检测限（0.02μg/L）与更高的回收率（82.8% ～ 94.8%）。为了克服 SPE 技术对 MOFs 用量过大的问题，新加坡国立大学 Hian-Kee Lee 研究组开发了以 ZIF-8 为材料基础的 μ-SPE 技术，并将其应用于水环境中稠环芳烃的富集[50]。由于 ZIF-8 对不同分子量的稠环芳烃具有尺寸选择性，同时其结构上的 Zn 金属位点与富电子稠环芳烃间具有强的相互作用，因此 ZIF-8 展现出比商品化 C-18 和 C-8 吸附剂更强的萃取效果。近年来，氧化铁（Fe_2O_3、Fe_3O_4）和氧化钴（CoO）等金属氧化物具有独特的磁性特征，在外加磁场作用下可快速回收，因此其常和 MOFs 材料复合应用于 MSPE 技术中。例如，四川大学侯贤灯研究组采用分步组装法制备了磁性 Fe_3O_4@ZIF-8 复合材料，其可有效富集尿液中的无机砷[51]。萃取过程通过与氢化物发生 - 原子荧光光谱仪联用实现了低浓度无机砷（>3ng/L）的检测，并且该方法不受尿液基质的干扰。

相比于 SPE、μ-SPE 与 MSPE 技术，SPME 是一种集采样、萃取、浓缩和进样于一体的技术，可以节省样品预处理 70% 的时间，无需使用有机溶剂，特别适用于现场采样分析与自动化操作。而对于 SPME 技术而言，萃取头是该项技术的核心，其决定了分析方法的灵敏度、检测限、结果可信范围和分析范围。目前纤维涂层材料主要是聚二甲基硅氧烷（PDMS）、聚丙烯酸酯（PA）和二乙烯基苯（DVB）等。但以上材料面对复杂样品分析时对特定目标物的选择性较差，MOFs 材料则由其特有优势在 SPME 领域取得了一定的进展。早在 2009 年，南开大学严秀平研究组就在不锈钢纤维表面原位生长了 MOF-199 薄膜，应用于挥发性苯系物的富集与分析[52]。MOF-199 纤维涂层对目标物的富集倍数范围在 19613（苯）～ 110860（二甲苯），远优于商业 PDMS/DVB 纤维涂层。萃取增强机理主要是 MOF-199 开放的 Lewis 酸性位点、1,3,5- 均苯三甲酸有机配体和苯系物之间较强的 π 络合作用与 π-π 作用所致。随着后续研究的推进，研究者在 MOFs 中又引入了碳基材料、分子印迹聚合物及磁性纳米颗粒等功能材料来提升萃取富集体系的稳定性与选择性。例如，宁波大学潘道东研究组将聚合氨基苯硼酸分子印迹膜嫁接在 Fe_3O_4@ZIF-8 载体上以制备新型 SPME 涂层纤维 [53]。相比于传统涂层材料，由于该涂层中印迹位点丰富，故对活鱼和猪肉样品中的 4 种雌性激素具有更好的选择性与回收率。2021 年，南京大学潘丙才研究组通过在 MIL-101(Cr) 上嫁接氨基与氟烷基实现了材料的双功能改性（如图 15 所示，材料命名为 MIL-101-DETA-F）[54]。进一步通过 SPME 探针制备与分析方法的构建，实现了对水中痕量、高毒性全氟和多氟烷基化合物的高效富集与定量分析。与超高效液相色谱 - 串联质谱仪联用，检测限低至 0.004 ～ 0.12ng/L，回收率为 76.2% ～ 108.6%，明显优于商业化的 PDMS/PVD 涂层材料。超高选择性吸附主要是通过尺寸排阻、疏水作用、静电吸引、氟 - 氟作用、氢键及路易斯酸碱络合等多重作用力实现。该研究为分析水中痕量全氟和多氟烷基化合物提供了新的方法与思路。

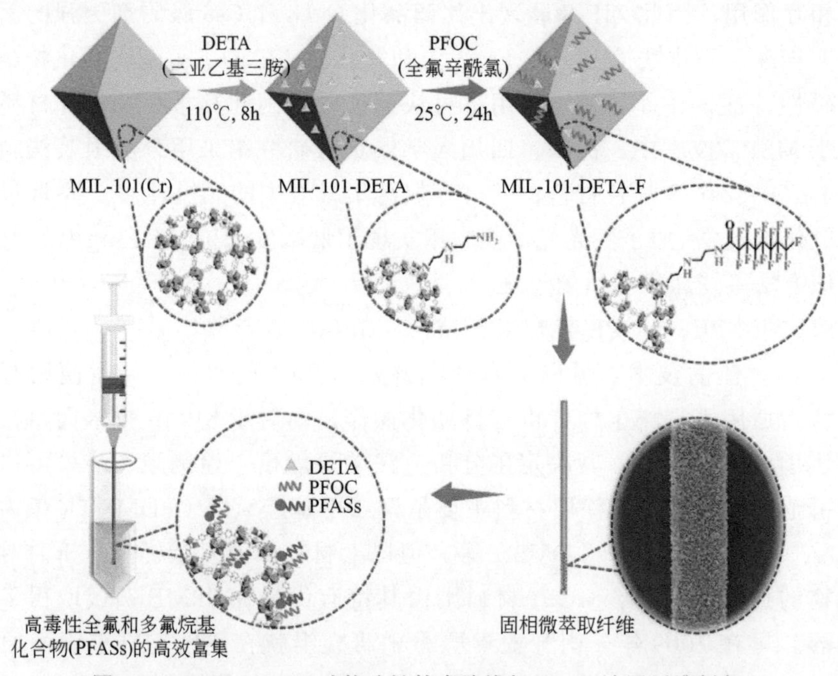

图 15　MIL-101(Cr) 双功能改性技术路线与 SPME 涂层纤维制备

可以预见的未来

综上所述，过去 20 年，MOFs 材料已经在气体储存与分离、污染物吸附、荧光传感、催化、超级电容器、药物与生物分子传递、杀菌除藻和样品前处理等多个领域展现出了巨大的应用潜力，但仍有许多课题有待于进一步的探究。

① MOFs 材料的合成存在着产量低、成本高、条件苛刻等因素，限制了其在工程实践中的应用。未来可采用机械化学法、电化学法宏量制备 MOFs 材料。

② 目前大多数 MOFs 材料在高温、水环境、酸或碱性等条件下的长效稳定性不佳，未来应着力开发兼具超强热稳定、化学稳定与机械稳定的 MOFs 材料，防止其金属离子、有机配体的溶出及结构的垮塌。

③ 现有 MOFs 多为微孔材料（孔径 <2nm），其会阻碍和限制大分子在 MOFs 孔道内部的传质过程，进而削弱目标分子与活性位点的相互作用。特别是对于非均相催化反应而言，微孔结构还会影响催化产物在材料内部的扩散，导致催化剂中毒而失活。因此，未来需开发多级复合孔 MOFs 材料。

④ 实验室合成的 MOFs 材料大多采用水热法或溶剂热法，需要高温、高压的反应条件。因此实验人员无法直接观测其中物质的转变过程，材料合成的重复性不高，也被称为“黑箱”过程。未来需开发可视化合成设备，辅助计算机模拟技术，使 MOFs 的合成过程由“黑箱”转变为“灰箱”，甚至是“白箱”，以准确控制 MOFs 材料的微观结构和宏观功能特性。

⑤ 目前石墨烯、量子点、电光陶瓷、耐蚀合金等新材料的功能被逐渐开发，未来可以采用适当的方法将 MOFs 与上述材料复合，充分发挥各自的优势，实现 1+1>2 的协同作用。

⑥ MOFs 材料在制备、使用与处置过程中会通过各种途径进入环境，因此需要后续研究者利用生命周期方法（Life Cycle Assessment，LCA）对 MOFs 材料进行资源能耗分析、环境影响评价（气候变化、富营养化、生态毒性等）与环境释放（质量、浓度、存在形式等）分析。但目前基础性数据的缺乏导致后续 LCA 评价结果不确定性高，后续亟须建立并更新基于 MOFs 材料的 LCA 基础数据。

⑦ 目前，材料基因组学理念已经应用于共价有机骨架（Covalent Organic Frameworks，COFs）的开发。未来可结合“遗传结构单元”新概念和“似反应连接组装算法”定向合成 MOFs 材料，最终使 MOFs 材料的开发更可靠与高效。

相信未来 MOFs 材料会给我们的生产与生活带来更多的惊喜，有些领域甚至是革命性的改变，但这还有很长的路要走。欢迎对未知充满好奇的朋友加入 MOFs 材料的研究中来，丰富 MOFs 的应用，造福于人类。

参考文献

[1] Kitagawa S, Kitaura R, Noro S I. Functional porous coordination polymers[J]. Angewandte Chemie International Edition, 2004, 43(18): 2334-2375.

[2] Li H, Eddaoudi M M, O'Keeffe M, et al. Design and synthesis of an exceptionally stable and highly porous metal-organic framework[J]. Nature, 1999, 402(6759): 276-279.

[3] Huang X, Lin Y, Zhang J, et al. Ligand-directed strategy for zeolite-type metal-organic frameworks: Zinc(Ⅱ) imidazolates with unusual zeolitic topologies[J]. Angewandte Chemie International Edition, 2006, 45(10): 1557-1559.

[4] Park K S, Ni Z, Côté A P, et al. Exceptional chemical and thermal stability of zeolitic imidazolate frameworks[J]. Proceedings of the National Academy of Sciences, 2006, 103(27): 10186.

[5] Silva P, Vilela S M F, Tomé J P C, et al. Multifunctional metal-organic frameworks: From academia to industrial applications[J]. Chemical Society Reviews, 2015, 44(19): 6774-6803.

[6] Farha O K, Eryazici I, Jeong N C, et al. Metal-organic framework materials with ultrahigh surface areas: Is the sky the limit?[J]. Journal of the American Chemical Society, 2012, 134(36): 15016-15021.

[7] Furukawa H, Miller M A, Yaghi O M. Independent verification of the saturation hydrogen uptake in MOF-177 and establishment of a benchmark for hydrogen adsorption in metal-organic frameworks[J]. Journal of Materials Chemistry, 2007, 17(30): 3197-3204.

[8] BASF metal organic frameworks (MOFs): Innovative fuel systems for natural gas vehicles (NGVs) [J]. Chemical Society Reviews, 2014, 43(16): 6173-6174.

[9] Rao X, Cai J, Yu J, et al. A microporous metal-organic framework with both open metal and lewis basic pyridyl sites for high C_2H_2 and CH_4 storage at room temperature[J]. Chemical Communications, 2013, 49(60): 6719-6721.

[10] Alezi D, Belmabkhout Y, Suyetin M, et al. MOF crystal chemistry paving the way to gas storage needs: Aluminum-based soc-MOF for CH_4, O_2, and CO_2 storage[J]. Journal of the American Chemical Society, 2015, 137(41): 13308-13318.

[11] Furukawa H, Ko N, Go Y B, et al. Ultrahigh porosity in metal-organic frameworks[J]. Science, 2010, 329(5990): 424.

[12] Bloch E D, Queen W L, Krishna R, et al. Hydrocarbon separations in a metal-organic framework with open iron(II) coordination sites[J]. Science, 2012, 335(6076): 1606.

[13] Chen Y, Zhang S, Cao S, et al. Roll-to-roll production of metal-organic framework coatings for particulate matter removal[J]. Advanced Materials, 2017, 29(15): 1606221.

[14] Kim H, Yang S, Rao S R, et al. Water harvesting from air with metal-organic frameworks powered by natural sunlight[J]. Science, 2017, 356(6336): 430-434.

[15] Xu J, Li T, Chao J, et al. Efficient solar-driven water harvesting from arid air with metal-organic frameworks modified by hygroscopic salt[J]. Angewandte Chemie International Edition, 2020,

59(13): 5202-5210.

[16] Du X, Wang C, Liu J, et al. Extensive and selective adsorption of ZIF-67 towards organic dyes: Performance and mechanism[J]. Journal of Colloid and Interface Science, 2017, 506: 437-441.

[17] Pang D, Wang C, Wang P, et al. Superior removal of inorganic and organic arsenic pollutants from water with MIL-88A(Fe) decorated on cotton fibers[J]. Chemosphere, 2020, 254: 126829.

[18] Pang D, Wang P, Fu H, et al. Highly efficient removal of As(Ⅴ) using metal-organic framework BUC-17[J]. SN Applied Sciences, 2020, 2(2): 184.

[19] Xu X, Chu C, Fu H, et al. Light-responsive UiO-66-NH_2/Ag_3PO_4 MOF-nanoparticle composites for the capture and release of sulfamethoxazole[J]. Chemical Engineering Journal, 2018, 350: 436-444.

[20] Sheng D, Zhu L, Dai X, et al. Successful decontamination of $^{99}TcO_4^-$ in groundwater at legacy nuclear sites by a cationic metal-organic framework with hydrophobic pockets[J]. Angewandte Chemie International Edition, 2019, 58(15): 4968-4972.

[21] Xu X, Yan B. Eu(Ⅲ) functionalized Zr-based metal-organic framework as excellent fluorescent probe for Cd^{2+} detection in aqueous environment[J]. Sensors and Actuators B: Chemical, 2016, 222: 347-353.

[22] Lan A, Li K, Wu H, et al. A luminescent microporous metal-organic framework for the fast and reversible detection of high explosives[J]. Angewandte Chemie International Edition, 2009, 48(13): 2334-2338.

[23] Lian X, Miao T, Xu X, et al. Eu^{3+} functionalized Sc-MOFs: turn-on fluorescent switch for ppb-level biomarker of plastic pollutant polystyrene in serum and urine and on-site detection by smartphone[J]. Biosensors and Bioelectronics, 2017, 97: 299-304.

[24] Yang S, Chen S, Liu S, et al. Platforms formed from a three-dimensional Cu-based zwitterionic metal-organic framework and probe ss-DNA: Selective fluorescent biosensors for human immunodeficiency virus 1 ds-DNA and Sudan virus RNA sequences[J]. Analytical Chemistry, 2015, 87(24): 12206-12214.

[25] Wang J, Ding F, Ma J, et al. Co(Ⅱ)-MOF: A highly efficient organic oxidation catalyst with open metal sites[J]. Inorganic Chemistry, 2015, 54(22): 10865-10872.

[26] Tan Y, Fu Z, Zhang J. A layered amino-functionalized zinc-terephthalate metal organic framework: Structure, characterization and catalytic performance for knoevenagel condensation[J]. Inorganic Chemistry Communications, 2011, 14(12): 1966-1970.

[27] Su J, Yuan S, Wang T, et al. Zirconium metal-organic frameworks incorporating tetrathiafulvalene linkers: Robust and redox-active matrices for in situ confinement of metal nanoparticles[J]. Chemical Science, 2020, 11(7): 1918-1925.

[28] Wang C, Li J, Lv X, et al. Photocatalytic organic pollutants degradation in metal–organic frameworks[J]. Energy & Environmental Science, 2014, 7(9): 2831-2867.

[29] Jiang Z, Xu X, Ma Y, et al. Filling metal-organic framework mesopores with TiO_2 for CO_2 photoreduction[J]. Nature, 2020, 586(7830): 549-554.

[30] Wang F, Yi X, Wang C, et al. Photocatalytic Cr(Ⅵ) reduction and organic-pollutant degradation

in a stable 2D coordination polymer[J]. Chinese Journal of Catalysis, 2017, 38(12): 2141-2149.

[31] Du X, Yi X, Wang P, et al. Robust photocatalytic reduction of Cr(Ⅵ) on UiO-66-NH_2(Zr/Hf) metal-organic framework membrane under sunlight irradiation[J]. Chemical Engineering Journal, 2019, 356: 393-399.

[32] Yi X, Ji H, Wang C, et al. Photocatalysis-activated SR-AOP over PDINH/MIL-88A(Fe) composites for boosted chloroquine phosphate degradation: Performance, mechanism, pathway and DFT calculations[J]. Applied Catalysis B: Environmental, 2021, 293: 120229.

[33] Wu Y, Zhou W, Zhao J, et al. Surfactant-assisted phase-selective synthesis of new cobalt MOFs and their efficient electrocatalytic hydrogen evolution reaction[J]. Angewandte Chemie International Edition, 2017, 129(42): 13181-13185.

[34] Zhang R, Jiao L, Yang W, et al. Single-atom catalysts templated by metal-organic frameworks for electrochemical nitrogen reduction[J]. Journal of Materials Chemistry A, 2019, 7(46): 26371-26377.

[35] Lee D Y, Shinde D V, Kim E K, et al. Supercapacitive property of metal-organic-frameworks with different pore dimensions and morphology[J]. Microporous and Mesoporous Materials, 2013, 171: 53-57.

[36] Wang L, Feng X, Ren L, et al. Flexible solid-state supercapacitor based on a metal-organic Framework interwoven by electrochemically-deposited PANI[J]. Journal of the American Chemical Society, 2015, 137(15): 4920-4923.

[37] Zhao W, Chen T, Wang W, et al. Conductive $Ni_3(HITP)_2$ MOFs thin films for flexible transparent supercapacitors with high rate capability[J]. Science Bulletin, 2020, 65(21): 1803-1811.

[38] Choi K M, Jeong H M, Park J H, et al. Supercapacitors of nanocrystalline metal-organic frameworks[J]. ACS Nano, 2014, 8(7): 7451-7457.

[39] Wan S, Cheng Q, Zeng X, et al. A Mn(Ⅲ)-sealed metal-organic framework nanosystem for redox-unlocked tumor theranostics[J]. ACS Nano, 2019, 13(6): 6561-6571.

[40] Ma A, Chen H, Cui Y, et al. Metalloporphyrin complex-based nanosonosensitizers for deep-tissue tumor theranostics by noninvasive sonodynamic therapy[J]. Small, 2019, 15(5): 1804028.

[41] Abánades Lázaro I, Haddad S, Sacca S, et al. Selective surface PEGylation of UiO-66 nanoparticles for enhanced stability, cell uptake, and pH-responsive drug delivery[J]. Chem, 2017, 2(4): 561-578.

[42] Hidalgo T, Giménez-Marqués M, Bellido E, et al. Chitosan-coated mesoporous MIL-100(Fe) nanoparticles as improved bio-compatible oral nanocarriers[J]. Scientific Reports, 2017, 7(1): 43099.

[43] Chen M, Dong R, Zhang J, et al. Nanoscale metal-organic frameworks that are both fluorescent and hollow for self-indicating drug delivery[J]. ACS Applied Materials & Interfaces, 2021, 13(16): 18554-18562.

[44] Aguado S, Quirós J, Canivet J, et al. Antimicrobial activity of cobalt imidazolate metal-organic frameworks[J]. Chemosphere, 2014, 113: 188-192.

[45] Liu A, Wang C, Wang C, et al. Selective adsorption activities toward organic dyes and

antibacterial performance of silver-based coordination polymers[J]. Journal of Colloid and Interface Science, 2018, 512: 730-739.

[46] Liu A, Wang C, Chu C, et al. Adsorption performance toward organic pollutants, odour control and anti-microbial activities of one Ag-based coordination polymer[J]. Journal of Environmental Chemical Engineering, 2018, 6(4): 4961-4969.

[47] Li P, Li J, Feng X, et al. Metal-organic frameworks with photocatalytic bactericidal activity for integrated air cleaning[J]. Nature Communications, 2019, 10(1): 2177.

[48] Zhou Y, Yan X, Kim K N, et al. Exploration of coordination polymer as sorbent for flow injection solid-phase extraction on-line coupled with high-performance liquid chromatography for determination of polycyclic aromatic hydrocarbons in environmental materials[J]. Journal of Chromatography A, 2006, 1116(1-2): 172-178.

[49] Asiabi M, Mehdinia A, Jabbari A. Preparation of water stable methyl-modified metal–organic framework-5/polyacrylonitrile composite nanofibers via electrospinning and their application for solid-phase extraction of two estrogenic drugs in urine samples[J]. Journal of Chromatography A, 2015, 1426: 24-32.

[50] Ge D, Lee H K. Water stability of zeolite imidazolate framework 8 and application to porous membrane-protected micro-solid-phase extraction of polycyclic aromatic hydrocarbons from environmental water samples[J]. Journal of Chromatography A, 2011, 1218(47): 8490-8495.

[51] Zou Z, Wang S, Jia J, et al. Ultrasensitive determination of inorganic arsenic by hydride generation-atomic fluorescence spectrometry using Fe_3O_4@ZIF-8 nanoparticles for preconcentration[J]. Microchemical Journal, 2016, 124: 578-583.

[52] Cui X, Gu Z, Jiang D, et al. In situ hydrothermal growth of metal-organic framework 199 films on stainless steel fibers for solid-phase microextraction of gaseous benzene homologues[J]. Analytical Chemistry, 2009, 81(23): 9771-9777.

[53] Lan H, Gan N, Pan D, et al. An automated solid-phase microextraction method based on magnetic molecularly imprinted polymer as fiber coating for detection of trace estrogens in milk powder[J]. Journal of Chromatography A, 2014, 1331: 10-18.

[54] Jia Y, Qian J, Pan B. Dual-functionalized MIL-101(Cr) for the selective enrichment and ultrasensitive analysis of trace per- and poly-fluoroalkyl substances[J]. Analytical Chemistry, 2021, 93(32): 11116-11122.

〔气凝胶〕

——神通广大的材料界“新秀”

肖芸芸　彭　飞　冯　坚

气凝胶是轻如羽翼的纳米多孔材料

2019年10月1日，恢宏激昂的阅兵式号角声起，铁流滚滚，气势如虹。在国庆70周年大阅兵中，32个装备方队以崭新阵容接受检阅，一辆辆坦克披坚执锐，一枚枚导弹昂首向天，观礼嘉宾把如潮的掌声、崇高的敬意献给隆隆驶来的“大国重器”。在这次隆重的阅兵式中，我军诸多新型装备首次亮相，其中某型装备方队更是成为万众瞩目的焦点，在网上一时爆红。然而少有人知，该装备所穿的“隔热甲胄”的核心材料正是我们今天的“主人翁”——气凝胶。

气凝胶是一种以纳米胶体粒子相互聚集构成纳米骨架和纳米多孔网络结构，并且在孔隙中充满气态分散介质的轻质固态材料。这种结构与我们常吃的面包内部结构相似。面包中有很多孔，还有面粉形成的面包骨架；在气凝胶结构中，孔尺寸相对均匀，孔径（一般小于200nm，多数处于2～50nm的介孔范围内）约为面包孔径的一百万分之一，并且气凝胶中的孔与孔之间大部分是相通的；同样，我们知道食用小麦粉的粒径大约为20μm，而气凝胶的骨架粒径为20～30nm，粒径也约为千分之一。由于这种独特的结构，气凝胶的密度特别低，甚至可低于空气的密度，在空气中呈现出烟雾的状态，因此又称“冻烟”。图1为典型的气凝胶宏观形貌、微观结构及示意图。

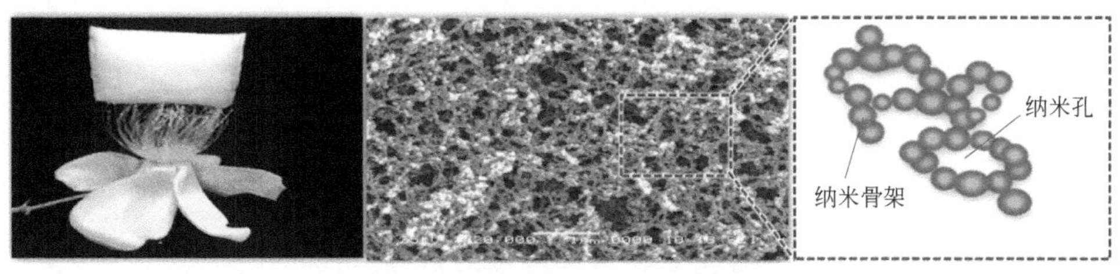

图 1　典型的气凝胶宏观形貌、微观结构及示意图

气凝胶的诞生源于天才的奇想，美国 Kistler 与 Charles Learned 两人在研究工作中较劲说，看谁能够将像果冻一样的凝胶中的液体换成气体，同时还能保持凝胶的固体结构不发生变化。大家都知道，如果采用蒸发的方式将胶体的液体和固体分离，就会因为毛细管力的作用导致固体结构的收缩和坍塌，这确实是一个极具挑战性的科学难题。经过不懈的努力和不断探索，功夫不负有心人，终于在 1931 年，Kistler 采用超临界乙醇流体干燥方式，以硅酸钠为原料，在保持 SiO_2 凝胶结构的同时，将网络结构中的乙醇液体置换成气体，成功制得了 SiO_2 气凝胶材料。他将这一研究成果以题为 *Coherent Expanded Aerogels and Jellies* 的论文发表在 *Science* 期刊上。因此，1931 年被公认为是气凝胶诞生的时间。

Kistler 教授首次成功制备了 SiO_2 气凝胶后，之后的几年中，又陆续制备了 Al_2O_3、W_2O_3、Fe_2O_3、NiO_3 等无机气凝胶以及纤维素、明胶、琼脂等有机气凝胶。但是，由于制备工艺耗时长以及产品纯化难度大，在随后的 30 多年中，气凝胶的研究一直进展得较慢。

直到 20 世纪 70 年代后期，Teichner 教授采用正硅酸甲酯（TMOS）代替 Kistler 教授使用的硅酸钠，以甲醇作为溶剂与超临界干燥介质获得了 SiO_2 气凝胶，该方法有效避免了烦琐的溶剂置换过程以及凝胶中无机盐杂质的残留，简化了气凝胶的制备工艺。从此，沉睡了 40 多年的气凝胶开始苏醒。

到了 20 世纪 80 年代，美国 Lawrence Berkeley 国家实验室首次采用正硅酸乙酯（TEOS）取代毒性较大的 TMOS 为硅源制备了 SiO_2 气凝胶，快速推动了气凝胶的研究进程。Pekala 成功制备了间苯二酚 - 甲醛有机气凝胶，并通过进一步裂解得到了炭气凝胶，使气凝胶从电的不良导体拓展到了导电体，开创了气凝胶新的研究和应用领域。

20 世纪 90 年代以后，气凝胶材料的发展势不可当，无论是在化学组成成分还是应用方面都已经向多元化方向发展，在组成成分上，已经发展了多种类的无机气凝胶、有机气凝胶和有机 - 无机杂化气凝胶等。在应用方面，气凝胶作为隔热隔声、催化剂及催化剂载体、透波、吸附、光学以及生物医药等材料已经在航空航天、武器装备、民用建筑、石油化工、交通运输、家用电器、生物工程等领域占有不可或缺的地位。图 2 为气凝胶的发展历程。

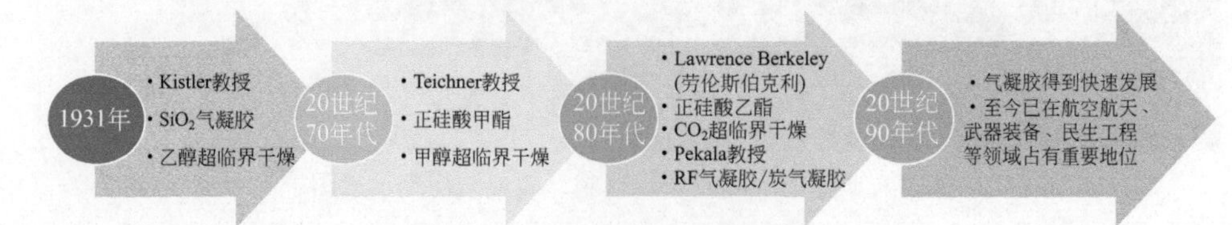

图 2　气凝胶的发展历程

气凝胶纳米多孔网络结构是怎样形成的呢？

如何获得具有大量纳米孔隙的气凝胶呢？通常涉及两个主要过程，即溶胶 - 凝胶和湿凝胶干燥步骤，溶胶 - 凝胶是形成纳米网络结构的过程，而干燥是保持纳米多孔网络的过程 [1]，可以用图 3 来简要说明。

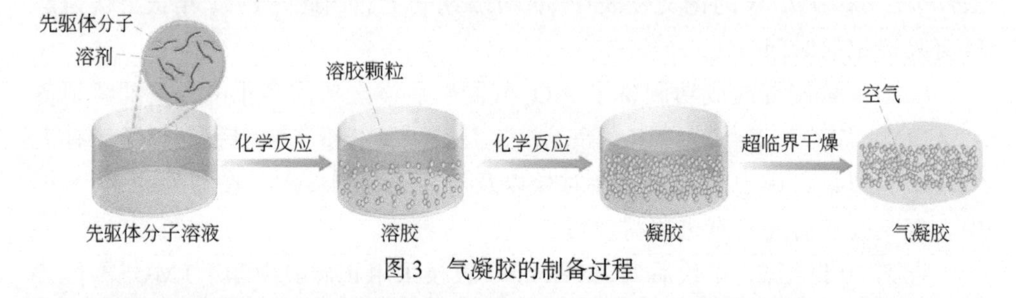

图 3　气凝胶的制备过程

溶胶是指先驱体（即最开始加入的反应物）分子发生反应生成极微小的固体颗粒（通常是 1 ～ 100nm）均匀地分散在溶剂中。在先驱体反应生成溶胶的过程中，可能需要加入催化剂来加快反应。溶胶中的颗粒极其微小且不停地相互碰撞，因而能够稳定地悬浮。溶胶具有和溶液相当的流动性。

凝胶是溶胶中的亿万个微小颗粒继续发生反应，相互连接形成立体网络的过程，这时溶胶失去流动性，形成含有亿万个纳米孔的果冻状物质，称为凝胶（湿凝胶）。溶胶中原来的溶剂完好地保留在凝胶中，就像是被封存在立体网络里面一样。为了提高凝胶的强度，将凝胶保持在一定的条件下（通常是加热），使组成凝胶的颗粒之间进一步反应，这个过程称为老化。

如何将湿凝胶中的溶剂替换成空气，而保持纳米孔结构不坍塌呢？看起来只需像晒衣服一样将溶剂蒸发掉，然而实际上却没那么容易。湿凝胶的孔隙直径仅有几十纳米，溶剂从这样细小的孔隙中排出时会产生相当于几十个大气压大小的毛细管力，足以使脆弱的湿凝胶变得“粉身碎骨”。因此，当我们用直接蒸发（即所谓的常压干燥）的方法使溶剂从湿凝胶的孔隙中排出时，巨大的毛细管力使脆弱的凝胶持续收缩、碎裂而丧失大量的孔隙，通常只能得到小块或者粉状的产物，一般称为干凝胶。

气凝胶的发明人 Kistler 经过持续探索发现，通过超临界干燥方法能够得到真正意义上的气凝胶。什么是超临界干燥方法呢？物质（通常是液体）被加热至超过一定的温度和压力后，会呈现出既不是液体又不是气体的状态，称为超临界状态，这种状态的液体称为超临界流体[例如，酒精被加热至 243℃、64 个大气压（6484.8kPa）之后，即成为超临界流体]。超临界流体没有明显的气体和液体分界面，当其从孔隙中排出时，毛细管力为零。因此，当我们把湿凝胶孔隙中的溶剂加热至超临界状态，再将其缓慢地排出，这时孔隙所产生的毛细管力可以忽略，从而凝胶几乎不发生收缩，最大限度地保留了凝胶的纳米孔隙结构，最终得到块状的气凝胶。这个过程称为超临界干燥，已经成为目前制备各种块状气凝胶的最常用手段。超临界干燥设备如图 4 所示。

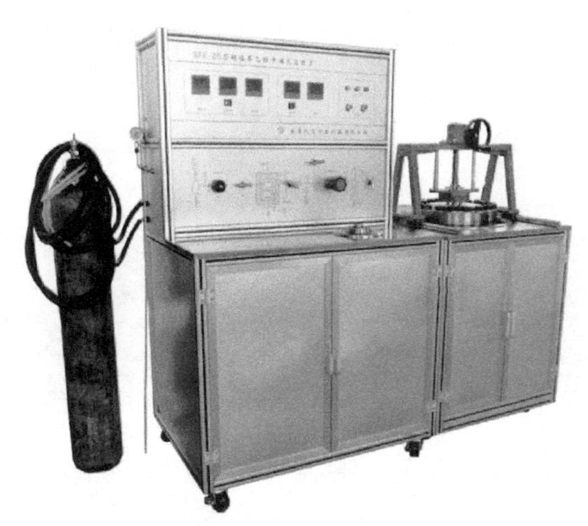

图 4　超临界干燥设备

丰富多彩的种类

气凝胶有一个庞大的家族，它们可以由不同的成分组成，呈现出不同的形状和五彩缤纷的颜色，可以是像泡沫板一样的块体，也可以是像纸一样的薄膜，还可以是像砂砾般的颗粒状。在气凝胶家族中，主要有三个体系，即无机气凝胶、有机气凝胶和有机 - 无机杂化气凝胶。其中，无机气凝胶是以无机物为基体，包括单质气凝胶（炭、石墨烯、金属金和银）、氧化物气凝胶（一元氧化物气凝胶，如 SiO_2、Al_2O_3 和 TiO_2 等；二元氧化物气凝胶，如 SiO_2-Al_2O_3、TiO_2-SiO_2 和 B_2O_3-SiO_2 等；三元氧化物气凝胶，如 CuO-ZnO-ZrO_2、CuO-ZnO-Al_2O_3 和 MgO-SiO_2-Al_2O_3 等）和硫化物气凝胶等。无机气凝胶可以耐高温，使用温度一般可以达到 600℃以上，但大多无机气凝胶质地比较脆，就像普通的玻璃一敲就碎，又或者如干燥的土壤，捏一下就碎裂了，因此，在实际应用过程中，需要采用长纤维、短纤维和有机聚合物等与气凝胶复合来提高其机械强度。图 5 所示为常见的无机气凝胶。

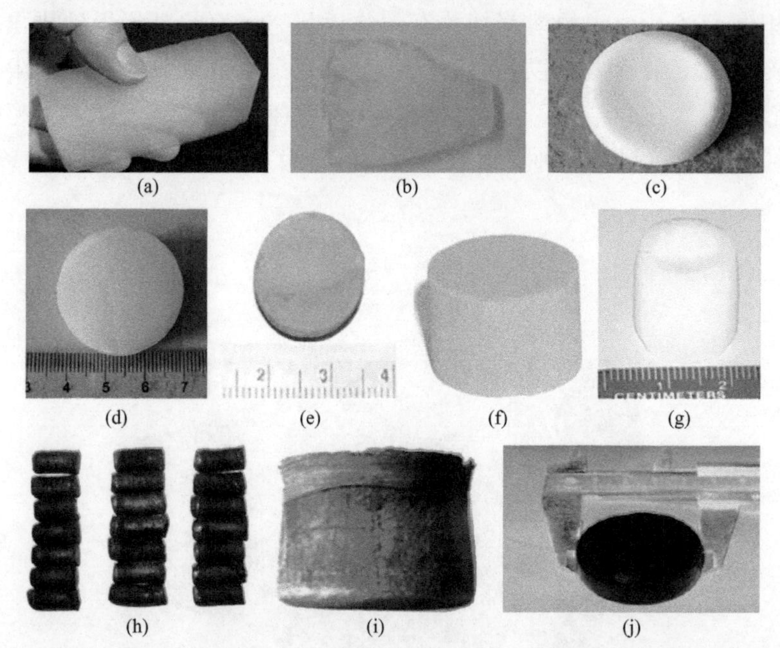

图 5　常见的无机气凝胶：（a）氧化硅气凝胶；（b）氧化铝气凝胶；（c）氧化铝 - 氧化硅气凝胶；（d）氧化锆气凝胶 [2]；（e）镍基气凝胶 [3]；（f）氧化钨气凝胶 [3]；（g）氧化锡气凝胶 [3]；（h）炭气凝胶 [4]；（i）石墨烯气凝胶；（j）硅碳氧气凝胶

有机气凝胶是以有机物为主体，主要包含了酚醛气凝胶、纤维素气凝胶、聚酰亚胺气凝胶、聚氨酯（聚脲）气凝胶、聚苯并噁嗪气凝胶、壳聚糖气凝胶、纤维素气凝胶等。有机气凝胶一般具有高强度、良好的柔韧性，可在中低温（不超过 400℃）条件下使用。图 6 为常见的有机气凝胶。

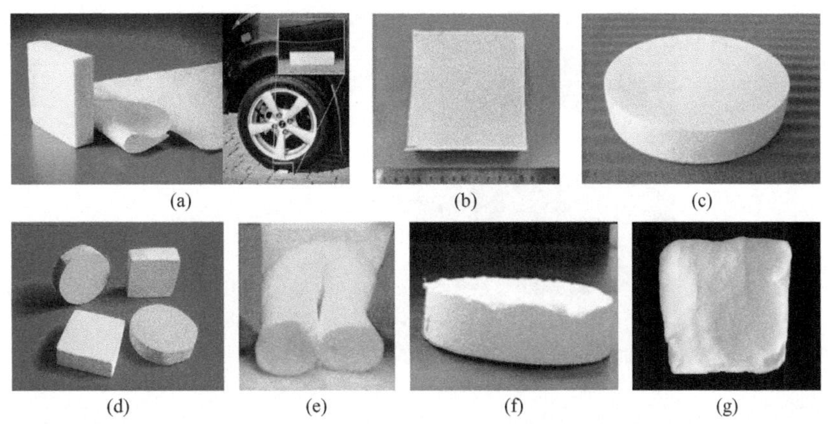

图6　常见的有机气凝胶：（a）聚酰亚胺气凝胶[5]；（b）酚醛气凝胶[6]；（c）壳聚糖气凝胶[7]；（d）聚苯并噁嗪气凝胶[8]；（e）聚脲气凝胶[9]；（f）聚氨酯气凝胶[10]；（g）纤维素气凝胶[11]

有机-无机杂化气凝胶是利用有机物和无机物各自的优势，实现气凝胶材料特殊的功能。例如，SiO_2气凝胶具有超低热导率、耐高温等特点，是一种超级好的隔热材料，但是它强度低、材质脆，难以直接使用；而有机气凝胶一般都具有较好的韧性，因此将有机气凝胶和SiO_2气凝胶结合，可以增强SiO_2气凝胶的强度，同时也会因为有机物结构的改变赋予了杂化气凝胶特定的功能。

另外，有机气凝胶由于其有机体的特质，存在耐温性能低，有氧气氛中易氧化、易燃等缺点，通常也会采用SiO_2、Al_2O_3气凝胶进行杂化，以提高材料的热稳定性、抗氧化性和阻燃性能。

鉴于气凝胶材料的持续开发与应用，单纯无机或有机气凝胶材料已难以满足众多应用需求。因此，有机-无机杂化气凝胶材料已成为气凝胶领域中一个特别重要的发展方向。

古灵精怪的个性

1. 可以飘在空中的固体

气凝胶是空气的“宠儿”，虽然是固体材料，但结构中80%以上的都是空气，因此气凝胶具有很低的密度，是世界上密度最低的固体材料，目前报道的气凝胶的最低密度可以达到0.00016g/cm^3，而空气的密度约为0.00129g/cm^3，远小于空气的密度。气凝胶是可以在空中飘起来的。图7为超轻无机（陶瓷）气凝胶。

图 7　超轻无机（陶瓷）气凝胶 [12]

2.“高不可攀”的比表面积和孔隙率

气凝胶具有高比表面积和高孔隙率，比表面积高达 $1000m^2/g$，这就相当于 1 块乒乓球大小的气凝胶，表面积可以达到一个足球场那么大；同时气凝胶内部存在大量的纳米孔，孔隙率一般为 80% ～ 99.8%，也就是说，在体积为 $1m^3$ 的气凝胶中，纳米孔所占体积大于 $0.8m^3$，最大可以达到 $0.998m^3$。

3.“千难万阻”的传热路径

气凝胶具有超强阻挡热量传递的能力，这主要是由气凝胶的传热途径决定的。气凝胶的密度很小，固体分子间碰撞频率低，因此固态热导率很小。另外，气凝胶的纳米骨架结构分散了固体传热的途径，从而降低了固态热导率。当热量经过气凝胶时，热量传递的速率就像是人行走在蜿蜒崎岖的小路上，速度非常慢；如果是导热材料，热量的传递速率如车辆行驶在高速公路上，速度是特别快的。此外，气凝胶的纳米孔较小，就像是禁锢气体的“牢笼”，阻止气体分子进行热量传递，从而降低气态热导率，因此，气凝胶材料具有超低热导率。图 8 所示为气凝胶艰难的传热示意图。

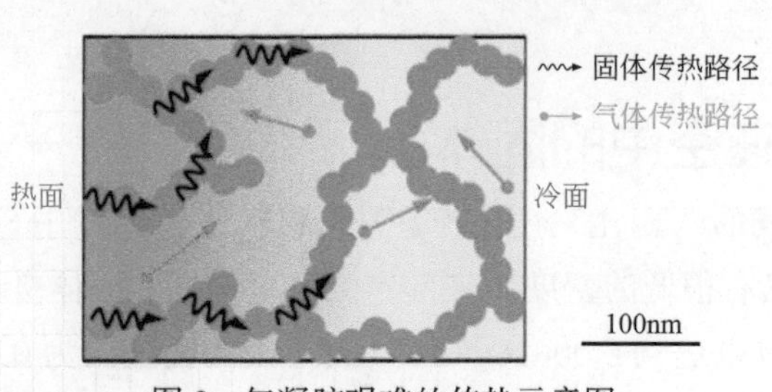

图 8　气凝胶艰难的传热示意图

4. “大肚量”的吸附特性

气凝胶材料超大的比表面积和高孔隙率使其具有优异的吸附性能，它的吸附量远大于普通海绵的吸附量，堪称“终极海绵”。另外，气凝胶在吸附时具有一定选择性，例如，在水和油的混合溶液中，气凝胶可以选择只吸附水或者只吸附油；也可在溶剂中吸附某一离子（如水中的铅、汞等重金属离子）。

5. “无与伦比”的催化特性

气凝胶的催化活性要高于普通的催化剂，这是由气凝胶小的颗粒粒径和高比表面积决定的。这些小粒子特定的表面结构有利于活性组分的分散，活性组分可以非常均匀地分散于载体中。同时气凝胶良好的热稳定性，可以有效减少副反应发生，是催化剂或者催化剂载体的上选材料之一。

大有可为的气凝胶

1. 轻装上阵的“飞天神将”

气凝胶的超轻特性使其天生就有“飞天”的潜质，近年来已经在航空航天领域作为高温高效隔热材料、轻质热防护材料、宇航服保温材料等大展身手。

众所周知，航天飞行器和战略导弹对隔热材料的要求非常严苛，要求材料必须很轻，因为对于飞行器来说，每增加 1kg 的重量都要付出昂贵的成本；更重要的是耐温性能和隔热性能要好，这样才能确保飞行器稳定安全飞行，并且飞行速度越快，对材料耐温性能要求越高，而这两个要求恰好像是为无机耐高温气凝胶高效隔热材料量身定制一样（图 9 为气凝胶的高温隔热效果示意图）。当然，除了这两个突出的特点，也要求隔热材料具有优异的力学性能。目前 SiO_2、Al_2O_3 等气凝胶隔热复合材料已经在多个型号的航天飞行器、导弹等热防护系统中获得成功应用。图 10 是根据需求由气凝胶隔热复合材料加工成的形状各异的大尺寸构件，这些构件，就像是给各个型号的航天飞行器和导弹提供量身定制的“隔热背心”，保证了它们内部电子元器件的安全运行。

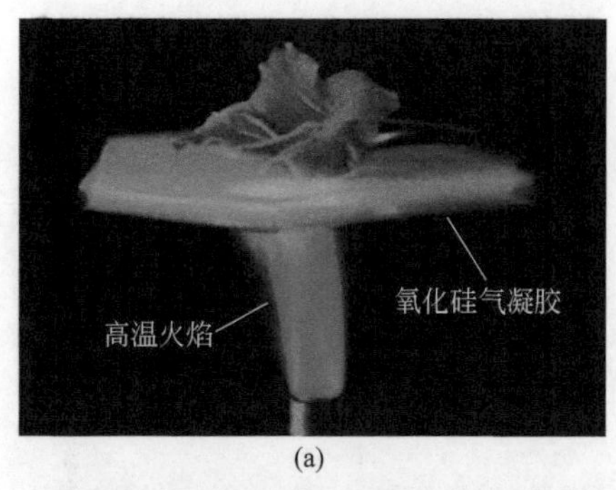

(a)

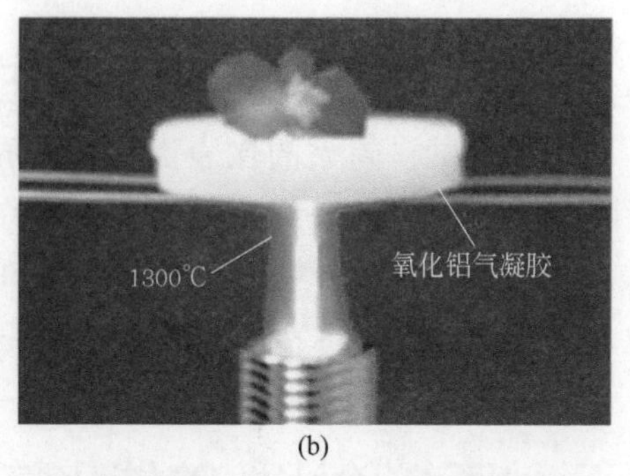

(b)

图 9　气凝胶的高温隔热效果示意图：（a）氧化硅气凝胶；（b）氧化铝气凝胶[13]

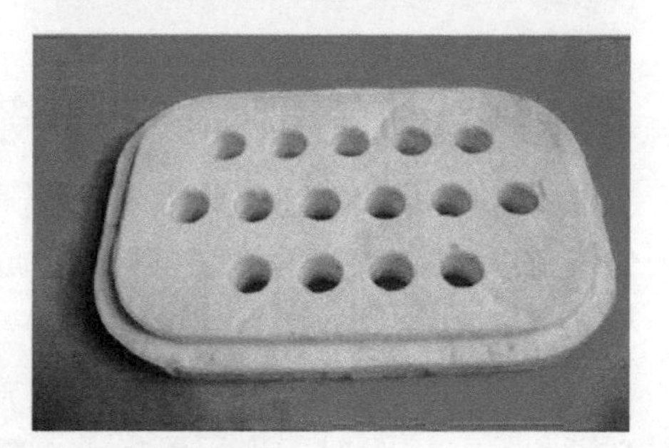

图 10　气凝胶隔热复合材料加工成的异形隔热构件

如果说隔热材料是航天飞行器和导弹的“隔热背心”，主要用于内部隔热，那么热防护材料就可以看作航天飞行器的“冲锋衣”，主要用于飞行器的外部防热和隔热。目前采用的热防护材料主要有两大类：一类是高强韧的陶瓷隔热瓦，这类材料具有高强度、耐高温等特点，自身的本领很强，对于飞行器面临的严酷热气动环境，它们通过“硬扛”的方式来解决，但是这种材料存在较大的安全风险，一旦超出耐受极限，就会对飞行器造成毁灭性的后果；另一类是烧蚀型热防护材料，这类材料在高温环境中通过热分解吸热，也就是牺牲自己，将自己“烧掉”来减轻飞行器的热负荷和重量负荷，当然这种“烧蚀”并不是把自己烧得灰飞烟灭，而是会在烧蚀的过程中保留一部分，并且烧蚀的部分会转成新的物质对飞行器进行保护，目前气凝胶在这一类热防护材料中的应用较多，酚醛气凝胶、聚苯并噁嗪气凝胶微烧蚀热防护材料是该领域的研究热点。

2. 民用保温隔热领域的“新宠儿”

全球能耗和碳排放问题日益突出，气凝胶优异的隔热性能在民用保温隔热领域发挥出越来越重要的作用。气凝胶在节能建筑、太阳能集热器、日常生活中的防护用品以及低温、保温等领域已经获得了成功应用，其在保温隔热领域应用示例如图 11 所示。气凝胶在节能建筑中作为天窗、屋顶、墙壁及玻璃等方面都能实现显著的节能效果。例如，填充了颗粒氧化硅气凝胶的聚碳酸酯采光板的热量传递速率比普通聚碳酸酯采光板降低 50% 以上；一扇气凝胶制作的玻璃窗，能耗比传统玻璃窗降低 20% 以上[14]。另外，气凝胶在太阳能集热器中，既能让太阳能吸收板吸收太阳光转化成热能，又能利用气凝胶的超级隔热特性最大限度阻挡吸收板上的热量向空气中传递，保证能量充分利用[15]。

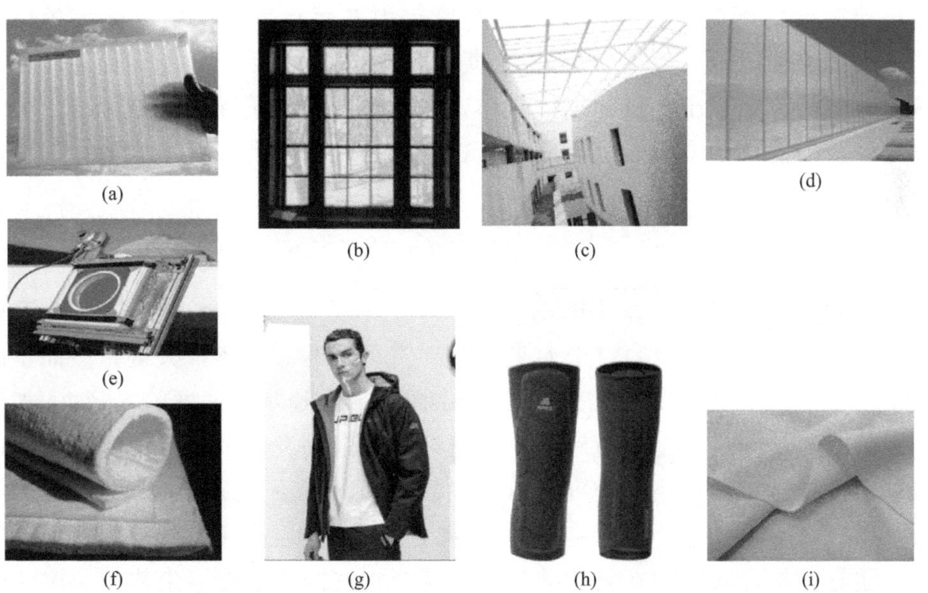

图 11　气凝胶在保温隔热领域的应用示例[15,16]：（a）氧化硅气凝胶保温隔热采光板；（b）气凝胶窗户；（c）气凝胶屋顶；（d）气凝胶墙壁；（e）气凝胶太阳能隔热采光板；（f）气凝胶保温隔热毡；（g）气凝胶防寒服；（h）气凝胶护膝；（i）气凝胶面料

采用气凝胶制作成的防寒服、护膝和面料已经问世并初露锋芒，其隔热

性能远高于传统的同类产品。例如，素湃宣称其开发的轻薄防寒服能够抵御 -196℃的液氮喷射，保暖效果是普通羽绒服的 3 倍，在北极、贝加尔湖、阿拉斯加等极寒地区都表现出极好的保暖性能。

在低温领域（如液化气体的运输和存储），气凝胶相比于传统的聚合物泡沫具有较大优势，除了具有超级隔热性能，在低温下更不容易变脆。美国 Aspen 公司开发的 Cryogel Z 气凝胶隔热毡、Cabot 公司生产的 Nanogel 产品都是针对低温领域专门的保温产品。用于蒸汽循环管道、化工管线、储罐保温的气凝胶隔热毡已经大规模生产并商业化，不仅能够大幅减小设备的轮廓尺寸，而且能够节省更多的能源。

3. 高能粒子鉴别助手

自从气凝胶问世以来，其应用长期受阻，但是欧洲的高能物理学家们让其在高能粒子研究领域派上了用场。1934 年，苏联物理学家切伦科夫发现当粒子以超过材料中光速的速度穿透材料时，会产生蓝色辉光，称为切伦科夫辐射效应，后来他因此获得了诺贝尔物理学奖。切伦科夫计数器是一种能记录微弱的切伦科夫辐射，又能分辨辐射的传播方向，用以确定带电粒子（高能电子、质子、介子等）速度和种类的探测装置。物理学家们发现氧化硅气凝胶相当于一种固态的气体，非常适合于粒子穿透，是可用于切伦科夫计数器的理想介质。因此气凝胶在高能物理的发展过程中扮演了重要的角色。

4. 星际尘埃收集神器

收集和分析星际尘埃对于人类理解宇宙星系的形成非常关键。然而星际尘埃尺寸为微米级，移动速度高达 5km/s（大于普通步枪速度的 6 倍），如何完好地收集星际尘埃是一道棘手的难题。人们最终发现氧化硅气凝胶是担此重任的绝佳选手：极小的密度可以让尘埃缓慢减速不受损伤；千丝万缕的结构可以吸收大量动能，发挥良好的缓冲效果，使尘埃在几厘米距离内减速至零，完好无损嵌入其中；氧化硅气凝胶具有很好的透明度，尘埃的轨迹清晰可见，非常便于找到收集的尘埃。NASA 在 1999 年 2 月发射的星尘号宇宙飞船 [图 12（a）] 上，装载了用于收集威德二号彗星尘埃及星际尘埃的网球拍形状的尘埃收集器 [氧化硅气凝胶阵列，见图 12（b）]，这是人类首次执行彗星尘埃采集任务。经历了长达 7 年、距离 46 亿公里的星际旅行后，收集了大量尘埃的气凝胶阵列被带回地球，捕获的尘埃及其在氧化硅气凝胶中留下的胡萝卜状痕迹在显微镜下清晰可见 [图 12（c）]。科学家们发现没有一个气凝胶单元发生损坏，证明了氧化硅气凝胶当之无愧是星际尘埃收集神器。

(a)

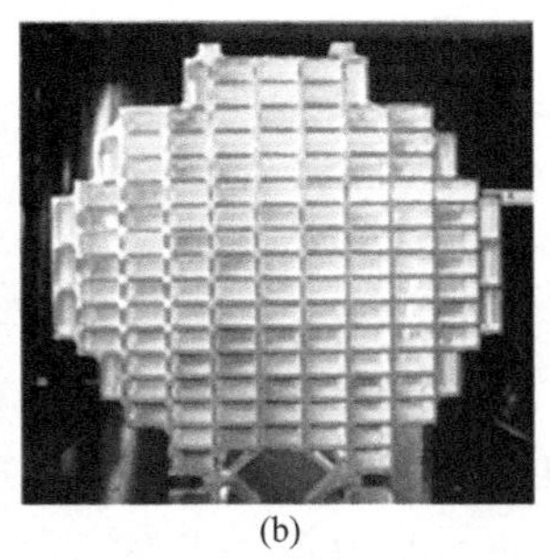

(b)

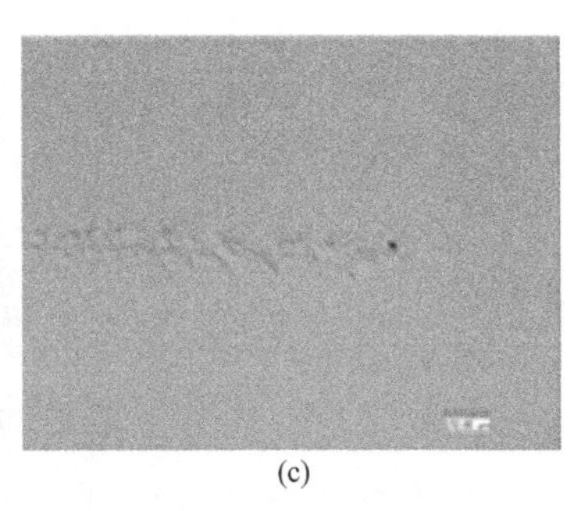

(c)

图 12　星际尘埃收集器：（a）星际号宇宙飞船；（b）用于收集星际尘埃的氧化硅气凝胶阵列；（c）星际尘埃在氧化硅气凝胶中留下的痕迹[17]

5. 催化领域的“扫地僧”

气凝胶是催化剂（载体）的极佳候选材料。气凝胶的超高比表面积、发达的通孔结构，可以使催化剂（一般为各种金属）以很小的尺寸（小于 100nm）均匀分散在气凝胶中，有利于反应物分子与催化剂充分地接触，极大地提高了反应速度。负载各种金属（金、银、铁、铂、镍、铬、铜、钒等）的耐高温氧化物（氧化硅、氧化铝、氧化镁、氧化钛和氧化锆等）气凝胶能够显著提高气相氧化、烷烃异构化、甲苯加氢和氨基化等重要化学反应的反应速度，节约反应时间、降低反应条件（温度、压力、浓度等）。气凝胶种类不同，其用于催化的化学反应也有所不同：负载贵金属的氧化钛气凝胶的典型应用是在光照下产生催化作用；氧化铝气凝胶在 1000℃高温下仍很稳定，因此在高温催化剂领域很受青睐，典型应用是用于处理汽车尾气的三元催化器中，在很高温度下能够保持催化剂（铂、镍）高度分散，保证良好的尾气处理效果；负载金属的炭气凝胶则主要用于催化烷烃分子的异构化、甲苯燃烧等化学反应。

6. 吸附小能手

气凝胶就像是拥有无数纳米尺寸孔隙的海绵，能够吸附巨量的油、CO_2（二氧化碳）、VOCs（可挥发性有机物，如室内装修产生的有害气体）等，其吸附性能显著优于传统的吸附材料（硅胶、活性炭）。例如，氧化硅气凝胶对于常见的有害气体甲苯等的吸附量是活性炭和硅胶的2倍以上，可用于清除室内有害气体；炭气凝胶的吸油量可以达到自身重量的40～160倍[18]，是处理海上石油污染的理想材料。另外，纤维素、壳聚糖等生物质气凝胶成本低、来源广泛、可再生无污染，在重金属离子（镉、铅、铜、铬离子等）处理领域具有广阔的应用前景。气凝胶在吸附方面的研究方兴未艾，将来有望在空气净化、气体分离、水处理等领域大放异彩。

7. 生物医学界的“神助手”

气凝胶在生物医学领域也大有可为。经过多年实验，科学家们已经发现一些气凝胶与人体心血管系统具有良好的相容性。氧化硅气凝胶的低密度和较高的机械强度使其非常适合于制作心血管植入器件（如心脏瓣膜）。气凝胶具有的高比表面积、开放的孔道结构和生物相容性，通过将药物载入气凝胶，药物的稳定性和释放动力都显著提高，是药物传递系统（药物载体）的良好候选材料。生物质气凝胶（纤维素、壳聚糖）具有与人体系统极好的相容性和可降解特性，在伤口愈合、骨再生等领域显示出独特的应用价值。例如，采用壳聚糖/硫酸软骨素气凝胶处理过的动物伤口，愈合效果明显好于用普通生理盐水处理过的伤口。

8. 传感器中的“钢铁侠”

导电型气凝胶（炭气凝胶、金属基气凝胶）可用于制作电化学传感器，有望在健康监测（如肿瘤细胞检测）和环境监测（如重金属检测）等领域大显身手。气凝胶作为电化学传感器的主要优势在于：丰富的多孔结构有助于物质传递和电子传递，显著增大电化学信号的强度；巨大的比表面积可提供更多的作用点以捕获检测物质，从而获得更低的检测下限。负载金属纳米颗粒的石墨烯气凝胶对尿酸、胆固醇等多指标检测表现出优异的传感性能，在医疗检测、生物医学器件领域具有良好的应用前景。氧化硅气凝胶的纳米孔结构和高透光性使其可用于光学传感器。

结语

气凝胶从诞生至今已经走过了近百年的坎坷岁月，期间经过一段时间的沉寂之后，近几十年来的发展已日新月异。气凝胶独特的性质——极小的密度、高的孔隙率、大的比表面积和发达的孔隙结构使其备受人们的青睐。目前，我们已能够制备出成百上千种气凝胶，每种气凝胶都有其独特迷人的性能，并且已经在高端装备和日常生活中获得成功应用。随着制备技术不断发展、成本逐步降低，气凝胶将在各个领域大放异彩并走进千家万户。

参考文献

[1] 冯坚，等. 气凝胶高效隔热材料 [M]. 北京：科学出版社，2016.

[2] Li X, Jiao Y, Ji H, et al. The effect of propylene oxide on microstructure of zirconia monolithic aerogel [J]. Integrated Ferroelectrics, 2013, 146: 122-126.

[3] Jones S M, Sakamoto J. A robust approach to inorganic aerogels: The use of epoxides in sol–gel synthesis, in Aerogels Handbook [J]. Aegerter M A, Leventis N, Koebel M M, Editors. Springer Science Business Media: New York, 2011: 156-170.

[4] 冯军宗. 炭气凝胶及其隔热复合材料的制备与性能研究 [D]. 长沙：国防科学技术大学，2012.

[5] Meador M A B, Malow E J, Silva R, et al. Mechanically strong, flexible polyimide aerogels cross-linked with aromatic triamine [J]. ACS Applied Materials & Interfaces, 2012, 4: 536-544.

[6] Wu K, Dong W, Pan Y, et al. Lightweight and flexible phenolic aerogels with three-dimensional foam reinforcement for acoustic and thermal insulation [J]. Industrial & Engineering Chemistry Research, 2021, 60: 1241-1249.

[7] 张思钊. 壳聚糖气凝胶的构筑设计与性能研究 [D]. 长沙：国防科学技术大学，2018.

[8] Xiao Y, Li L, Zhang S, et al. Thermally insulating polybenzoxa zine aerogels based on 4,4′-diamino-diphenylmethane benzoxazine [J]. Journal of Materials Science, 2019, 54(19): 12951-12961.

[9] Leventis N, Chidambareswarapattar C, Bang A, et al. Cocoon-in-web-like superhydrophobic aerogels from hydrophilic polyurea and use in environmental remediation [J]. ACS Applied Materials & Interfaces, 2014, 6: 6872-6882.

[10] Diascorn N, Calas S, Sallée H, et al. Polyurethane aerogels synthesis for thermal insulation–textural, thermal and mechanical properties [J]. The Journal of Supercritical Fluids, 2015, 106: 76-84.

[11] Fleury B, Abraham E, Chandrasekar V S, et al. Aerogel from sustainably grown bacterial cellulose pellicle as a thermally insulative film for building envelope[J]. ACS Applied Materials & Interfaces, 2020, 12: 34115-34121.

[12] http://baijiahao.baidu.com/s?id=1625528047455760794&wfr=spider&for=pc.

[13] Zu G, Shen J, Zou L, et al. Nanoengineering super heat-resistant, strong alumina aeroegels[J]. Chemistry of Materials, 2013, 25: 4757-4764.

[14] Berardi U. The development of a monolithic aerogel glazed window for an energy retrofitting project [J].Applied Energy, 2015,154: 603-615.

[15] Moretti E, Zinzi M, Merli F, et al. Optical, thermal, and energy performance of advanced polycarbonate systems with granular aerogel [J]. Energy & Buildings, 2018, 166: 407-417.
[16] Zhao L, Bhatia B, Yang S, et al. Harnessing heat beyond 200℃ from unconcentrated sunlight with nonevacuated transparent aerogels [J]. ACS Nano, 2019, 13: 7508-7516.
[17] Jones S M, Sakamoto J. Applications of aerogels in space exploration, in aerogels handbook [J]. Aegerter M A, Leventis N, Koebel M M, Editors. Springer ScienceBusiness Media: New York, 2011: 721-746.
[18] Yang J, Xu P, Xia Y. Multifunctional carbon aerogels from typha orientalis for oil/water separation and simultaneous removal of oil-soluble pollutants [J]. Cellulose, 2018, 25: 5863-5875.

懒惰的“小螺搬运工”与金属低温失效

——金属材料韧脆转变之谜

张雨衡　卢　岩　韩卫忠

初露端倪

1912 年 4 月 10 日，当时世界上体积最庞大，拥有“永不沉没”美誉的泰坦尼克号（RMS Titanic）开始了它的处女航，从英格兰南安普敦出发前往纽约市。不幸的是，这次航行也是泰坦尼克号的最后一次航行。1912 年 4 月 14 日，一个风平浪静的夜晚，泰坦尼克号以 22.3 节（约 45km/h）的速度在漆黑冰冷的洋面上极速航行，很快接到附近船只发来的冰情通报，史密斯船长命令瞭望员加强观察。这一年因为是暖冬，冰山比往年向南漂得更远。遗憾的是，泰坦尼克号的船员未能找到望远镜，瞭望员不得不依靠肉眼观测。突然，一块黑影出现在瞭望员的眼前，并快速变大，瞭望员惊慌喊到：“正前方有冰山！所有引擎减速！左满舵！”。短短 37s，泰坦尼克号与一座冰山相撞，造成右舷船艏至船中部破裂，五间水密舱进水。4 月 15 日凌晨 2:20 左右，泰坦尼克号船体断成两截后快速沉入大西洋底 3700m 处。从撞击冰山到完全沉没共历时 2 小时 40 分钟（图 1），造成了 1517 人丧生。泰坦尼克号沉没事故成为和平时期死伤最为惨重的一次海难。

泰坦尼克号残骸再现后，科学考察队对采集的金属样本进行分析，发现了导致“泰坦尼克号”沉没的重要原因之一：造船工程师为了增加钢的强度，向炼钢原料中添加了大量硫化物，钢的强度得以提升，但也大大降低了钢的韧性。把残骸的金属碎片与现今的造船钢材做对比试验，发现在 0℃时，新造船钢材在受到撞击时可弯成 V 字形，而残骸上的钢材很快断成两截。钢材的低温脆性，即在 -40 ～ 0℃时，钢材由韧性变成脆性，是导致泰坦尼克号在撞上冰山时（水温接近 0℃）船壳快速解体的重要原因。

图 1　泰坦尼克号沉没事件

事实上，金属材料的韧脆转变特性自 1860 年发现以来，一直受到工程师和科学家的广泛关注，稍有不慎，就会造成重大灾难事故。直至 21 世纪初期，钢的低温脆性一直是工程应用的难题。2003 年 1 月，我国广西柳州地区普降大雪，某工务段内多次发生钢轨断裂事故。2004 年 12 月 19 日凌晨，北京雨夹雪使得气温骤降，钢轨上雨水结冰，造成钢轨被冻裂。我国大部分地区，尤其是高原地区（如青藏铁路），冬季气温在 0℃以下，铁路设施工作温度低，使得钢轨、钢件及其焊缝的脆性进一步增加，突然断裂的倾向加大。

工程上把由于温度降低造成金属材料由韧性状态转变为脆性状态的现象称为“韧脆转变”。近年来，研究人员发现不仅钢铁表现出低温脆性，位于元素周期表第Ⅴ B 和Ⅵ B 副族的体心立方金属（钒、铬、钼、钨等）也有同样的性质：在临界温度（称为“韧脆转变温度”）之上，材料具有较好的韧性；低于临界温度时，材料突然从韧性转变为脆性，几乎丧失了塑性变形能力。其中，铬、钼、钨等金属材料的韧脆转变温度较高，在室温这些金属也脆得像玻璃一样，极大地限制了它们的应用。遗憾的是，金属材料的韧脆转变机制一直是一个谜。

变形“搬运工”——位错

金属材料的“韧脆转变”特性是材料变形能力发生变化的直接体现。多数情况下，金属材料依靠位错运动协调变形。金属材料由原子构成，原子排列有序形成晶体。世界上没有完美的晶体材料，晶体中天然存在各种缺陷。位错是晶体中的一维缺陷，缺陷区可看作细长的管状区域，管内的原子排列是混乱的（图 2）。当材料受到外力作用时，通过位错滑动释放应变能，协调变形。当晶体的一部分通过位错运动整体向某个方向滑出一定距离之后，材料便实现了变形。这就像“搬运工”一样，通过位错运动，将材料的一小块从原来的地方搬运到另一个地方，在不断地搬运后，材料的形状产生变化，实现变形。

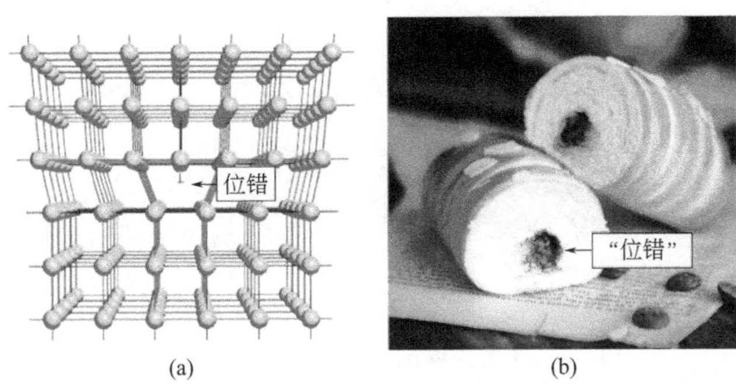

图 2　刃位错结构，就像卷芯面包的“芯”一样：（a）刃位错结构；（b）卷芯面包的“芯”位错结构

“搬运工”是怎么制造出来的呢？晶体中原子按照一定的顺序排列，但是有一些原子比较“调皮”，它会离开自己的位置，导致局部原子排列混乱，这样就形成了缺陷。如果晶体内少了一个或多出一个原子，就会形成点缺陷。少了原子的位置叫作空位，多出的原子的位置叫作间隙。如果缺陷具有线状特征，就叫作线缺陷，如位错；如果缺陷具有面状的特征，叫作面缺陷，如晶界、相界等。这些缺陷，包括点缺陷、线缺陷、面缺陷，都有可能成为“搬运工”——位错的“制造车间”，“搬运工”就是在这里被“复制”。根据伯氏矢量的不同，金属中有两种“搬运工”，一种是刃位错，可形象地称为“小刃搬运工”；另一种是螺位错，可称为“小螺搬运工”。金属的变形需要两种“搬运工”相互协作才能完成，少了其中任何一个，都不能有效完成搬运的任务。

当材料受到作用力时，晶格发生畸变，并产生一定的应变能。应变能随着载荷增加而增加，金属需要位错运动释放应变能。如图 3 所示，可以将应变能看作一座大山，随着外力的增加，山会变得越来越高，这时需要大量的“搬运工”来转运，否则大山会崩塌。假设“搬运工”每次只能搬走一块小石头，搬走一座大山将是非常艰巨的任务。当有足够多的“搬运工”工作时，搬山的效率将会大幅提高。当山体的增加量远远小于“搬运工”搬走的量时，应变能得到及时释放，材料具有很好的变形能力，表现为韧性。在常见的韧性材料中，位错密度（单位面积的位错数量）可以达到 $10^{12} \sim 10^{14}m^{-2}$。但是，当“搬运工”数量较少时，材料变形产生的应变能将会一直增加，当达到裂纹的萌生阈值时，在材料内部产生裂纹，裂纹的快速扩展导致材料发生灾变式断裂，即表现为脆性。“搬运工”——位错是材料变形的重要载体，金属材料依靠它们才能很好地变形。

图 3　变形如移山，位错就是“搬运工”

特殊的“小螺搬运工”

体心立方金属比较特别，具有韧脆转变、应变速率敏感、滑移面不唯一等特性，这主要归因于其与众不同的螺位错。体心立方金属的螺位错具有三维立体核心结构，使其具有与众不同的两个特点。

首先，螺位错形核比较困难，即“小螺搬运工”更加难以制造。相比于平面位错核心的刃位错，三维核心结构的螺位错形核需要更高的能量。其次，螺位错的运动比较困难，即“小螺搬运工”行动缓慢。螺位错的运动是一个热激活过程，在低温下难以运动，随着温度的升高，滑移能力逐步提高，可以理解为“小螺搬运工”比较懒，天气一冷就不想干活了，只有天气暖和后才能“满血复活”地工作（图 4）。

在常规金属中，刃位错和螺位错两者的滑移速度相近，也就是说，“小螺搬运工”和“小刃搬运工”都很优秀，搬运的能力相当，这样就可以良好地配合，高效地协调变形。但是，在体心立方金属中，“小刃搬运工”天生就跑得快，不论是在寒冷刺骨的冬天，还是在烈日炎炎的夏天，温度对它的运动能力影响并不大。“小刃搬运工”的运动速度甚至达到声速，每秒可以跑几十到几百米。然而“小螺搬运工”的运动速度与温度密切相关，温度越高，跑得越快。在天寒地冻之时（低温），“小螺搬运工”从周围环境中吸收的热量很少，浑身都被冻僵了，所以跑得很慢，比“小刃搬运工”的速度慢很多，甚至低至“小刃搬运工”速度的几百分之一。当环境温度升高之后（高温），“小螺搬运工”浑身充满了能量，跑得飞快，甚至和“小刃搬运工”的速度一样快。例如，在金属铌中，温度达到 80℃以上时，螺位错的运动速度才和刃位错一样快，而对于金属钨，则需要升到 500℃以上，“小螺搬运工”才能和“小刃搬运工”一样出色。正是由于体心立方金属中螺位错的特殊性，才使其具有韧脆转变特性。

图 4　温度越高，“小螺搬运工”跑得越快

韧脆转变机制之争

为什么铁、铬、钼、钨等体心立方金属都具有如此特殊的“韧脆转变”特性呢？自 1860 年以来，材料的低温脆性问题一直困扰着几代研究者，是一个百年难题。

早在 1906 年，一位法国的科学家（A. Mesnager）针对钢中的韧脆转变现象提出了一些想法，他认为材料表面的缺口在韧脆转变中扮演着重要的角色。金属在加工中会在表面形成微小缺口，例如，在金属表面用小刀划一道，这个痕迹就是一种缺口。Mesnager 认为类似的缺口在变形时特别容易开裂，造成了材料的脆性。1909 年，另一位德国科学家（Paul Ludwik）提出了新的看法，认为材料发生断裂的应力是一个固定的值。如果材料承受的应力超过了特定值就会发生断裂，反之，材料就可以很好地变形。以上是早期人们对材料韧脆转变的一些看法。

1934 年，位错的概念首次出现。20 世纪 50 年代，位错在实验观察中得到了证实，科学家才意识到位错是协调材料变形的关键。后续研究发现，金属材料的韧脆转变特性也与位错密切相关。关于韧脆转变机制的解释，科学家逐渐分为两个阵营（图 5）。

图 5　布朗大学 James R. Rice（左）支持螺位错形核主导机制，
德国马普所 Peter Gumbsch（右）支持螺位错运动主导机制

1973 年，布朗大学的 James R. Rice 教授认为韧脆转变是由位错形核主导的。当位错形核较为困难时，材料表现出脆性；随着温度升高，位错形核越来越容易，形核大量位错有助于变形，材料则从脆性转变为韧性。1989 年，英国 James Samuels 等人发现体心立方金属中的韧脆转变温度对应变速率比较敏感，韧脆转变能与螺位错形核能接近，于是提出韧脆转变由螺位错形核主导的观点。以上学者认为，“搬运工”——位错的制造十分困难，只能靠部分活泼的“小刃搬运工”和拖沓的“小螺搬运工”来完成任务，工作量巨大，任务不能如期完成，外力越来越大，材料发生脆性断裂。随着温度的升高，“搬运工”——位错的生产效率提高，“搬运工”们齐心协力地完成任务，材料表现出较好的韧性。

20 世纪末，科研人员还提出另外一种想法，认为螺位错的运动是主导韧脆转变行为的关键因素。德国科学家 Peter Gumbsch 教授和英国牛津大学 Steven G. Roberts 教授等发现金属钨韧脆转变所需要的能量和螺位错形核的能量相差很大，反而和促进螺位错运动的双扭折形核的能量相近，因而提出金属韧脆转变是由螺位错运动来主导的观点。他们认为“小螺搬运工”在低温时跑得实在是太慢了，不能很好地完成任务，于是材料发生脆性断裂。随着温度的升高，螺位错的运动速度逐渐增加，工作效率大幅提升，两种“搬运工”——位错一起工作，可以很好地完成任务，使得金属材料呈现出韧性。

以上两种金属韧脆转变机制之间似乎存在竞争关系，非此即彼。近期，西安交通大学韩卫忠等发现，位错形核和位错滑移控制的金属韧脆转变机制并不矛盾，完全可以合二为一、统一成一种全面的韧脆转变机制。研究者认为螺/刃位错的相对运动速度是控制金属韧脆转变的关键因素，需要“小螺搬运工”和“小刃搬运工”相互协作才可以完成任务。这就像“两人三足”游戏一样，如果一个人迈得步子很大，另一个人步子很小，那就一定会摔倒；只有两个人的步子协调在一定范围时，才可以快速向前跑。更重要的是，研究者们发现，对于金属铬来说，只有“小螺搬运工”的速度达到“小刃搬运工”速度的70%时，才可以发生韧脆转变。因为此时“搬运工”——位错不仅可以自己完成搬运任务，而且可以作为“制造车间”生产出新的“搬运工”，实现位错自增殖，就像细胞分裂一样。随后，众多“搬运工”——位错被派遣到不同方向上去工作，即位错交滑移。此时，大量位错“搬运工”沿不同方向运动，可以较好地协调变形，释放应变能，使金属材料具有出色的变形能力。

金属低温增韧

金属材料的韧脆转变温度越高，工程应用中成本越高，可靠性越差。因此，降低金属材料的韧脆转变温度非常重要。科研人员很早就开始探索提高材料低温韧性的方法，经过不断的努力，发现了以下几种降低金属材料韧脆转变温度的方法。

（1）升级改造“搬运工”（图6）。由于体心立方金属中螺位错的特殊性，形核难，运动也难，降低其形核难度，提高其运动能力，就可以降低韧脆转变温度。金属材料中的一些杂质元素，如碳、氧、氮等，都会阻碍螺位错的运动。这些杂质就像是“搬运工”的拦路虎，会降低“小螺搬运工”的运动速度。为了提高“小螺搬运工”的效率，提高材料的纯度是一个重要的方法。此外，向金属中添加合适的合金元素，也可以提高“小螺搬运工”的效率。例如，在钨中加入铼元素，可以降低其韧脆转变温度。铼元素的加入可以调整螺位错原本的三维位错核心结构，使其更加容易运动。这就像是给“小螺搬运工”配备了优良的装备，使它的能力大幅提升，从而降低韧脆转变温度，提高材料的低温韧性。

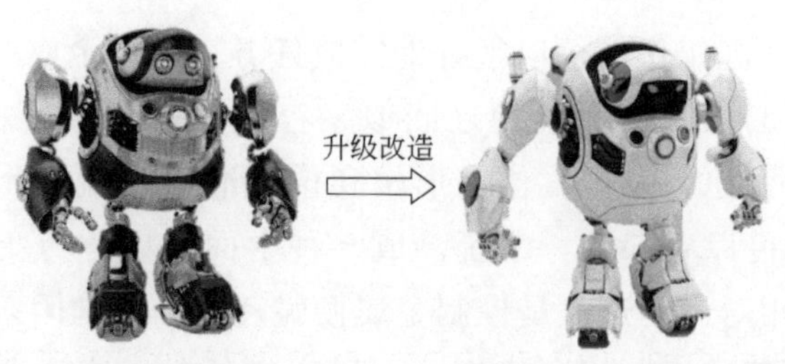

图 6　金属提纯或合金化——“小螺搬运工”的升级改造

（2）增加“搬运工”数量。金属变形过程需要位错形核并且运动来协调变形，如果可以在变形前预制一些位错，就像在搬山之前就有大量的“搬运工”调配到位，原地待命，任务一旦发布，它们马上开始干活，这样就可以顺利地完成变形任务。增加“搬运工”——位错可以通过预变形的方式，如高温轧制、严重变形等方式，增加位错密度，降低韧脆转变温度。例如，金属钨通过轧制之后，韧脆转变温度可以从原来 500℃左右降低到约 -50℃。

（3）增加“制造车间”。晶界或材料内部缺陷可以作为“制造车间”生产“搬运工”——位错，如果大量地引入晶界或其他缺陷，变形时就会自发形成大量的位错“制造车间”，源源不断地生产“搬运工”——位错，材料变形就会更容易，从而降低韧脆转变温度。例如，超细晶钨的韧脆转变温度可以降低到室温左右。

挑战与机遇

金属材料的韧脆转变特性对深空、深海、极地探索、核能、军工国防、航空航天、电子工业、辐射屏蔽等领域有重要影响，如图 7 所示。

(a)　(b)

图 7　极地科学考察船及空间站：（a）极地科学考察船；（b）空间站

难熔金属具有高熔点、高硬度、高温强度和抗蠕变等优异性能，是国家重大工程和武器装备亟须发展的关键材料，广泛用于核聚变堆、空间堆、卫星、飞行器、火箭、发动机等高科技领域。随着前沿科学技术的不断发展，材料的服役环境变得更加苛刻，也对材料的性能提出了更高要求。例如，钨可以用作杆式动能穿甲弹的弹芯材料、平衡配重元件、惯性元件、射线屏蔽材料等。高密度钨合金杆式动能穿甲弹，不仅具有良好的穿甲威力，而且与贫铀合金穿甲弹相比，具有无毒性、无放射性污染等优点，是当今世界各国主要使用的穿甲弹材料，也是穿甲弹今后发展的主要方向。然而，较高的韧脆转变温度（500 ～ 800℃），是开发高强度、高韧性钨合金的“拦路虎”。随着科学技术日新月异的发展和装甲防护技术水平的不断提高，如果能有效攻克钨合金的低温脆性难题，将会使我国在武器领域攻占新的高地。此外，钨还被誉为最有潜力的聚变核反应堆第一壁材料（图 8），是实现聚变能安全应用的关键核心材料。面向等离子体的聚变堆第一壁需要承受高能中子和离子辐照、热循环载荷、高温、高压等极端服役环境的考验。钨的低温脆性和高韧脆转变温度极大限制了它的加工和应用，尽快发展调控钨的韧脆转变的新技术，是突破其可加工性差，满足聚变堆、武器系统等工程应用的关键点。

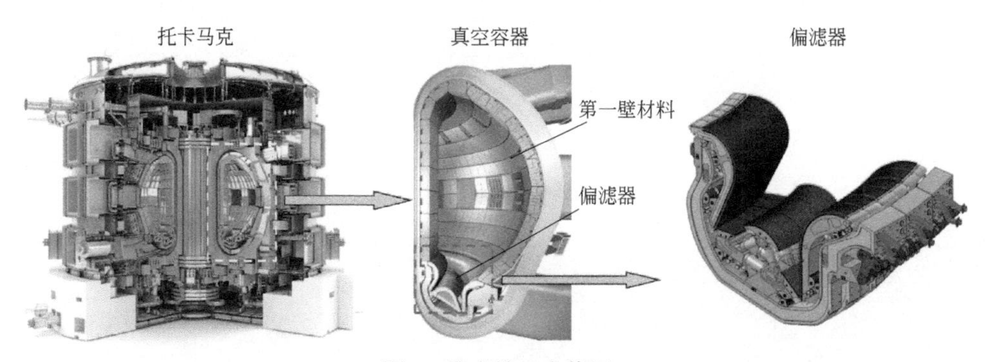

图 8　聚变堆反应装置

钢铁被广泛应用于化工、食品、工业、建筑、汽车等行业。在极端气候条件下，由于钢的韧脆转变特性，造成了应用中的一些安全隐患。从 20 世纪 30 年代开始，人们就发现很多工程脆断事件都与低温有关。例如，位于比利时的哈士尔特桥建造完成后，在 -20℃低温下突然发生了脆断破坏；欧洲境内的 Helen Sells 桥在气温降至 -14℃时也发生了类似的脆断事件。为了避免钢的低温脆性开裂，常常通过改进工艺、合金化等方式来提高韧性。然而，相应的制造成本和资源消耗也大大增加了。探究金属材料的韧脆转变机理，开发适用于极端服役环境并且成本低廉的高性能钢铁结构材料也是重要的研究方向。

材料韧脆转变机理的研究也对我国开发资源战略高地有着重要的战略意义。南极和北极地区的自然资源极为丰富，包括各类不可再生的矿产资源与化学能源、可再生的生物资源、水力以及风力等。北极是国际海上战略通道和咽喉要地，也是海上贸易的重要走廊和枢纽。北极潜在的可开采石油和天然气储量丰富。由于北极地区长时间严酷的低温环境，对金属材料的低温服役性能提出了新的需求。为了有效开发利用极地资源，发展低温高韧先进结构材料是前提。

总的来说，金属材料的韧脆转变现象从发现至今已经有近 200 年的历史，科学家对材料本征的韧脆转变机理的认识不断深入。探索材料的韧脆转变机制对理解韧脆转变行为，设计、开发、拓宽先进材料的应用范围具有重要意义。金属材料的韧脆化原理研究，既面向世界学术前沿，又面向国家重大需求，实现金属材料韧脆转变性能的精准调控是科学家追求的一个新目标。

高性能亚稳钛合金

任　磊　肖文龙

崛起的第三金属钛合金

在日常生活中，钢铁和铝合金作为金属结构材料具有最广泛的应用，如汽车、高铁、建筑、桥梁、日用电器等领域。同样作为结构金属材料的钛合金，从 20 世纪 40 年代起开始应用于飞机、舰艇及海洋工程、石油化工等领域，因其重大的战略价值和在国民经济中的重要地位，常被誉为继钢铁、铝合金之后崛起的“第三金属”。

钛的发现已有 200 多年的历史。1791 年，英国矿物学爱好者格雷戈尔（William Gregor）在研究英国康沃尔郡的黑磁铁砂（钛铁矿）时，发现有一种新的未知金属元素存在其中。1795 年，德国著名化学家克拉普鲁斯（Martin Heinrich Klaproth）在分析来自匈牙利的金红石矿时，鉴定出一种与格雷戈尔发现一致的未知元素氧化物，并根据希腊神话中古老神族 Titans 的名字，将此元素命名为钛 (Titanium)，金属元素钛由此面世。

钛的熔点是 1668℃，比铁高出 130℃，属于高熔点的金属；而其密度仅 $4.5g/cm^3$，为铁的 57%，属于轻质金属元素，是轻金属中的高熔点元素。纯钛的强度一般，但经合金化的钛合金强度高，最常见的 TC4 合金 (Ti-6Al-4V) 经热加工处理后的强度近 1200MPa，与高强钢相当。但是，它的比强度（强度与密度的比值）却大大领先于高强钢，同时远超铝合金、镁合金及铜合金，是一种极具吸引力的金属结构材料。

钛之所以被人们广泛关注，是因其具有极为健硕的“身体条件”，集轻质、高强、耐蚀、无毒、无磁等基本素质于一身。而钛合金材料既是优质的轻型耐蚀结构材料，又是新型的功能材料和重要的生物医用材料。集“十八般武艺”于一身的钛合金，可根据不同的需求，利用其自身优势，制备不同应用场合的产品。例如，它兼具高屈服强度和低弹性模量的特征，是制造弹簧的首选材料。它具备优异的高温性能，可在600℃下稳定工作，在航空发动机中具有光明的应用前景；出色的低温和超低温性能，在零下200℃的工作条件下仍具有很好的强度和塑性，适合用于在外太空工作的宇航装备；金属钛无磁性，即使在很强的磁场中也不被磁化，可用于复杂环境下的武器装备中；优异的耐蚀性，尤其是在海水中，其腐蚀速率接近于零，是船舶、潜艇、海洋油气开采平台及海水淡化工程等领域广泛应用的耐蚀材料；极低的阻尼特性，声波和振动在钛合金中的衰减超慢，适合用作声呐系统材料。另外，它与人体具有优异的生物相容性，适合用作医疗植入材料；与碳复合材料的热膨胀系数和电化学电位相近，具有很好的相容性，广泛用于航空、航天领域的连接件。

另外，钛合金拥有其他功能材料没有的三大突出特性——形状记忆、超导及储氢，是一种应用前景潜力巨大的功能材料。钛镍合金材料在特定环境温度下具有单向、双向和全方位的形状记忆效应，被认为是最佳形状记忆材料，在特定场合具有广泛应用。例如，战斗机油压系统的管接头，石油工程中输油管路系统；航天飞行器上的天线，在医学上制成螺钉用于骨折愈合等。钛铌合金在温度低于临界温度时，表现出无电阻的超导功能。钛铁合金是一类具备吸氢特性的金属材料，在氢气分离、净化、贮存以及运输和蓄电池等方面很有应用前景。

钛合金具有如此众多的优点和特性，在外层空间、天空、陆地及海洋中均具有广泛的应用，包括航空、航天、车辆、船舶、海洋平台、海水淡化、化工、医疗、建筑及体育用品等领域（图1），又被人们称为“太空金属”“海洋金属”“智慧金属”等。

(a)

(b)

图1　钛合金在建筑中的应用实例：（a）国家大剧院；（b）杭州大剧院

钛合金中的“全能选手”亚稳钛合金

钛的基本物理特征之一是拥有两种不同的晶体结构，具有同素异构转变组织，这为解释钛合金的多样性和复杂性提供了重要的物理化学基础。该基本特性钢铁同样具备，而常见金属铝、镁、铜等均不具备该特征。纯钛的同素异构转变温度是882℃。在该转变温度之下，钛为密排六方晶体结构的α相；而在转变点之上，其具有体心立方晶体结构的β相。对于钛合金来说，同素异构转变温度不是固定的，它随不同合金化元素的添加以及合金化程度的不同而提高或降低。

到目前为止，已有几十种合金化元素与钛形成了具有实用价值的钛合金。根据合金化元素对α相和β相稳定性影响的不一致，钛的合金化元素通常可划分为α稳定元素、β稳定元素和中性元素（图2）。针对不同的钛合金，α稳定元素可以显著提高α相与β相的转变温度，β稳定元素降低α相与β相的转变温度，而中性元素的作用不明显。

钛合金的分类方法有很多种，但目前普遍按照退火状态下的组织与β稳定元素的添加及其含量之间的关系，将钛合金分为α型、近α型、α+β型、亚稳β型及β型五种不同的类型。而近α型钛合金拥有亚稳态α相，亚稳β型钛合金拥有亚稳态β相，α+β型钛合金同时拥有亚稳态α相和β相。因此，近α型、α+β型、亚稳β型钛合金又可统称为亚稳钛合金，是国内外钛合金发展研究的热点前沿。

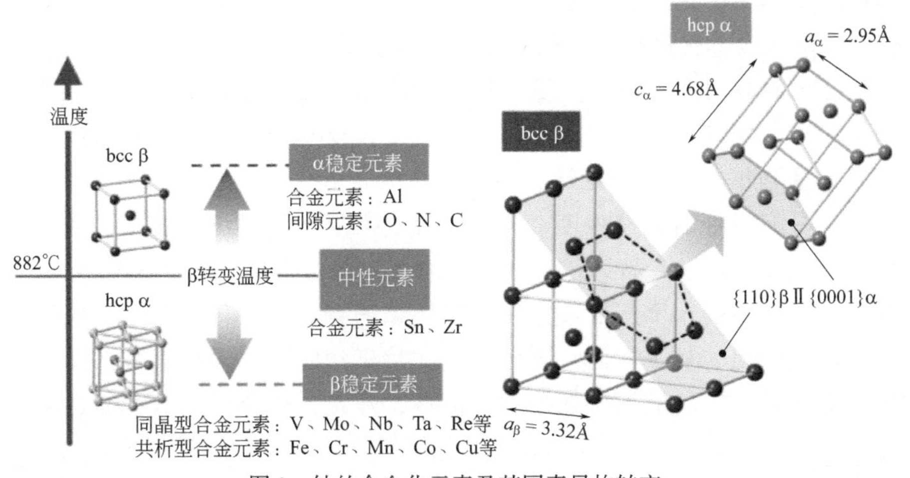

图2 钛的合金化元素及其同素异构转变

经过几十年的发展，亚稳钛合金的重要性逐步提高。这类合金经不同的元素合金化与加工处理之后，可以获得高强度和高韧性极佳配合的材料，用于制造大型客机的起落架；也可以获得优良高温力学性能和高温抗蠕变性的材料，应用于温度达600℃的环境中，能够很好地满足航空发动机的性能要求；还可以兼备高屈服强度和低弹性模量，作为生物医用材料服务于患者。

具备密度低、比强度高、耐蚀性好、无磁和生物兼容性好等优良特性的高性能亚稳钛合金，还拥有丰富的合金化选择，以及复杂的相变行为和组织调控能力，可以获得不同工况条件的优异综合力学性能，大大拓宽了其应用范围。根据其本身特性及应用状况的不同，钛合金还可以划分为高强钛合金、高温钛合金、低温钛合金、船用钛合金、低成本钛合金、医用钛合金及功能钛合金等几大类。

高性能亚稳钛合金的用武之地

高性能亚稳钛合金是重要的轻质结构金属材料，兼具比强度高、耐蚀性好、高低温性能好、弹性模量低等特点，在武器装备、化工医疗、日常生活等不同领域均有着重要的应用价值。自1948年美国杜邦公司首先开始商业化生产金属钛起，经过70多年的不断发展，钛合金从最初主要用于航空发动机、导弹、卫星等的制造，逐渐推广应用于化工、能源、冶金等领域，应用范围和应用价值均在大幅度提升。随着现代化武器装备的高性能化和轻量化制备的发展需求，世界各国越来越重视钛合金的研发和推广应用。同时，钛在航空、航天及其他民用领域的应用也在日益增加。

钛合金的应用领域非常广泛，但不同应用场合对钛合金的综合性能有着不同的要求。例如，喷气式发动机用钛合金，要求产品具有较好的高温抗拉强度、蠕变强度、高温稳定性、疲劳强度及断裂性；航空构架用钛合金则，要求产品具有良好的抗拉强度、疲劳强度、断裂性和可加工能力；化工行业应用的钛合金，要求产品具有良好的抗蚀性、适当的强度及更低的制造成本。随着在不同领域的技术开发和应用发展，钛的合金体系日益完整，应用范围涉及工业及民用的各个方面。直到今天，化工和航空航天仍然是钛及钛合金的主要应用领域，其他领域如海洋、能源、建筑、体育休闲及交通运输等的应用需求也在日益增加。

1. 在航空领域中的应用

航空工业是最早研制和应用钛合金材料的领域，始于20世纪50年代。钛合金的发展史离不开其在航空领域的应用。第二次世界大战结束后，航空飞机的飞行速度取得关键性的突破，超音速飞机的时代来临。在更高飞行速度的要求下，对飞机结构材料的要求也越来越严格。传统的钢结构、铝结构在更高的材料要求下已经不能满足性能要求。

随着航空工业的发展，钛合金材料逐步成为飞机制造不可或缺的结构材料。1950年，美国首次在F84战斗轰炸机中采用工业纯钛制造后机身隔热板、导风罩和机尾罩等非承力构件。1954年，美国普拉特·惠特尼公司开始用Ti-6Al-4V合金制造J-57涡轮喷气发动机压气机转子盘和叶片。1954年，英国罗尔斯·罗伊斯公司在Avon发动机上也使用了Ti-6Al-4V合金。到20世纪60年代中期，美国研制成功的YF-12A/SR-71侦察机，用钛量达95%，可以称为“全钛飞机”。20世纪80年代，欧美设计的各种先进军用战斗机和轰炸机中钛合金用量已经稳定在20%以上。1980年以后，民用飞机的钛使用量大大增加，而且钛合金材料用量已经超过军用飞机的使用。

根据材料使用功能的需求不同，将航空领域用钛合金分为飞机机身用钛合金和航空发动机用钛合金。

（1）飞机机身用钛合金

钛合金在飞机结构中主要用于骨架、蒙皮、机身隔框、起落架、防火壁、机翼、尾翼、纵梁、舱盖、倍加器、龙骨、速动制动闸、停机装置、紧固件、前机轮、拱形架、襟翼滑轨、复板、路标灯和信号板等。其中，重量最大的零部件应属飞机起落架的大梁。例如，俄罗斯上而达公司用75000t锻压机生产Ti-1023合金（Ti-10V-2Fe-3Al）锻件，其锻件重3175kg，是目前世界最大的航空用钛合金锻件，其主要用于大型客机B777和A380的主起落架载重梁。

波音B787（图3），又被称为“梦想客机”，是波音公司最新型号的双发、远程、双层宽体机。设计始于2005年，已于2007年投入使用。机内两行通道，载客210～330人，续航距离为15700km。在飞机制造用材方面，钛合金材料占比达11%，高于钢材的8%，但低于铝合金的20%。

空中客车A380（图3）是欧洲空中客车工业公司研制生产的四发、550座级、双层、超大型远程宽体客机，其投产时也是全球载客量最大的客机，故有“空中巨无霸”之称。A380在使用材料方面，钛合金占比为9%（约为

60t)，复合材料高达 60%。先进材料的使用，改进了气动性能，减轻了飞机重量，减少了油耗和排放，降低了营运成本。客机起飞时的噪声比当前噪声控制标准低很多。A380 是首架每乘客百公里油耗不到 3L 的远程飞机。

图 3　国外用钛量较大的大型先进客机：（a）波音 787；（b）空客 A380

C919 大型客机（图 4）是我国按照国际民航规章自行研制、具有自主知识产权的大型喷气式民用飞机，158 ～ 168 座级，航程 4075 ～ 5555km。该客机中钛合金的用量达到 9.3%，与空客 A380、波音 B787 等先进客机的钛用量水平相当，主要用于机身、机翼及其接头、吊挂、弹性构件以及液压燃油系统等零部件。

图 4　中国 C919 客机

（2）航空发动机用钛合金

航空发动机是飞机的心脏，是最重要的关键部件之一。发动机的风扇、压气机盘件、叶片等转动部件，不仅要承受很大的应力，而且要有良好的耐热性，即要求钛在300～650℃温度下具有抗高温强度、抗蠕变性和抗氧化的性能。另外，发动机的质量每降低1kg，其使用费用通常可节约220～440美元。在如此苛刻的服役条件下，铝合金不能耐受很高的温度，钢密度较大，不能提供很高的推力重量比，而钛合金的综合性能具有显著优势。

钛合金材料在国外先进航空发动机上的用量占其总重量的25%～ 40%，并且随着技术的发展，钛合金材料用量越来越多。例如，第三代航空发动机的钛合金材料用量为25%，第四代航空发动机的钛合金材料用量为40%。

航空发动机中使用钛合金的好处有很多。在发动机的中等温度部位，钛比钢具有更高的疲劳强度、屈服强度和蠕变强度，较低的弹性模量，这样在疲劳载荷情况下能够减少应力。钛合金优异的抗大气腐蚀性能，能大大改善喷气发动机的压缩性能。

美国惠普公司生产的F-119涡轮风扇发动机示意图如图5所示。

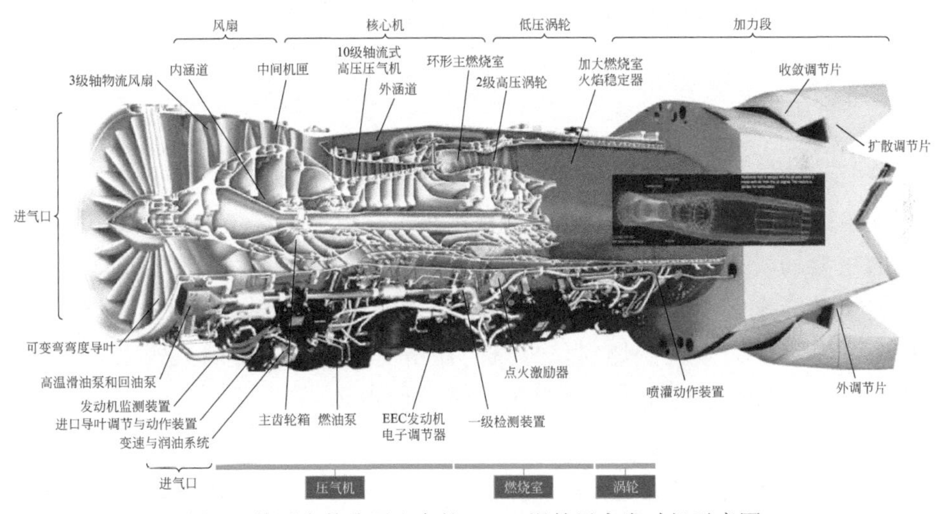

图5　美国惠普公司生产的F-119涡轮风扇发动机示意图

2. 在航天领域中的应用

钛合金在航天工业中应用可达到减轻发射重量、增加射程、节省费用的目的。钛合金可用作压力容器、燃料贮箱、火箭发动机壳体、火箭喷嘴套管、人造卫星外壳、载人宇宙飞船船舱（蒙皮及结构骨架）、起落架、登月舱、推进系统等。针对航天运载器高应力承载、超高 / 低温、强腐蚀等极端条件下的应用需求，国内外已开发出各种性能的钛合金系列和加工制造技术。

航天飞机是能够反复使用的世界上最早载人的宇宙飞船。美国从 1972 年开始研制，1981 年第一次飞行成功。钛合金由于能减轻宇宙飞船的总重量，因此在很多部件中得到应用。例如，轻量的钛合金制高压容器，在美国国家宇航局的双子星座飞船、阿波罗飞船上研制成功；发动机壳体中采用了钛合金，重量减轻 30% ～ 40%；压力舱、托架、夹具和紧固件等均用钛制成，共使用 68t 钛合金材料，极大减轻了飞船的重量。美国一级火箭发动机壳体材料广泛使用的是钛合金 (Ti-6Al-4V)。使用该合金的还有巨型圆筒状的液体火箭燃料容器、洲际弹道导弹多个球形和椭圆形的发动机壳体等。

中 / 高温高强韧、大承载是未来航天钛合金结构面临的主要挑战，也是我国快速航天运载器耐热承载一体化发展的迫切需求，亟须加快对 600℃及 650℃以上的高温高强钛合金材料体系的研究与工程应用突破。工程应用中受室温塑性差的反向制约，针对高强钛合金难变形的特点，需结合航天结构大尺寸、高成形精度及高性能需求，推动精密铸造、超塑性成型、扩散焊 / 激光焊连接、粉末冶金及增材制造等应用技术的发展，提升钛合金在航天结构中的应用成熟度。

3. 在海洋装备领域中的应用

海洋约占地球表面积的 70.8%，蕴含着大量的资源，是人类未来拓展生存空间的重要场所。海洋中主要的矿产是锰结核和热液矿，含有镍、铜、锰和钴等数十种元素，储量巨大。海底蕴藏着丰富的金、银、石油、天然气、铀等资源。海水中的核聚变燃料氘、氚的储量更是巨大。随着人类对资源需求的不断加大，海洋必将成为大力开发和竞争的市场。

众所周知，海水是含有 Na、Mg、K 和 Cl 等十多种离子的水溶液，有很强的腐蚀性。而钛的比强度高、耐蚀性强，在海水、海洋大气及潮汐环境中均有极好的耐蚀性，既耐均匀腐蚀，又抗局部腐蚀。从技术性能而言，钛优于普通钢铁、不锈钢、铝和铜等常用金属结构材料。大量的实验表明，钛及钛合金是舰船制造和海洋工程中最佳的结构材料。

钛合金因其优异的耐蚀性及综合力学性能，在核潜艇、深潜器、原子能破冰船、水翼船、气垫船、扫雷艇、海洋油气开采平台等高端装备领域的应用十分广泛，如图 6 所示。国外钛合金材料主要应用于船体结构材料，舰船泵、阀、管道及其他配件，动力驱动装置，热交换器，冷凝器，冷却器，蒸发器，声学装置等；国内钛合金材料则主要用于制造深潜器，动力驱动装置，舰载雷达、电子设备，紧固件等。

图 6　高性能钛合金在舰船及海洋装备中的应用

（1）舰船

船舶材料是海洋环境中重要的结构材料之一，其使用标准要求比较高，需要具备优良的强度、韧性以及耐海水、海洋大气腐蚀的能力。在实际的建造过程中，该材料还需要有极好的加工性与可焊接性。钛合金本身具有很强的耐海水腐蚀能力、强度高而且没有磁性等优点，所以能够充分满足船舶材料的要求，其应用发展前景非常可观。

在严酷的海洋工作环境中，舰船的建造需要使用综合性能匹配优良的高性能钛合金材料。使用钛合金制造舰船螺旋桨、声呐导流罩和其他辅助设备，可以充分发挥出装备的耐蚀、抗压等应用性能，提高装备的可靠性，延长使用寿命。

在世界各国中，俄罗斯在船用钛合金的实际应用上最先进。俄罗斯已经拥有大量专门的船用钛合金体系，同时已经制造出一系列强度较高的船用钛合金产品，包括船体、船机和动力装置都有专门的钛合金，强度也非常大，而且在材料制造上使用的工艺也非常成熟。美国在船用钛合金方面也进行了很多工程研究，已经实现了将钛应用在各种动力的潜艇、水面艇、民用船的耐压壳体、海水管路系统、排风扇的叶片以及一些消防设备等方面。日本在船舶上使用的钛合金主要包含纯钛、Ti-6Al-4V(ELI) 等，常用在民用渔船以及深海潜水器的耐压壳体上。1981 年开始，陆续出现了“深海 2000”“深海 4000”等深海潜水调查船，这些潜水器的外壳骨架、均压容器、配管等都用了钛合金，能够有效增加潜水器的下潜深度。

我国从 20 世纪 60 年代开始研究钛合金在船舶中的应用，跟国外研究的时间基本同步。目前我国在船用钛合金方面的研究和应用已有很大的突破，初步研究出了较完整的船用钛合金系列，但在应用方面与国外仍有一定的差距，应用部位和用量都比较少。

（2）核潜艇

核潜艇必须具有下潜深和水下隐蔽性好的特点。因其船体巨大，不能在焊后进行热处理，行驶过程中需承受巨大的静载荷和动载荷，要求材料的强度高，韧性和抗疲劳性能好。另外，钛合金无磁性，不易被发现，同时也不易成为磁性水雷的攻击目标，十分适合作为潜艇壳体的制作材料。

俄罗斯在核潜艇用钛合金的研究和制造方面处于国际领先水平。20 世纪 60 年代，苏联制造了第一艘全钛合金核潜艇。21 世纪初，俄罗斯研制的第四代“亚森”级弹道导弹核潜艇，船壳采用双层钛合金制造，性能更为优异。俄罗斯的“梭鱼”级核动力潜艇，最深下潜深度可以达到 900m，航速可以达到 45 节（1 节 =1.85km/h），同时具有优异的声 / 磁隐身性能，这些均得益于高性能钛合金材料的大量使用。其中，俄罗斯的“台风”级核潜艇钛合金用量达到了 9000t，号称“全钛”潜艇，是下潜深度、下潜时间、航行速度、隐身性能等纪录的保持者。因此，先进钛金属材料是高性能海军装备的重要和关键的物质保障。

（3）深潜器

海洋资源开发包括海洋油气的勘探、开采、运输等，美国等发达国家早已从近海向深海（3000m）发展。钛合金材料及其深加工技术是设计和开发先进的深潜装备、提高其可靠性和稳定性的最理想选择。

海上载人深潜器使用的材料经历了从高强钢转向高性能钛合金的发展过程。目前潜深超过 3000m 的深潜器载人舱球壳材料几乎全部采用钛合金。中国、美国、日本、法国等国家在深潜器的研制方面居于领先地位。我国自行设计的“蛟龙”号载人深潜器外壳选择了钛合金板作为主材，其最大下潜深度达 7000m，最大载荷 220kg，使我国成为全球第五个掌握 3500m 以上大深度载人深潜技术的国家。

（4）海洋油气开采平台

据统计，海底蕴藏着大约 1300 亿吨石油，占全球石油储量的 30%。随着人类社会对资源需求的不断增加，海底石油钻采意义重大。对于所需的海上采油设备，不仅要与海水、原油等接触，还要承受海上风浪的冲击以及开采平台的工作载荷，由于工作环境恶劣，同时设备庞大，对材料各项性能要求十分苛刻。因此，高性能钛合金对海洋资源开发装备水平提升有着非常重要的意义。

钛合金对海水、原油的耐蚀性好，用其制造的零部件不仅工作寿命长，而且安全系数高，降低了维护成本，因此，海洋平台用的闭式循环发动机中的冷凝管、换热器，以及泵、阀等对抗腐蚀性要求高的部件均选用钛合金制造。目前，钛合金制列管式或板式热交换器、泵、预应力管接头、升降管管道、夹具、仪表外壳以及各种配件和紧固件等已得到广泛的应用。美国北海油田挪威分部的半潜式浮动钻井平台就大量使用了高性能钛合金作为钻井立管，显著降低了整个系统大约 50% 的质量，从而将立管提升力降低了 63%，系统成本降低了 40%，服务年限可达 25 年之久。我国东海石油平台上的热交换器、压缩冷却器、内冷却器等均已采用钛合金管制造。未来建设的海上石油钻采平台将部分或大量使用钛合金，其用量将会达到几万吨到十几万吨的水平，这无疑会有力地提升我国海上石油钻采平台的建造水平，并极大地带动我国钛产业的发展。

随着钛合金加工技术的逐渐成熟，以及生产成本的低廉化，钛合金在海洋工程方面的应用不断得到拓展，例如海洋温差发电机的蒸发器及传热系统、海水污染处理装置及电解用镀铂钛阳极的制造等。同时，钛被应用在多种类型的海水系统管道及接头的制造方面，如冷却水、消防水和洒水灭火系统。另外，海上标志、海底电缆以及跨海大桥保护套等海上设施也越来越多地使用高性能钛合金材料来制造。

4. 在武器装备领域中的应用

高机动性、轻量化、高防御能力以及高可靠性是未来装甲车辆及武器系统发展的必然方向。为了提高作战部队的机动能力，装甲车辆就需要实现轻量化。钛合金由于高比强度、高比模量、耐腐蚀、无磁等优异性能，特别适合作为武器装备轻量化和性能提升的首选材料。随着高性能低成本钛合金及其先进低成本制造技术的发展，钛合金材料、零部件、分系统及整个武器装备系统成本大大降低，武器装备全寿命周期效能较过去大幅提高，在兵器装备如坦克、火炮等方面获得应用。世界部分国家制定了钛合金标准和军用标准，规范了高性能低成本钛合金的制备、零部件的生产和在地面武器装备上的应用。

军用陆基武器装备的快速部署和快速反应以及特殊区域的快速运输，对装备的轻量化提出了更高的要求，武器装备必须减重，同时要保持和提高生存力。因此，钛合金将成为满足这些要求的首选材料，并将在陆基武器装备上的应用越来越广泛。最成功的应用包括 M1A2 主战坦克、M2 布雷德利战车和轻型 155mm 火炮 M777。钛合金材料比强度、抗弹能力、耐腐蚀能力等均优于轧制均质装甲钢，是装甲车辆制造中有发展前途的金属结构材料。将高性能钛合金材料用于两栖战车的制造，不但能够减轻装备重量、增加装备机动性，同时能够有效防止结构腐蚀。

钛合金制造武器装备时，符合兵器轻量化的发展方向，不仅可以降低武器质量，提高装弹量，同时能够大大提升部队的机动性，适合空降部队和复杂地形作战使用。美国在研究和应用钛制武器装备方面处于世界领先地位，早在 1946 年，美国的陆军机械部就开始研究与兵器有关的钛合金工艺。目前，钛合金被大量用于制造导弹、火炮、多种类型装甲及其他方面的部件，主要用于取代钢制部件以实现减重的目的。从 1955 年至今，高性能钛合金在军械制造方面的用量都在逐年增加。

20 世纪 50 年代，美国在 M28 型 120mm 无后坐力炮的研制中，使用了多种高性能钛合金分别制造炮管、药室、喷管和发射活塞，使全炮重量从钢制的 102kg 降低到 49kg，减重超过 50%。据报道，美军研制的 155mm 口径 M777A1 型榴弹炮，同样是大量使用钛合金制造的地面作战系统，可比 M198 型火力系统减重 5150kg。俄罗斯也在装甲车辆的轻量化方面积极开展以钛代钢的工程化研究工作。如 52t 级别的 T-80 主战坦克使用先进钛合金材料制造其发动机外壳门、炮塔回转支架等，较传统的钢质材料减重 40% 以上；火炮质量减重后，并未影响其射程和精度，使得作战运输更加便利，机动性和灵活性大为提高。

采用精铸工艺代替棒材机加工成型，制造制退器可大幅提高材料的利用率。20 世纪 50 年代后期，伴随着铸造钛合金技术的发展，美国的导弹技术取得长足进步。美国逐渐将钛合金的应用重点从航空、航天领域转化到导弹领域。由于钛合金铸件具有比强度高、耐腐蚀和复杂件便于成型等优点，能满足从小型空空导弹到大型洲际弹道导弹的需要，从而得到广泛的应用。目前使用较为普遍的导弹部位有尾翼、火箭、弹头壳体、连接座等部件（图 7）。在未来战车和火炮系统的应用中，更多高性能钛合金将成为取代轧制均质装甲钢和铝合金的重要选材。

图 7　钛合金在装甲及导弹中的应用

5. 在医疗领域中的应用

医用钛合金材料是用于医学工程中的一类功能结构材料，常用于外科植入物和矫形器械产品的生产和制造。钛合金医疗器械产品如人工关节、牙种植体和血管支架等用于临床诊断、治疗、修复、替换人体组织或器官，或增进人体组织或器官功能，其作用是药物不能替代的。钛和人体有很好的生物相容性，弹性模量与人体组织最接近，并且耐腐蚀，可以在用于人体硬组织修复的同时不被人体组织液腐蚀。世界上每年的医疗用钛量约 500t，在牙科、心脏手术、人体骨骼等方面有着广泛的应用。

高性能的钛合金材料轻质高强，且密度与人骨近似，良好的生物相容性，以及弹性模量接近于人体骨骼等特性，极其适合制造钛合金人工关节，包括髋关节、膝关节、肘关节、踝关节等，已被广泛用于手术中。实验证明，钛相比于钴合金、不锈钢的抗疲劳性和耐蚀性能更优异。钛的表面活性好，组织反应轻微，容易与氧发生反应建立致密氧化膜，氧化膜比较稳定，因此，钛合金具备生物医用材料的条件，是一种较为理想的、具有发展前途的植入体材料。

高性能钛合金材料在骨科应用中比其他金属生物材料具有明显优势，结合 3D 打印技术以发展医用钛合金部件，将大大推动材料的应用水平。另外，因有助于降低弹性模量并促进人骨向内生长，多孔植入体钛材也受到了特别的关注。此外，不同的表面处理工艺被用于改善钛合金植入体材料的性能，如耐磨性、耐腐蚀性和骨组织结合性。采用不同的先进制备工艺，然后进行适当的表面涂层改性，可获得满足医用性能要求的高性能钛合金植入体材料。开发出坚韧、生物相容、耐腐蚀、耐磨、弹性模量更接近人骨的植入体材料，仍是研究者们努力的方向。

随着高性能钛合金的开发研制、可选钛合金材料品种的增多及价格的降低，钛合金在医疗行业中的应用成倍增加。新型亚稳钛合金是可兼顾骨科、口腔科和血管外科等多种用途的先进材料。钛合金的生产技术应向低模量、高强度、良好生物相容性和力学相容性的方向发展。从发展趋势来看，高性能亚稳钛合金将成为未来发展的方向和医用钛合金市场的主流。

折纸/剪纸超材料

许河秀　王明照

什么是剪纸/折纸

所谓折纸，是指根据折痕将纸张折成各种不同形状的艺术活动，折痕模型的设计是关键。自19世纪以来，人们借助折纸来研究数学问题，并在此基础上发展了折纸几何学等研究方向。为进一步拓展折纸的广泛应用，研究学者利用计算机技术深入研究折痕，逐步形成了完整的理论基础，发展了诸如镶嵌折纸（Origami Tessellations）、褶皱分子(Tucking Molecules)、曲线折纸（Curved-Crease Origami）、同心褶裥(Concentric Pleating）等折叠方法[1]。目前，镶嵌折纸方法中最具代表性的是K. Miura于1972年提出的Miura-ori折纸（三浦折法），以Miura-ori为基础演变出了多种变体，例如霍夫曼网格、巴洛图模式(Paulo Barreto)、吉村模式（Yoshimura)等。图1中给出了应用不同方法构造的经典模型，如Miura-ori（三浦折法）、斯坦福兔子等。

剪纸（Kirigami）是根据折痕对纸张进行裁剪而使保留部分构成不同形状的艺术活动，也可应用于三维曲面空间构造中。与折纸最显著的区别在于，剪纸需要裁剪，而折纸不改变纸张完整性。如图1（f)、(g）所示，不同形状的剪纸单元进行旋转折叠后可以构造出多样空间体，体现了剪纸结构的高度可扩展性。剪纸是中国古老的民间传统艺术之一，每逢佳节，人们便用剪刀在纸上剪出令人赏心悦目的图案，贴在窗户或者门上作为装饰品；或通过巧妙的设计，用手拉拽剪好的二维图案，使其成为精美的三维图案，挂于房间的显眼处作为装饰。自东汉（公元 105）蔡伦改进造纸术以来，早期剪纸方法便可以很好地储存，进而逐渐发展起来。“剪纸”这一概念的出现远早于造纸术的发明。《史记》中记载西周周成王用梧桐叶剪刻成“圭”的形状赐给其弟姬虞，封姬虞到唐为侯，这就是典故“桐叶封弟”的由来，也是有史以来最早关于剪纸的描述。此外，人们还使用金银箔、绢帛、皮革甚至树叶等薄片材料，以雕、镂、剔、刻、剪等方法雕刻出图案制成工艺品。随着剪纸技术的不断发展，基于剪纸图案制成的艺术品变得更加精美[2]。

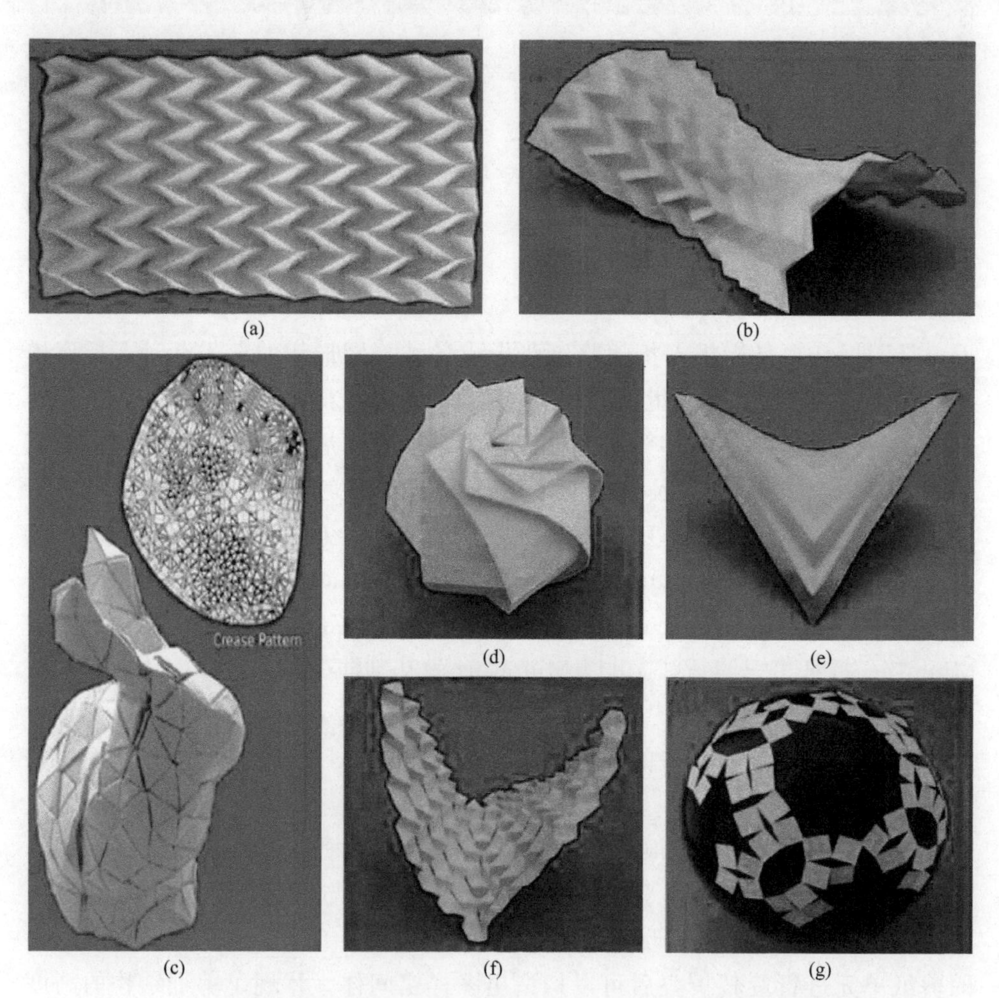

图 1　目前发展的几种经典折纸和剪纸方法[1]：(a) Miura-ori 镶嵌平坦折纸；(b) Miura-ori 镶嵌折纸的鞍形变形；(c) 斯坦福兔子；(d) 曲线折纸折叠的玫瑰花；(e) 同心褶裥折叠；(f)“六面”剪纸结构经折叠后形成的空间曲面；(g) 与球面共形的旋转切割方形剪纸

折纸 / 剪纸方法可应用于哪些领域

进入 21 世纪，折纸 / 剪纸已不仅是一门传统手工艺，其概念被不断延伸，已发展成为有理论基础和广泛应用的独特形变科学和技术，成为一门新学科。折纸 / 剪纸技术广泛应用在生物医学、航空、电磁调控等领域。

1. 生物医学领域

2006 年，研究人员设计了一款新型伸展支架剪纸结构，与金属支架外包覆着一层薄膜的传统支架结构不同，该新型支架由可折叠的金属薄片组成，收缩和展开状态如图 2 所示[3]。组成支架的钛镍（Ti-Ni）记忆合金在与人体温度（319K）接近时，会从收缩折叠状态自动展开成为筒状。该可自动扩张支架的材料不会对人体产生反应，如果把尺寸缩小至主动脉或食道大小，对于一些微创手术将会有极大帮助，如可应用到内窥镜的血管外科手术中。

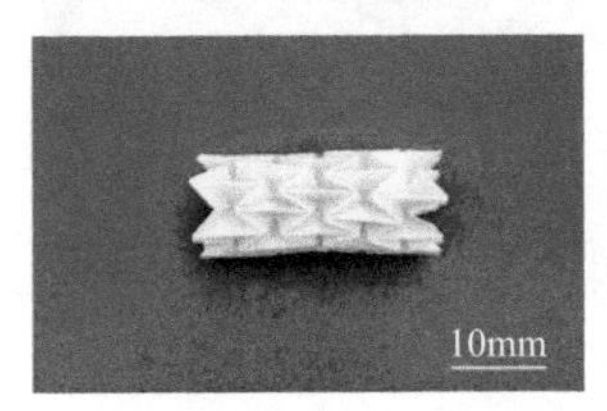

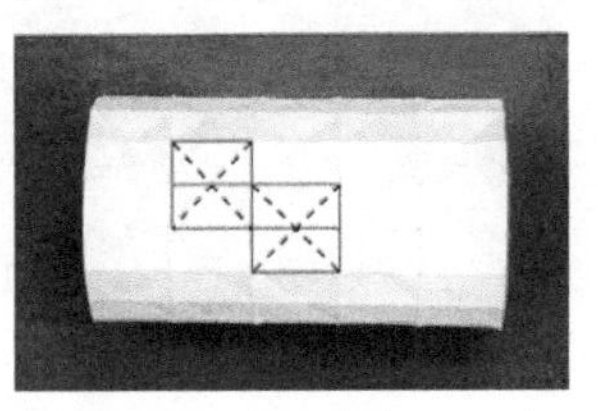

图 2　处于收缩和展开状态的记忆合金支架

2. 航空领域

2013 年，研究人员对材料为刚体并且厚度不可忽略的结构剪纸形变过程做了研究。如图 3（a）所示，他们设计了占地面积较大、外直径为 1.25m 的六面平面结构，经过折叠压缩，可形成外直径仅为 0.136m 的六边形结构[4]。研究人员进一步发现，将此模型再放大 20 倍，并把材料替换为单晶硅或多晶硅硅片，成功制备了伸展直径达 25m 的可折叠太阳能电池板[1]，如图 3（b）所示。

3. 电磁调控领域

折纸 / 剪纸方法在材料合成（分子微观合成）领域的应用目前并未有报道，主要集中在对宏观人工“原子”排列顺序（序构）的操控上。超材料是指人们基于电磁学理论采用人工电磁结构按照某种序构排列而成的复合材料，具有天然材料所不具备的超常物理性质，可以灵活地操纵电磁波频谱和波前，从而产生奇异的电磁现象，可用于构建系列新型电磁器件和系统。从这个意义上讲，折纸 / 剪纸理念和超材料有相通之处，也是通过人工设计构建空间形状（序构），所以折纸 / 剪纸方法用于超材料设计是在情理之中的，而且折纸 / 剪纸超材料具有更丰富的空间序构，展现出了更高的设计和调控自由度。

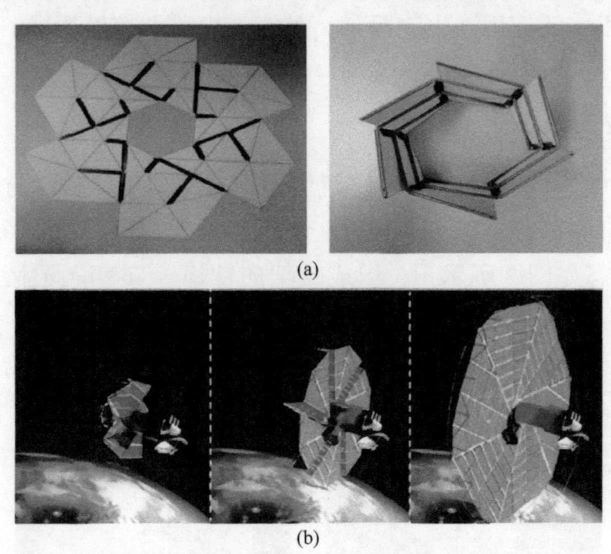

图 3　剪纸形变过程：(a) 六面闪光器的伸展和折叠状态模型；(b) 以折纸为基础的卫星太阳能板展开示意图

折纸 / 剪纸超材料的电磁调控机理主要是通过改变折叠方式、折叠角度来改变金属结构的空间状态 / 空间序构，从而改变与电磁波的相互作用，产生不同的电磁响应。如图 4 所示，一张简单白纸，通过不同折叠方式可以制作成正方体、长方体，甚至其他各种任意形状，重构出不同空间状态，从而实现不同的电磁功能。

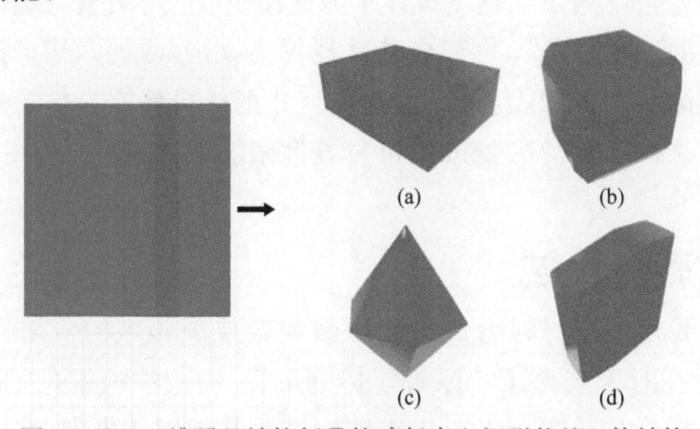

图 4　基于二维平面结构折叠构建任意空间形状的立体结构

2015 年，研究人员提出了一种机械超材料，可调整形状、体积和刚度。他们利用一个简单的模块化折纸设计，由刚性面和铰链组成，连接形成一个由挤压立方体组成的周期性结构。这种可变形超材料有三个自由度，可以通过嵌入的驱动主动变形成多种特定的形状，其形状、体积和刚度都可以被主动控制。他们基于折痕挤压立方体的方法，并通过简单地施加压缩载荷来实现，可以从任何具有等边的凸多面体开始，在面法线方向上挤压其边，构建更多其他具有多个自由度的 3D 单元，如图 5 所示，可广泛应用于可展开、可重构器件和结构的设计上。

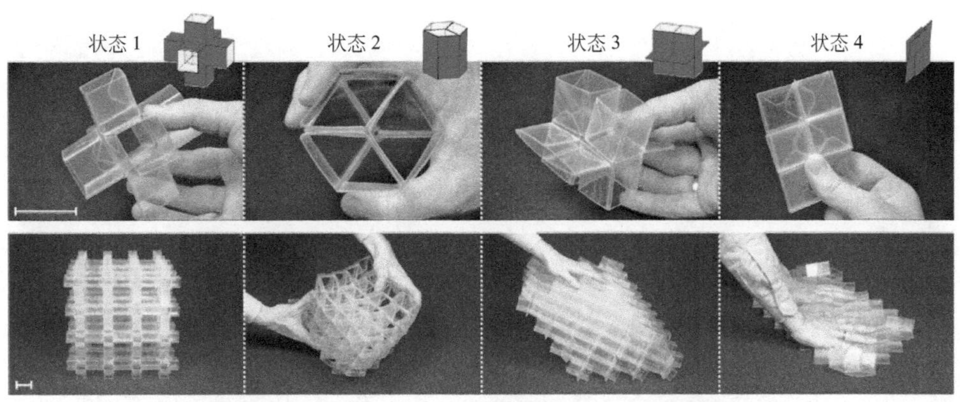

图 5　一种基于折纸方法的多自由度可变形超材料 [5]

折纸 / 剪纸超材料可调控什么功能

2017 年，研究人员提出了折纸超材料可实现圆极化波转换，如图 6（a）所示，两种折叠状态都可以动态地控制其工作频率 [6]，该剪纸超材料用到了三浦折法，其折叠原理在于将二维超表面转化为三维立体结构。三浦折叠单元由四个相同的平行四边形组成，并由凹凸折线连接起来。顶点由四条折痕相交形成，每个平行四边形在折叠过程中保持为刚性面。2018 年，研究人员提出了一种可实现线极化波转换的剪纸超材料，如图 6（b）所示，通过改变折叠方式可重构出三种状态，每种状态都可动态控制其工作频率 [7]，该剪纸超材料在切割和折叠之前，超表面是非手性的，因为它相对于 *yz* 平面镜面对称。然而通过切割折叠，二维超表面转化为三维几何图形，形成了三维手性空间超表面，可实现电磁波极化转换。2019 年，研究人员基于三浦折法设计了一种可重构折纸超材料，可重构出三种形态，实现吸波、反射器、负反射器三种功能[8]，如图6（c）所示，核心机理在于不同重构状态下电偶极子、磁偶极子的空间位置可以任意改变，进而电磁响应可被任意调控。2020年，研究人员设计了一种剪纸超表面，可实现带通滤波器、吸收器、反射器三种功能[9]，如图6（d）所示，该剪纸超材料也是通过改变折叠角度来重构出电偶极子、磁偶极子的不同空间位置形态，进而可调控其电磁性能。上述可重构超材料的工作原理都是通过改变折叠角度来改变偶极子单元之间的距离和空间指向，进而可改变超材料整体电磁性能。

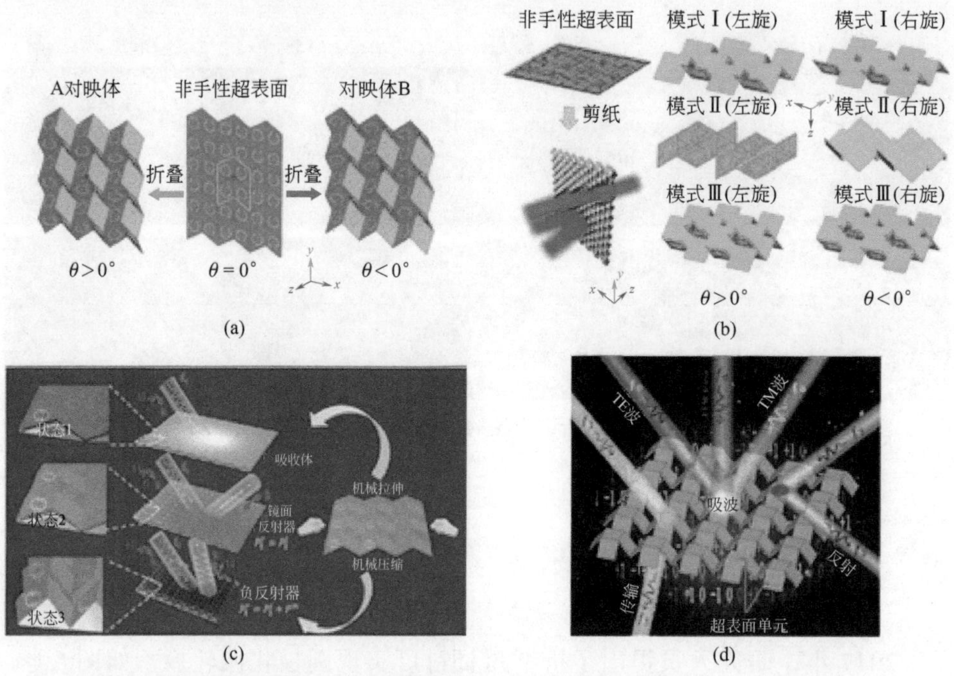

图6　折纸/剪纸超材料在电磁调控领域的应用：（a）折纸圆极化手性超材料；（b）剪纸线极化手性超材料；（c）折纸吸波与波束调控超材料；（d）剪纸多功能超材料

前面大多数折纸/剪纸超材料均为在某个极化工作下的极化调控，不能实现频谱幅度、频率和带宽的同时调控，且制作时均依赖3D打印技术来实现，这些方法制作成本仍然较高。根据偶极子耦合理论，两个空间放置的偶极子会相互作用，同向纵向耦合会使得系统变得更加稳定，使得谐振频率保持在低频；同向横向耦合会增大系统的回复力，从而谐振频率保持在高频。受该理论启发，研究人员提出了幅度、频率和带宽随折叠角变化的可重构电磁隐身方法（图7），且基于该方法设计的隐身超材料在两种线极化波激发下具有独立调控特性[10]。

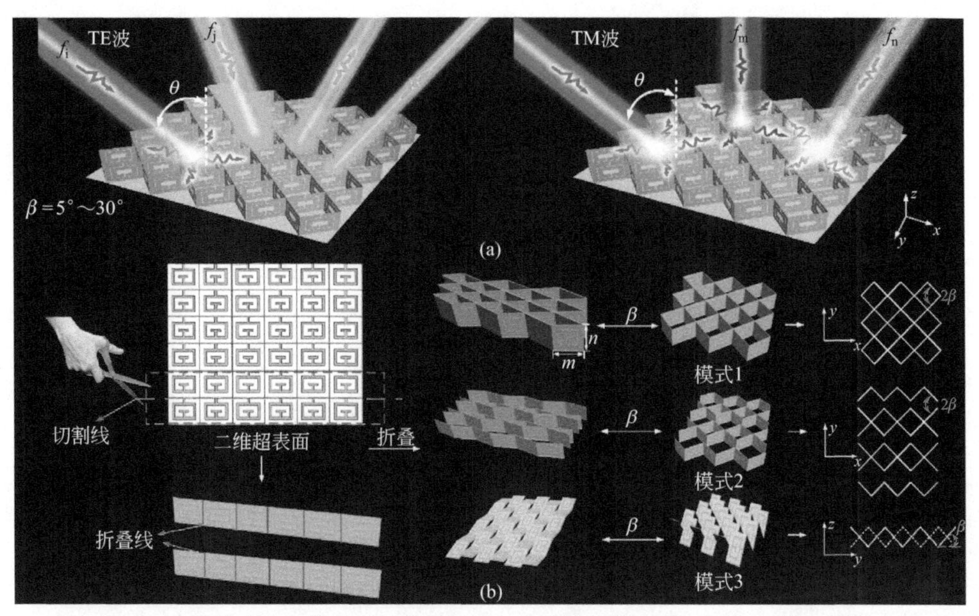

图 7 可重构隐身超材料器件的功能：（a）调控频谱幅度、频率和带宽功能；（b）三种可重构超材料器件制作过程

极化可重构电磁特性和工作机制可通过图 8 所示模型进行解释，“井”字形单元每个面上的 ITO 开口环谐振器在 TE 或者 TM 极化波激发下会形成电/磁偶极子。低频为磁谐振，相邻面上的磁偶极子分量可等效为同向纵向耦合以及反向横向耦合，高频为电谐振，相邻面上电偶极子可等效为反向纵向耦合以及同向横向耦合，符合偶极子耦合理论。当夹角 β 改变，对立面上的偶极子之间距离不变，耦合作用不发生改变，对可重构特性没有贡献，而相邻面上偶极子则不同。TE 极化波下，电场沿 y 方向激发，磁场沿 x 方向激发，相邻面上电偶极子距离为 $m\sin\beta$，磁偶极子距离为 $m\cos\beta$，当 β 从 0° 逐渐增加到 45° 时，相邻面上电、磁偶极子均向低频移动，但由于电偶极子耦合作用变化趋势要比磁偶极子变化快，所以高频的电谐振与低频的磁谐振不断接近，最终达到宽频。同理，TM 极化波下，由于磁场和电场激发方向发生了改变，电、磁偶极子变化趋势与 TE 极化波刚好相反，当 β 从 0° 逐渐增加到 45° 时，相邻面上电、磁偶极子均向高频移动，且磁偶极子耦合作用变化趋势要比电偶极子快，低频磁谐振与高频电谐振同样不断接近，最终达到宽频。但 TM 极化波下，由于起始状态 β=0° 时相邻磁偶极子距离为零，导致该情形下的磁谐振频率远低于 TE 极化波情形，低频磁谐振与高频电谐振明显分开，能观察到明显的窄频频率调控，而在 TE 极化波情形下低频磁谐振与高频电谐振一直比较接近，两

者的接近程度导致宽频范围内的幅度涨落，能观察到明显的宽频幅度调控。

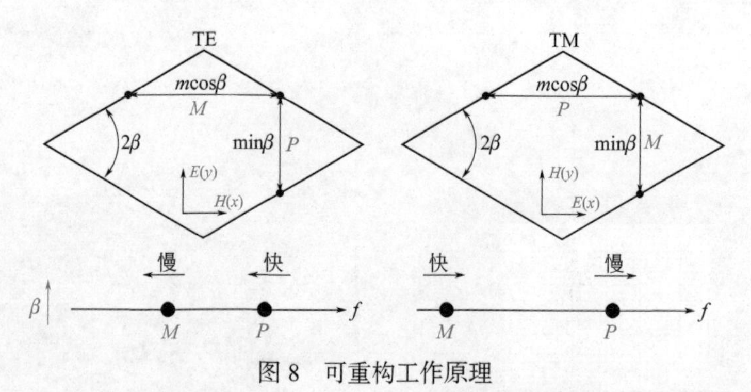

图 8　可重构工作原理

基于所设计的单元结构，通过改变折叠方式可重构出三种模式，每种模式均可实现 TE 极化下的幅度调控，以及 TM 极化下的谐振频率调控（图 9）。其调控原理是由于折叠角度改变会影响磁谐振和电谐振的接近程度，可进

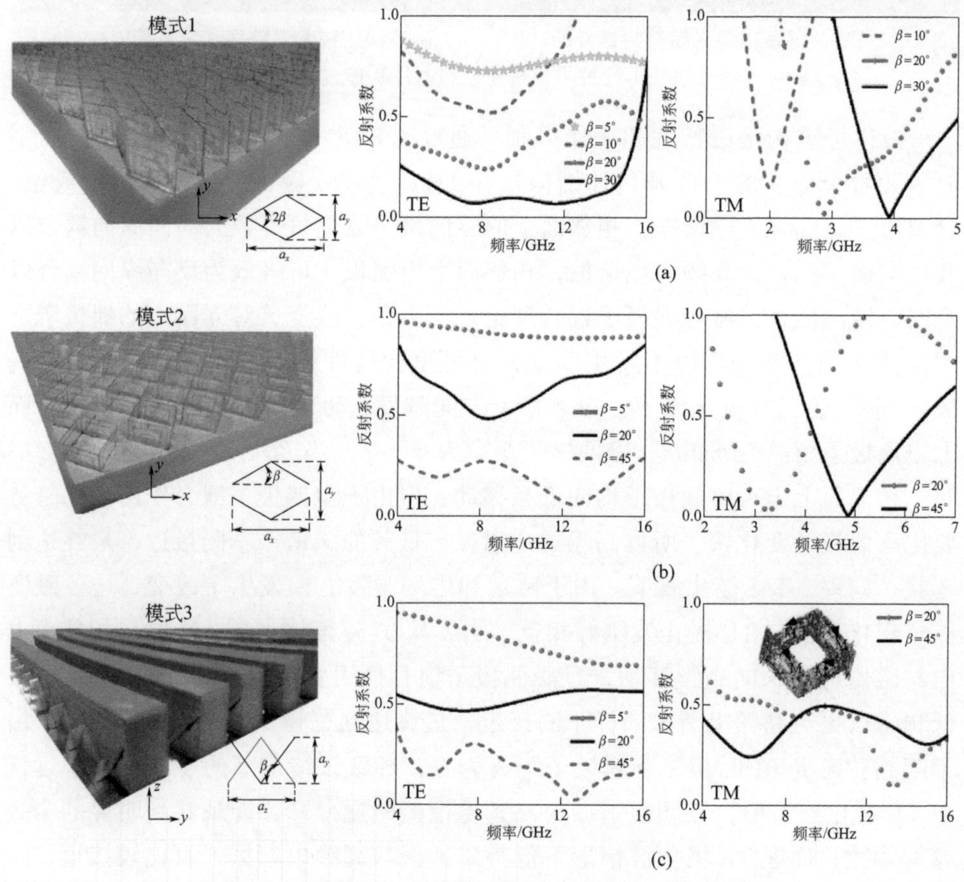

图 9　三种模式在不同折叠角度下的电磁仿真结果[10]

一步导致宽频范围内的幅度涨落，从而可实现 TE 极化下的幅度调控；折叠角度改变还会影响相邻面上的电、磁偶极子作用发生变化，从而导致 TM 极化下谐振频率的改变。如图 9（a）所示，当 β 从 5° 变化到 30° 时，模式 1 在 TE 极化下反射率从 75% 调控到 10%；在 TM 极化下，β 从 10° 变化到 30° 时，其谐振频率可从 2GHz 调控到 3.9GHz，根据$\frac{f_2-f_1}{(f_2+f_1)/2}$计算可得相对带宽调控范围达 64.4%。如图 9（b）所示，当 β 从 5° 变化到 45° 时，模式 2 在 TE 极化下可实现反射率从 90% 到 10% 的调控；当 β 从 20° 变化到 45° 时，在 TM 极化下可实现谐振频率从 3.2GHz 到 4.9GHz 的调控，相对带宽调控范围可达 42%。如图 9（c）所示，当 β 从 5° 变化到 45° 时，模式 3 在 TE 极化下可实现反射率从 70% 降到 10%；当 β 从 20° 变化到 45° 时，在 TM 极化下可实现谐振频率从 5.8GHz 到 13.3GHz 的调控，相对带宽调控范围可达 78.5%。

三种模式在折叠角度为 45° 时均可以作为一个宽频吸波体（图 10）。其主要原因是当折叠角度逐渐增加到 45° 时，磁谐振和电谐振不断靠近，在 β=45° 达到极值，所以此状态可以作为一个宽频吸波体。如图 10（a）所示，TE 和 TM 波在垂直入射时，在 3.7 ～ 15.4GHz 范围内吸收率可达 90% 以上，绝对带宽可达 11.7GHz，相对带宽可达 122.5%。特别是在入射角（θ）为 60° 时，TE 极化下在 3.8 ～ 12GHz 范围内吸收率仍可达 80% 以上，TM 极化下在 3 ～ 15.5GHz 范围内吸收率仍可达 75% 以上。如图 10（b）所示，电磁波在垂直入射时，在 6 ～ 15.8GHz 范围内吸收率可达 80% 以上，绝对带宽可达 9.8GHz，相对带宽可达 90.7%。尤其是在入射角（θ）为 60° 时，TE 和 TM 极化下吸收率仍可达 70% 以上。如图 10（c）所示，电磁波在垂直入射时，在 4.3 ～ 15.6GHz 范围内吸收率可达 80% 以上，绝对带宽可达 11.3GHz，相对带宽可达 113.6%。特别是在入射角（θ）为 60° 情况下，TE 和 TM 极化下吸收率仍可达 70% 以上。

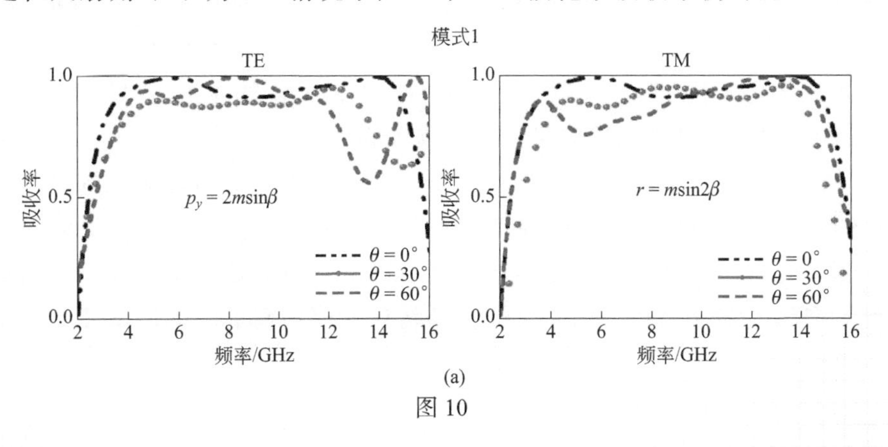

图 10

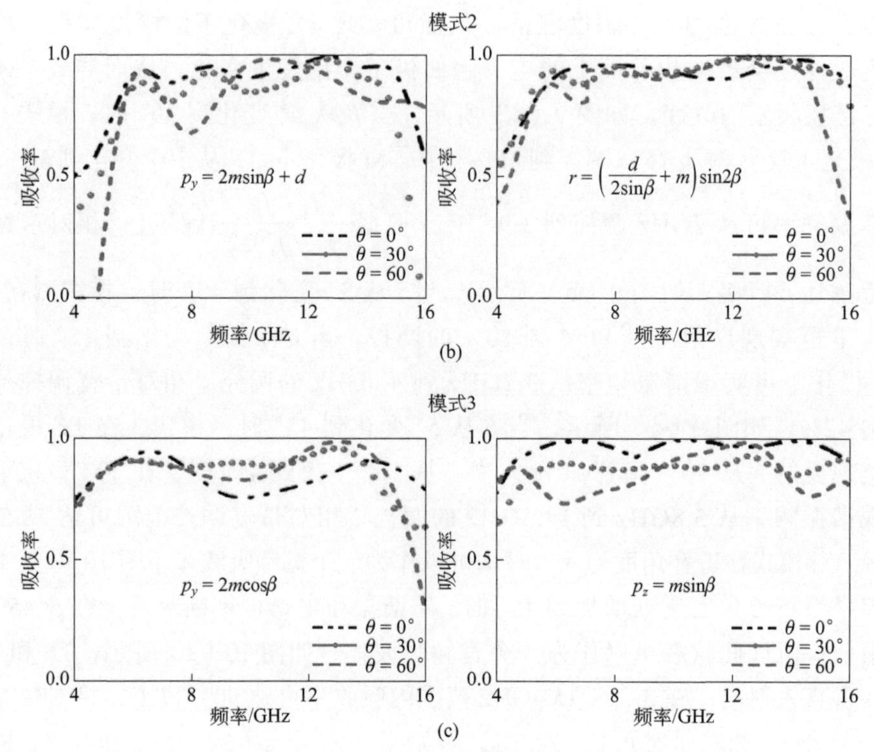

图 10　三种模式 A、B 和 C 在折叠角度为 45° 时的电磁吸波效果

为什么折纸 / 剪纸超材料具有负泊松比效应

泊松比是指横向正应变与轴向正应变之比，可表示为 $v = -(\mathrm{d}l/l)/(\mathrm{d}w/w)$。其中 l 和 w 分别代表单元的长度和宽度。如图 11（a）所示，负泊松比效应是指材料受拉伸时，弹性范围内，材料在横向（受力面内的正交方向）发生膨胀；但受压缩时，材料在横向反而发生收缩。该现象在热力学上是可能的，但自然材料中并不会出现该现象。通常材料的泊松比都为正，约为 1/3，如橡胶材料为 1/2，该材料在拉伸时发生横向收缩，如图 11（b）所示。如基于可编程方法提出的剪纸超材料泊松比为负值 [9]，当该剪纸超材料受到沿 x 方向的拉伸时，该材料在横向 y 方向膨胀，具有负泊松比效应。由于负泊松比材料具有普通材料不具备的独特性质，其在诸多方面均具有显著优势，尤其是材料的物理力学性能有了很大提高，如材料的剪切模量、抗缺口性能、抗断裂性能及回弹韧性。

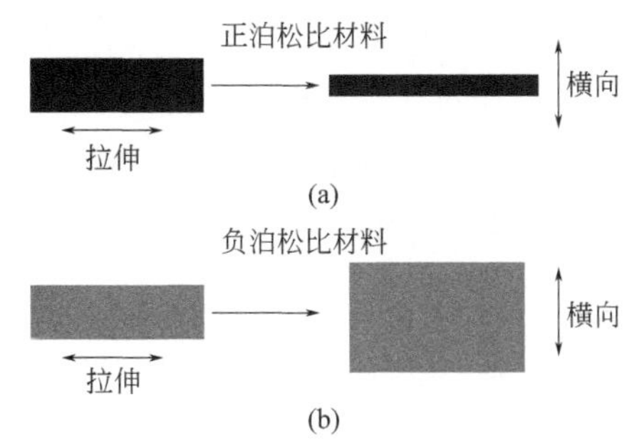

图 11　负泊松比效应示意图（即在拉伸状态下横向结构的变化）：（a）正泊松比材料；（b）负泊松比材料

为什么折纸 / 剪纸超材料具有低密度

相对密度是指在相同规定条件下目标物密度与参考物密度之比，可表示为 $\rho=tmn/(HLW)$。式中，m、n、t 分别为目标物的长度、宽度和高度；L、W、H 分别为参考物的长度、宽度和高度。如图 12 所示，在同等体积下，内部镂空和内部为实体两种情形下相对密度显著不同，图 12（a）的密度比图 12（b）的小，当材料相同时，重量也会轻。折纸 / 剪纸超材料通过剪裁、折叠构成，其内部也会有很大空隙，相同体积下，折纸 / 剪纸超材料密度可大大减小，如基于偶极子耦合方法提出的剪纸超材料 [10] 相对密度特别小，仅为未折叠情形下的 1.5%，该特性在实际应用中对重量要求极高的场合极为有利。

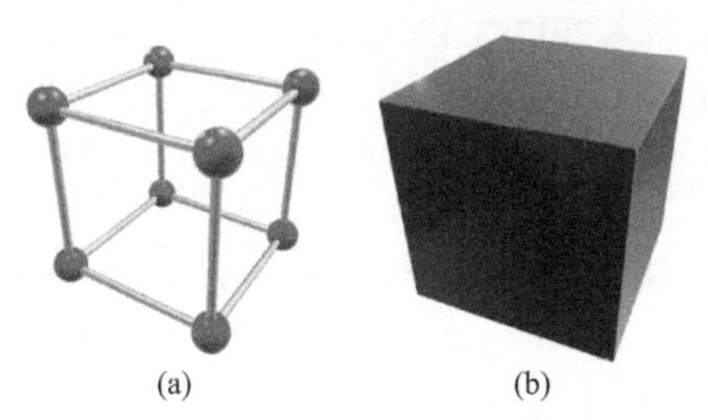

图 12　在同等体积下的实体相对密度：（a）低相对密度；（b）高相对密度

折纸 / 剪纸超材料未来应用方向有哪些

随着科技的迅速发展，对于根据环境变化感知重新配置结构单元从而改变电磁特性的需求越来越大，折纸 / 剪纸超材料便可以很好地满足此类需求。

折纸/剪纸超材料具有密度低、体积小的特点，具有可重复性和多功能性，同时具有可编程的特点，未来在每个单元通过设计智能铰链装置并控制铰链的角度便可实时控制折叠角度，更好地适应实际应用需求，在地面雷达以及外太空卫星可折叠天线通信领域具有重要的潜在应用价值。

参考文献

[1] Callens S J P, Zadpoor A A. From flat sheets to curved geometries: origami and kirigami approaches [J]. Materials Today, 2018, 21: 241-264.

[2] 刘之光. 纳米剪纸术及其光子学应用 [D]. 北京：中国科学院大学 (中国科学院物理研究所), 2018.

[3] Kuribayashi K, Tsuchiya K, You Zhong, et al. Self-deployable origami stent grafts as a biomedical application of Ni-rich TiNi shape memory alloy foil [J]. Materials Science and Engineering A, 2006, 419: 131–137.

[4] Zirbel S A, Lang R J, Thomson M W, et al. Accommodating thickness in origami-based deployable arrays [J]. Journal of Mechanical Design, 2013, 135: 111005.

[5] Overvelde J T B, Jong T A, Shevchenko Y, et al. A three-dimensional actuated origami-inspired transformable metamaterial with multiple degrees of freedom [J]. Nature Communications, 2016, 7: 10929.

[6] Wang Z, Jing L, Yao K, et al. Origami-based reconfigurable metamaterials for tunable chirality [J]. Advanced Materials, 2017: 201700412.

[7] Jing L, Wang Z, Zheng B, et al. Kirigami metamaterials for reconfigurable toroidal circular dichroism [J]. Npg Asia Materials, 2018, 10: 888-898.

[8] Li M, Shen L, Jing L, et al. Origami metawall: mechanically controlled absorption and deflection of light [J]. Advanced Science, 2019: 201901434.

[9] Le D H, Xu Y, Tentzeris M M, et al. Transformation from 2D meta-pixel to 3D meta-pixel using auxetic kirigami for programmable multifunctional electromagnetic response [J]. Extreme Mechanics Letters, 2020, 36: 100670.

[10] Xu H X, Wang M, Hu G, et al. Adaptable invisibility management using kirigami-inspired transformable metamaterials [J]. Research, 2021: 9806789.

探索原子世界的凝固形核

——从电子衍射到人工智能

雷岳峰　牛　硕　牛海洋

寒冬腊月，宁古关外，白雪皑皑……

士卒："报！将军，紧急军情！敌军来袭，距离我城池已不足30里。"

参将："将军，城内兵力不足一千，而敌军足有十万兵力，敌众我寡，我们该如何应对？"

将军："莫慌，我自有应对之法。让你准备的东西准备好了吗？"

参将："将军，整整几十口大缸，均已放置于城墙之上。"

将军："好！"

……

士卒："报！将军，敌军距我城池仅剩10里。"

将军："吩咐下去，速取新鲜井水灌满水缸。"

……

城墙外黑压压的军队，气势逼人。城墙上，将军："不要妄动，待敌军布梯攻打城墙之时将所有水倒下。"

士卒不解。

当敌军攻城时，几十缸的水倾泻而下，只见当水接触到城墙、梯子以及敌军时，水瞬间结成了冰。此时，守城军弓箭齐下，敌军节节败退。

士卒瞪大了眼，惊奇地问道："将军，倒下去的水，为什么瞬间就结冰了呢？"

将军哈哈大笑："学好生化环材，守护国土边疆。"

相信大家同士卒一样，脑袋里也装着大大的疑惑：流动的水怎么瞬间就结冰了呢？下面就让我们一起来探寻这种现象产生的原因。

水结冰其实是水的凝固形核过程的外在表现。所谓凝固，简单来说就是物质由液态转变成固态的过程；而形核是母相中由于局部结构、密度（或成分）及能量的起伏，使得母相出现尺寸超过临界值的新相团簇，进而形成可稳定长大新相晶核的过程。凝固形核现象在日常生活中很常见，比如说秋天树叶上的霜，冬天河里的冰，工厂里流淌的铁水变成铁块，这些都是凝固形核的最终形态。水结冰是生活中最常见的凝固形核过程，但想让液态水分子由“活蹦乱跳”变得“安安分分”，也不是轻而易举能够实现的，需要满足一定的条件。

物质凝固形核的先决条件

1. 过冷度

液态物质的形核往往不会在其理论结晶温度（T_m，即物质的熔点）下发生，其实际结晶温度是低于理论结晶温度的，也就是说，形核需要一定的过冷度（实际结晶温度与理论结晶温度之间的差值），它能为形核过程提供驱动力，过冷度越大，驱动力就越大，液态物质就越容易形核。图 1 为晶体物质凝固过程中的冷却曲线，横坐标代表冷却时间，纵坐标代表温度。当温度降低到理论结晶温度 T_m 时，物质并没有发生形核，随着温度继续降低至实际结晶温度 T_n，也标志着物质达到凝固所需要的过冷度（驱动力），便开始形核。

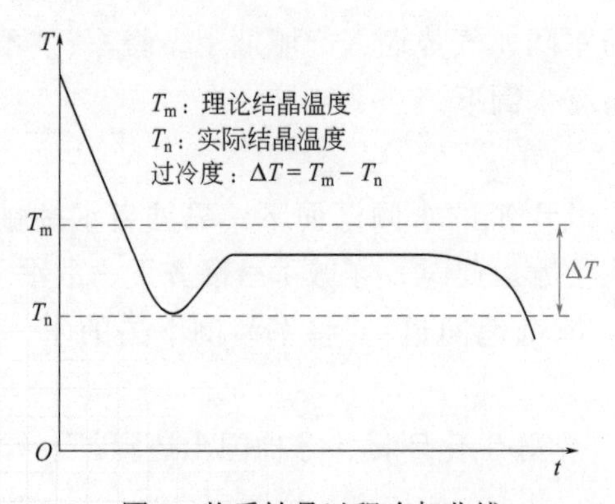

图 1　物质结晶过程冷却曲线

随后可以看到温度有所上升，这是因为物质由液态向固态转变的过程中会释放一定的热量，也称为结晶潜热。但是，足够大的过冷度只是发生形核的先决条件，在实际结晶过程中，还需要其他条件来进行辅助。

2. 结构起伏

液态物质中存在着少量原子排列规则的近程有序原子团，无论是近程有序还是无序的区域都在不停地变换着，这些不断变换着的有序原子团与那些无序原子形成动态平衡。高温下原子热运动较为剧烈，近程有序原子团只能维持短暂时间即消散，而新的原子团又同时出现，时聚时散，此起彼伏，这种结构的不稳定现象称为结构起伏或相起伏。结构起伏现象是液态物质结构的重要特征之一，它是产生晶核的基础。在一般的凝固过程中，晶胚在固相基底（如容器表面、杂质等）上更容易形成，即形核可以在较小的过冷度下发生，这一凝固形核过程一般称为异质形核。对于纯水（近似）来说，其杂质较少，晶胚在产生的过程中没有可依附的基底，需完全依赖于自身的团聚，因此其形成过程较艰难，需要较高的过冷度（-40℃左右）为其提供足够的形核驱动力才能结冰，这类凝固形核过程也被称为均质形核。

3. 能量起伏

由于原子团产生的晶胚并不稳定，需要一定的能量来促使晶胚进一步长大，这就需要能量起伏。能量起伏是指体系中每个微小体积元实际具有的能量偏离体系平均能量水平而瞬时涨落的现象。

当了解到上面的知识后，相信我们就可以帮助士卒解决疑惑了：之所以缸里的井水没有结冰，而将水尽数倒下后，便在城墙上、梯子上、敌军身上立刻结冰，是因为井水为较纯净的水，其内部杂质较少，即使其拥有较大的过冷度，但仍难以生成晶胚，而将其倒出后，水便拥有了足够的基底进行形核，因此瞬间便会结冰。

我们可以控制凝固形核的过程吗

当了解了这样一个非常有趣的水的凝固形核现象后，相信大家对于凝固形核知识也有了初步的了解。实际上，凝固形核在材料学科领域中占据着非常重要的位置。大多数相变都要经历形核过程，形核作为一级不连续相变的起点和后续生长的先决条件，对材料结构或组织的形成及最终产品的性能具有决定性的作用。深入研究凝固形核不仅对理解蒸汽凝结、水结冰、矿物形成等常见自然现象有重要意义，而且在金属凝固、食品加工、药物制备、生物医学等现代工业中有着广泛应用。对工业中常见的凝固相变而言，形核不仅是现代凝固理论的重要组成部分，更是材料凝固微观组织控制的基础，决定了许多先进材料的制备工艺，如高品质晶体、大块非晶、超级钢等。因此，形核过程、机制及其控制一直是材料科学和凝聚态物理等科学领域中最重要的课题之一。

实现对凝固过程的控制是人们长期追求的目标，其历史可以追溯到公元前 4000 年前后标志人类文明进程的铜器时代，铜器的铸造就是一个典型的凝固过程。在科技、社会不断发展的过程中，人们对于凝固过程的机理有了更加深入的理解，形成了适用范围广、实用性强的各种凝固技术。

凝固技术以凝固理论为基础，是对各种凝固过程控制手段的综合应用。其目标是以尽可能简单、节约、高效的方法获得具有预期凝固组织的优质制品。凝固过程的控制是通过对各种传输过程和物理量的控制实现的，可控制的主要传输过程包括传热、传质（溶质扩散）和动量传输（对流），此外也可通过采用调节重力场、电磁场等实现凝固过程的控制。这些过程和场量在凝固过程中的变化规律和交互作用决定着凝固的进程、组织形态和成分分布。

凝固过程之所以能够进行，在于液态物质内所含有的热量能够及时导出。因此，热量传输过程控制是凝固过程控制的首要因素。当液态物质经历较均匀的冷却过程可以得到形状相对规则的固态晶粒，若将散热强制控制在一个方向上，凝固过程就会沿温度梯度的方向定向进行，进而获得定向凝固组织。

在合金凝固过程中，由于合金元素在液相和固相中的化学位不同使得析出固相的成分不同于原始液相，合金元素在凝固界面发生重新分配，同时造成固相和液相内成分的不均匀而发生扩散过程。该再分配过程及扩散过程不仅会引起溶质元素在宏观或微观尺度内的分布不均匀，而且对凝固组织有决定性的影响。溶质传输过程是和凝固方式密切相关的。

凝固过程中，由于液相成分和温度的不均匀造成合金液密度的不均匀，从而引起合金液的流动，称为自然对流。该对流又反过来对温度分布、溶质分布及凝固组织产生影响。恒定的电磁场可以抑制自然对流，而交变磁场可以施加强制对流。对这两种电磁场的合理利用可有效地进行凝固过程、凝固组织和成分偏析的控制。

通过自由落体、快速加速和减速运动（如飞行过程）、离心运动、太空条件的利用可改变重力加速度的数值，达到控制凝固过程的目的。

凝固技术的进展除了反映在人们对传统铸锭和铸件凝固过程进行优化控制使其质量得到提高外，还表现在各种全新的凝固技术的形成。如定向凝固、快速凝固、连续铸造、连铸连轧、半固态铸造、铸造法复合材料制备技术、电磁铸造、微重力凝固等。这些凝固技术不仅使得传统材料性能得到超常的发挥，还推动了各种新材料的研制和发展。其中微重力凝固已成为凝固过程控制的前沿课题。

随着科学技术的不断进步和交叉学科研究的进展，凝固技术也将不断产生新的生长点。在不远的将来，可望取得较大进展并获得工程应用的凝固技术可能来自以下几个方面。

① 从节能、节约材料和加工工时的角度出发，发展直接获得近终形产品（铸件、型材等）的凝固技术。这些产品在凝固过程完成后将不需加工或仅通过简单的处理、裁剪即可使用。

② 利用凝固技术制备具有复杂组织和相变过程的新材料。凝固技术将成为实现材料成分与组织设计新思路的重要手段。

③ 对液态金属结构的进一步研究揭示，可能通过新的物理或化学方法对合金溶液进行预处理，达到控制凝固组织的目的。

④ 采用新的加热和制冷方法对凝固过程的热平衡条件进行更有效的控制。

在各种先进凝固技术的加持下，传统材料的性能得到了飞跃式的提升，具有划时代意义的新材料也层出不穷。在对宏观上的凝固过程有了一定的了解后，我们就可以向微观原子世界继续探索，了解凝固过程中的根本问题——原子是怎样聚集形核的呢？

原子世界在现实世界的投影

为了更好地理解凝固形核过程，真正观察到凝固形核现象，近十年来，科学家们不断寻求有效的实验方法，试图去真正解释形核现象。Miao Jianwei 等人通过原子电子层析成像技术（AET，见图 2），利用铁铂（Fe-Pt）纳米颗粒作为模型系统，对早期成核进行了 4 个维度（包括时间）的研究，首次通过实验在原子尺度下观察到了材料的凝固形核过程（图 3），是凝固形核研究的代表性进展之一[1,2]。

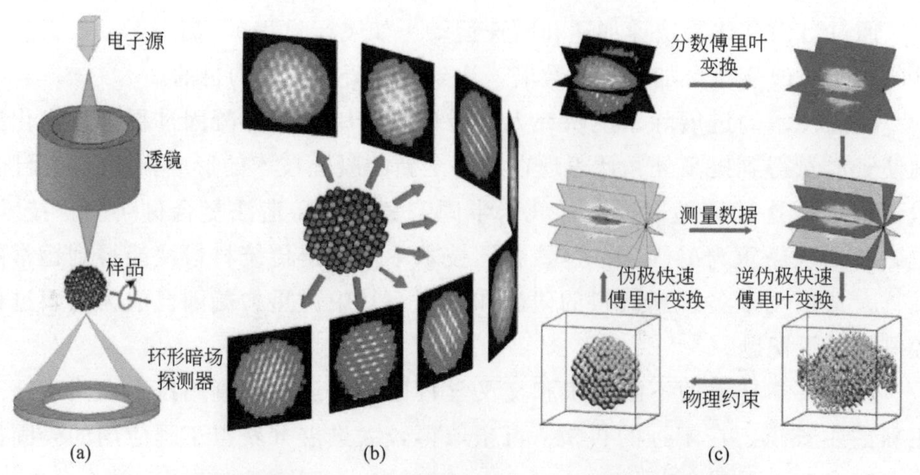

图 2　原子电子层析成像技术（AET）原理示意图

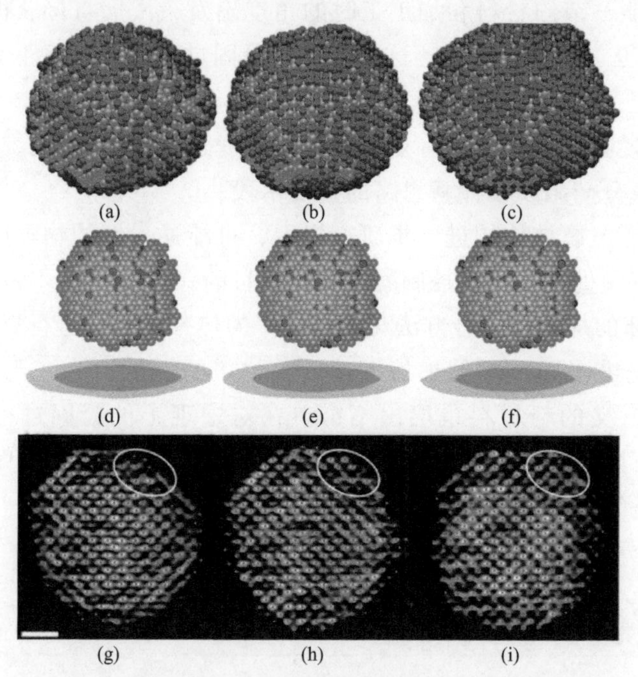

图 3　采用 AET 技术拍摄的原子形核过程示意图

让我们换个视角深入凝固形核的微世界

21 世纪以前，科学家主要通过实验手段对材料的凝固过程进行研究，但凝固过程中原子的运动过程发生得非常迅速，在极其短暂的时间内观察到其动态行为相当困难，并且由于原子尺寸较小，想要清晰地观测到原子尺度下的材料凝固形核过程，对实验设备的空间分辨率提出的要求也达到了几乎难以企及的高度。在这种情况下，科学家逐渐将视野转向了原子尺度下的计算机模拟。

如今，在凝固形核领域，计算模拟方法主要包括第一性原理计算和经验势场方法（例如经典分子动力学及经典蒙特卡罗方法）。第一性原理计算指的是根据原子核和电子相互作用的原理及其基本运动规律，运用量子力学原理，从具体要求出发，经过一些近似处理后直接求解薛定谔方程的算法。在进行计算的时候，除告诉程序你所使用的原子和它们的位置外，没有其他实验的、经验的或者半经验的参量。而在经验势场方法中，我们并不在模拟中通过量子力学直接求解薛定谔方程，而是先做一系列的测试拟合，把这些相互作用拟合成一个经验的势函数，实际的模拟过程则遵循经典力学。

依托计算模拟方法，形核问题研究不断取得突破。2002 年，日本学者 Ohmine 等人在 *Nature* 上发表了一篇名为 *Molecular dynamics simulation of the ice nucleation and growth process leading to water freezing* 的文章，引起了科学家们的广泛关注[3]。在这篇文章中，作者开辟性地采用分子动力学模拟方法得到了原子世界里纯水结冰的过程（图 4），使得在原子层面上来观察凝固形核过程这一“不可能成功的事”成为了可能，同时也使以分子动力学为代表的计算模拟方法在材料凝固形核研究上迈出了一大步。

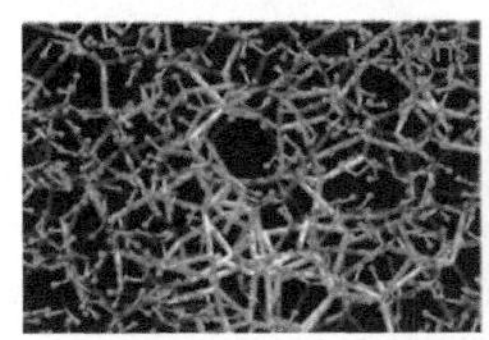
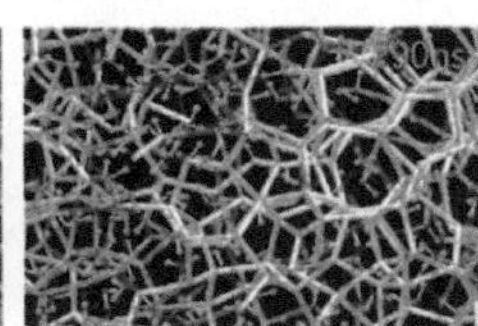
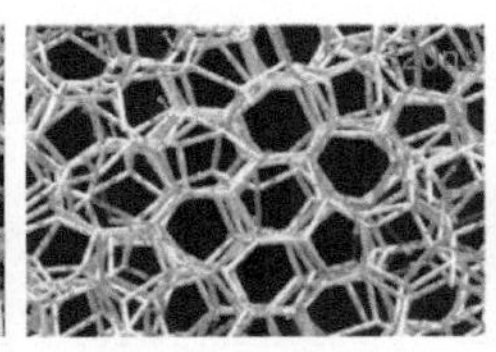
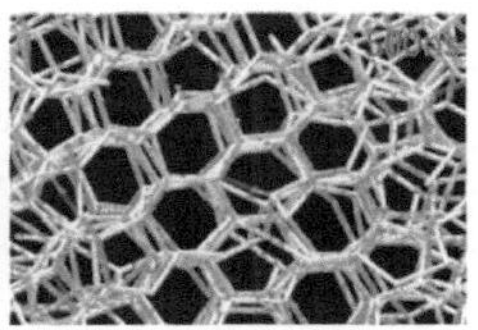

图 4　原子世界下水的结冰过程

人工智能助力凝固形核过程研究

正如前面提及的，计算模拟的方法为科学家提供了窥探原子世界的视角，然而，随着科技的不断进步，人类对原子世界里凝固形核的认识又提出了新的要求，那就是提升计算模拟的精度。在前面提及的两种方法中，第一性原理的优点在于其精度较高，但计算周期往往过长，而经验势场的计算周期短，但其精度又很低，两者在精度以及周期上难以均衡，在实际计算过程中往往难以得到实际应用。随着研究的不断深入，机器学习的方法逐渐进入大家的视野。

机器学习，著名的计算机科学家、机器学习研究者，卡内基梅隆大学的 Tom Mitchell 教授曾这么定义它：对于某类任务 T 和性能度量 P，如果一个计算机程序在 T 上以 P 衡量的性能随着经验 E 而自我完善，那么我们称这个计算机程序在从经验 E 中学习。我们可以用一个简单的例子来解释它。

杰瑞很喜欢歌曲，他喜欢或者不喜欢一首歌，往往通过歌曲的节奏和强度进行判断，他更偏爱节奏快、强度高的歌曲。我们现在把节奏和强度作为评判标准，把节奏变量放在 x 轴，由慢到快，把强度变量放在 y 轴，由弱到强，假设每一个点代表一首歌曲，那么绿色的点就代表杰瑞喜欢的歌曲，红色的点就代表杰瑞不喜欢的歌曲，我们把这些“经验”输入计算机中，并不断给它输送新的歌曲，当它出错时，杰瑞就会给予纠正，当输入的歌曲样本足够多之后，我们输入一首新的歌曲，它就能判断出来这是否是杰瑞喜欢的歌曲，这就是机器学习，如图 5 所示。

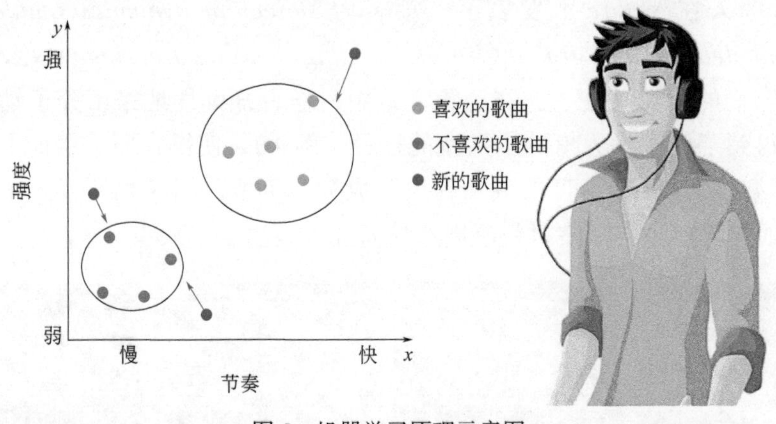

图 5　机器学习原理示意图

机器学习算法不仅能让人工智能处理输入数据，还能在大数据中集中寻找模式和相关性，从中学习，并做出自主预测和决策。与基于经典或量子力学计算的传统模拟方法相比，人工智能和机器学习方法可以将材料科学的模拟提升到一个新的水平。

2020 年，来自美国普林斯顿大学的 Roberto Car 教授、我国科学家鄂维南院士及其团队，通过机器学习实现了超过 1 亿个原子的第一性原理精度的分子动力学计算模拟，在该领域为所有科学家开辟性地打开了一扇窗 [4]，并因此获得了 2020 年的戈登贝尔奖。西北工业大学研究团队采用上述研究思想成功构建出第一性原理精度的金属镓势函数。如图 6 所示，从理论上破解了金属镓的深过冷特性以及其 α 相和 β 相在凝固过程中的竞争之谜 [5]。

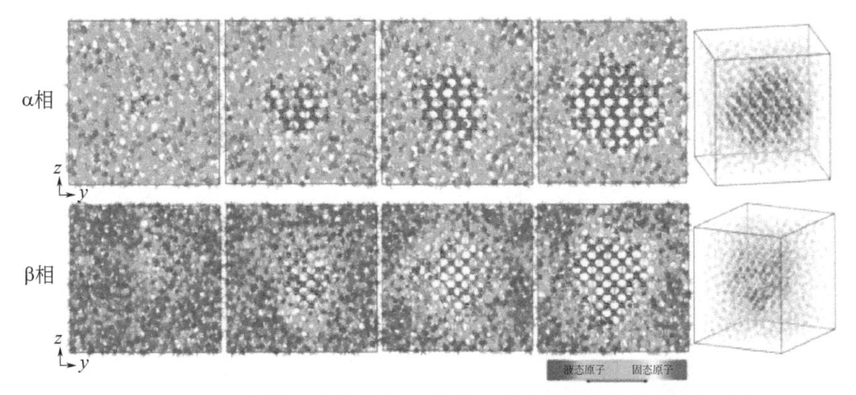

图6　基于机器学习高精度势函数分子动力学模拟获得液态金属镓α相与β相在原子尺度下的凝固形核过程

虽然从模拟研究手段来看，当前的原子尺度计算模拟技术，由于计算空间和时间尺度的限制，实现真实体系的形核模拟仍是不小的挑战，这也造成人们对晶体是如何从无序的液相中形成的这一根本性问题的认识还相当有限。但是，随着近年来大规模高性能计算技术的成熟及高效原子尺度计算模型的兴起和人工智能方法的引入，凝固形核的原子尺度数值模拟研究取得了很多重要的突破。同时，我们还应该认识到，形核本身是一个非常复杂的过程，原子尺度上的数值模拟作为当前理解这一复杂过程最有效的手段之一，未来仍需在可描述形核过程的定量模型及其高效数值算法、形核过程的结构转变机制、异质形核机理与控制以及多元多相体系的形核过程等方面做进一步研究，为深入理解凝固形核过程进而调控凝固组织及提高材料性能打下基础。

参考文献

[1] Miao J, Ercius P, Billinge S J L. Atomic electron tomography: 3D structures without crystals[J]. Science, 2016, 353: 2157.

[2] Zhou J, Yang Y, et al. Observing crystal nucleation in four dimensions using atomic electron tomography[J]. Nature, 2019, 570: 500-503.

[3] Matsumoto Masakazu, Saito Shinji, Ohmine Iwao. Molecular dynamics simulation of the ice nucleation and growth process leading to water freezing[J]. Nature, 2002, 416: 409-413.

[4] Jia W, Wang H, Chen M, et al. Pushing the limit of molecular dynamics with abinition accuracy to 100 million atoms with machine learning[C]//SC20: International Conference for High Performance Computing, Networking, Storage and Analysis, 2020: 1-14.

[5] Niu H, Bonati L, Piaggi P M, et al. Ab initio phase diagram and nucleation of gallium[J]. Nature Communications, 2020, 11: 2654.

铁电材料

——百年筑梦，探索对称破缺之美

周　飞　曲　图　朱景川

铁电材料的诞生

铁电材料？含铁的材料？还带电？不不不，可不能这么理解。铁电材料是指具有铁电效应的一类材料。那么问题来了，铁电效应是用铁来产生电吗？当然不是。时光追溯到 1920 年，法国人瓦拉赛克在美国明尼苏达大学的实验室中辛勤探索，想要开发一种地震仪来测量地震中的震动，他想知道是否可以通过压电晶体来实现这一点。这种晶体具有独特的性质，在受到挤压时会产生电信号。他手边有的压电材料是一种单晶物质，这种物质提取自葡萄酒，被称为“罗息盐”。当瓦拉赛克把这种材料的样品放在电场中时，他注意到出现了不寻常的现象：材料的电极化强度（内建电场）并不随着电场的撤销而消失，而是在电场为零时仍然保持着很大的电极化强度，而普通材料的电极化强度则会随着电场的撤销而消失，这就是铁电现象（图 1）。这一现象与磁性材料（铁磁体）的磁极化性质随着磁场强度的变化一致，唯一的不同之处在于，铁磁体的磁极化性质演变是相对于磁场而言，而铁电体的电极化性质演变是相对于电场的变化。于是，研究人员把这类材料命名为“铁电材料”。

虽然瓦拉赛克发现了“罗息盐”区别于普通物质的特性，不过瓦拉赛克并不知晓这就是铁电现象，其科学意义和应用价值也一直被忽视。直到第二次世界大战期间，另一种铁电材料钛酸钡（$BaTiO_3$）的发现，才进一步地推动了这一领域的发展。相较于“罗息盐”，$BaTiO_3$ 不溶于水且具有更好的化学稳定性和电学性质，被认为是制造高能量密度电容器的理想材料。然而，起初的研究人员并没有将 $BaTiO_3$ 与铁电材料联系到一起，直到第二次世界大战结束，研究人员才意识到它是一种铁电材料，其电学性质展现出典型的铁电现象。随后，各种氧化物铁电材料如雨后春笋般涌现出来，到 20 世纪 50 年代末，已有上百种不同的氧化物铁电材料被陆续发现。这些材料中的大部分具有同一种晶体结构——以氧八面体为基本单元的钙钛矿结构。

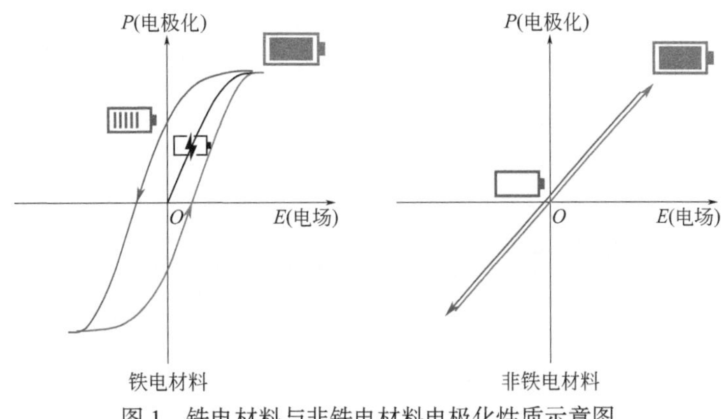

图 1　铁电材料与非铁电材料电极化性质示意图

自发电极化的秘密

同样是原子按照一定规律排列，为何只有铁电体具有特异的电极化性质呢？要想揭示其根源，我们必须从原子层面来探寻其中的奥秘。以典型的钙钛矿结构铁电材料为例，当在某一特定温度条件下（高于铁电居里温度 T_c）时，材料原子排列保持中心对称，材料的电负中心位于晶体结构的中心位置，以结构中心为原点保持空间电荷分布的平衡对称性，就如同一个装有同等质量和数量电荷的天平，不存在偏向某一方的电荷极化 [图 2（a）、（c）]，此时材料与其他普通电介质材料一样，不具备铁电性；当材料所处的环境温度小于 T_c 时，材料的晶体结构将发生位移型相转变，中心原子因相变沿某一方向移动偏离氧八面体中心位置，打破了空间电荷的对称分布，此时天平开始倾斜（即发生对称性破缺），产生了偏向另一方的自发电极化 [图 2（b）、（d）]，这简单的自发电极化，看似平淡无奇，却有大作用。

材料中原子堆垛结构对称性破缺的发生也是有必要条件的：首先是材料需要具有特定的晶体结构，在 32 种空间点群的对称类型中，只有 10 个不具备反演对称中心的点群具有这样的潜力；另一个关键要素则是材料所处的环境温度。铁电体普遍对温度具有敏感性，随着温度的升高，均会经历一系列的相结构转变，其中起决定因素的便是 T_c，当温度超过 T_c 时，铁电性便会消失（铁电相转变为顺电相），这导致大部分的铁电体都不畏严寒，却非常怕热。因此，寻找最不怕热的铁电体成为科学家长期努力的目标。

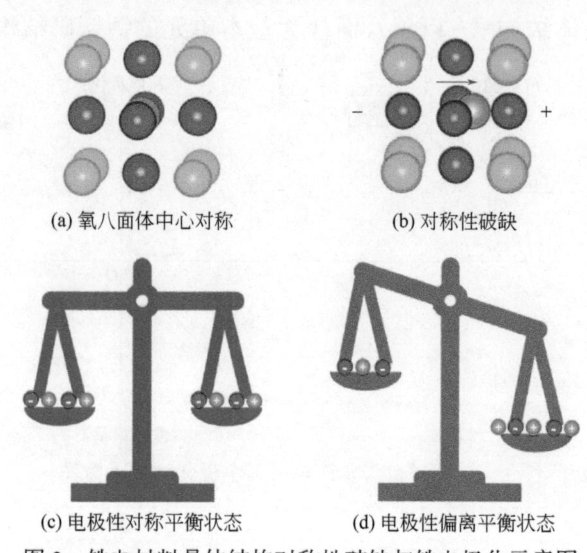

(a) 氧八面体中心对称　(b) 对称性破缺

(c) 电极性对称平衡状态　(d) 电极性偏离平衡状态

图 2　铁电材料晶体结构对称性破缺与铁电极化示意图

给我压力——还你电力

不同于非铁电材料，某些铁电体的性格具有与生俱来的倔强，在遭受到压迫时，会毫不犹豫地做出抵抗，而它抵抗压迫的方式则是在自身的表面释放电荷，这一现象名为“压电效应”。压电效应是一个可逆的过程，压力变形可以使得材料表面产生极化电荷；反之，给材料施加电场会使得材料自发地产生位移形变。这种可实现机械能与电能相互转换的能力是铁电体最早得到应用的性质，在过去的几十年里，被广泛地应用于电 - 力、电 - 声耦合器件，例如压电传感器、压电谐振器、声呐等（图 3）。压电材料的应用在我们日常生活中也是随处可见的，例如打火机的点火器，其工作原理如图 3 中虚线框示意图所示。整个点火器类似一个小型压力电容装置，其核心的工作部件便是两片极化方向反置的压电陶瓷，当按压触动施压机构时，压力施加到压电陶瓷片上导致陶瓷产生压缩变形，继而在陶瓷上下表面产生电荷，电荷通过中心铜片传输至高压引线顶端实现瞬时放电。

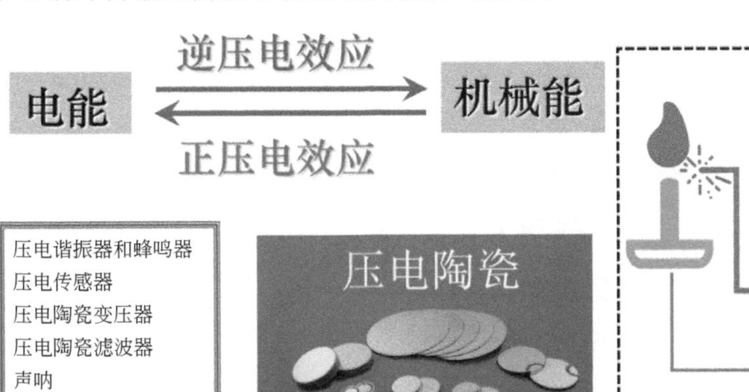

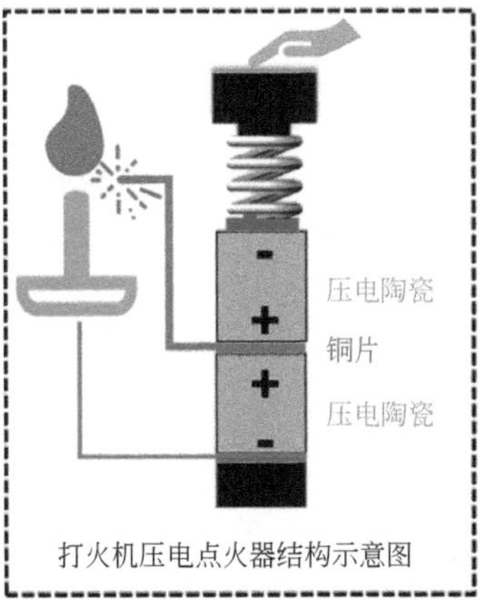

图 3　压电陶瓷工作原理及应用

进入 21 世纪，电子器件的小型、微型化的需求也促进了微米、纳米尺度压电材料科学研究及相关应用的发展。2001 年，哈佛大学的派克教授团队以及佐治亚理工大学的王中林教授团队采用水热反应合成的方法，分别合成了钙钛矿结构的 $BaTiO_3$ 纳米线和闪锌矿结构的 ZnO 纳米带，开启了压电材料纳米技术应用的新篇章。通常来说，纳米线的直径只有几十纳米，比头发丝还细小 1000 倍，已经远远超过肉眼可见的极限，如何将如此细小的材料做成可操作的电子器件成为纳米铁电体面向实际应用的关键。为了实现这一目标，在接下来的几年里，该领域学者不断探索新的合成工艺，并尝试新的材料体系。单根纳米线的能力是很有限的，就像是一根筷子容易折断，而一把筷子合在一起便很难折断一般。基于这样的思考，采用特定的工艺将纳米线垂直排列，形成纳米线阵列，这样既克服了纳米尺度器件制备的困难，又能集成众多纳米线的机 - 电转换能力，进而达到实际应用的程度。2007 年，王中林教授团队成功制备出了第一台纳米发电机，如图 4 所示。该纳米发电机由数以万计的纳米线随机排列形成的阵列作为核心单元，通过超声波谐振力驱动，受力变形的 ZnO 纳米线两端在力驱动下产生极化电荷，电荷经上下表面导体收集而产生电流。纳米发电机的诞生具有非常重要的意义，作为纳米发电系统的雏形，它可以用于收集机械能，应用于我们日常生活的方方面面。例如，运动过程中人体产生的能量的收集、车辆运转过程中额外能量的收集、流体压力能量的收集，甚至是血液流动过程中脉搏振动能量的收集。我们可以畅想在不远的将来，在鞋底集成完备的压电发电机系统和电力无线传输系统，可以一边走路一边为我们身边的电子设备充电，如为手机、智能手表或蓝牙耳机充电。

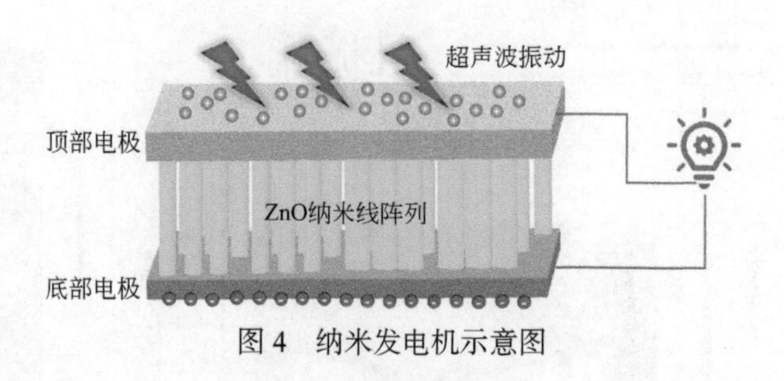

图4　纳米发电机示意图

太热也发电

倔强的铁电材料也不太喜欢酷热的夏天。人们在烈日下工作时会通过排汗来调节身体的温度，而铁电材料是不能流汗的，那么它是如何来表达对炎热天气的意见的呢？答案是——热释电。当环境温度发生改变时，铁电晶体的自发极化强度也会随温度改变，原本处于平衡状态的铁电晶体便会产生过剩的极化电荷（图5）。这与铁电体在受到压力时展现的压电效应类似，不过热释电存在的形式更加丰富，除材料受热膨胀变形导致表面产生极化电荷外（二级热释电效应），铁电体自发极化强度随温度的变化也直接对热释电效应做出贡献（一级热释电效应）。

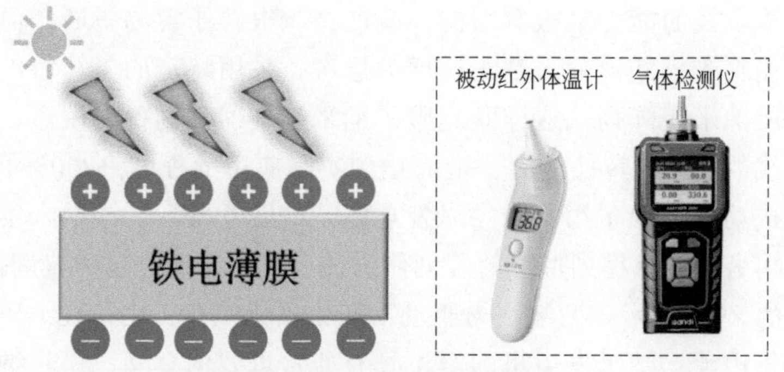

图5　热释电示意图及其应用

铁电体怕热的体质虽然给它带来了困扰，但它的这一特质却为我们的生活带来了很大的便利。利用它对红外热辐射的敏感性，工程师把它集成到电子体温计中，只需轻触电子按键，便可获得体温的即时读数。有了它，我们再也不需要使用传统的水银温度计等上 5min 的时间才能获得稳定的体温读数。除了贴近我们生活的电子体温计，铁电体的热释电性也被广泛应用于各种气体探测中，如汽车尾气探测仪、甲烷探测仪等。

快速地记录生活的点点滴滴

我们对于人类文明的发展有明确的认识，都源于人类先祖用智慧学会了记录生活中的点点滴滴，而承载这些记录的载体，伴随着时代变迁，也在不断地进步。从原始社会的结绳记事，到千年前的甲骨刻文，再到造纸术的发明，每一次信息存储方式和技术的进步，都承载着历史的变迁和世间的沧海桑田。进入近现代社会，科学技术革命性的大爆发给人们的生活带来了质的改变，而人类存储信息的方式也从单纯的文字和图像变得更加复杂，存储介质也逐渐多元化。从 18 世纪末期的纸带打孔到 20 世纪磁带、磁盘和光盘的应用，一系列新型存储介质的出现极大地提升了信息存储的效率。1947 年，美国贝尔实验室的肖克利等人发明了晶体管，掀起了 20 世纪一场至关重要的技术革命，它的出现意味着信息时代就此到来。存储器作为现代信息化设备的核心组成部件，经过几十年的飞跃式发展，磁性材料和半导体材料及其先进的工艺技术逐渐占据了集成电路信息存储介质和方法的主导地位。

在计算机信息存储的框架下，无论是以磁性材料为介质还是采用半导体材料作为存储介质，它们都基于同一个根本运行机制，那便是存储单元对于二进制“0 和 1”信号的电或磁的反馈，而铁电材料与生俱来就具备处理二进制“0 和 1”电信号的能力。如图 6（a）所示，铁电体的自发极化偏振方向可以通过施加反向的电场实现翻转，实现“0 和 1”的电信号反馈，完成极化反向的原子在没有外部电压激励的情况下无法移动，意味着铁电存储介质在外部电场为零时仍然保持着上一步极化状态，因此铁电存储器对数据的保持不需要外部供电，也无需进行周期性的刷新。那么采用铁电材料存储的信息具体是什么形态呢？我们采用导电原子力扫描探针在 $KNbO_3$ 二维晶体表面刻录了代表性的字符试样，刻录条纹的宽度约为 50nm，刻录区域与未刻录区域存在明显的电势相位差，这种电势相位差可以通过收集电信号反馈形成图像[图 6（b）]，这便是铁电材料存储信息的方式。与此同时，铁电存储器利用的是铁电材料固有的偏振极化特性，与电磁耦合相互作用无关，故而铁电存储器不会受到外界磁场因素的干扰，是一种高稳定性的非易失性存储介质。

过去的半个世纪，铁电信息存储材料和相关制备集成技术一直是该领域研究的热点，同时也是几个国际领先半导体企业重点攻关的方向。

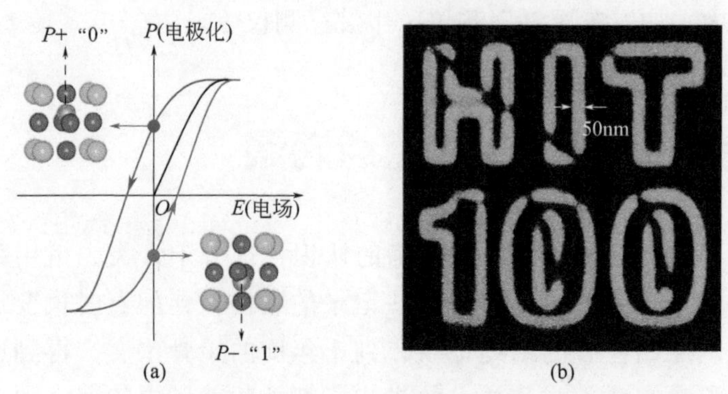

图 6　铁电材料处理二进制“0”和“1”电信号的能力：
(a) 铁电体电极化偏振翻转示意图；(b) 原子力探针读写 $KNbO_3$ 二维晶体上的信息

随着铁电材料的研究和相关制备技术的日趋成熟，使得铁电存储器的开发和应用成为可能。1993 年，在众多材料和系统集成设计人员的共同努力下，美国 Ramtron 公司成功开发出了第一个 4000bit 的铁电存储器，相比于传统的非易失性存储器，铁电存储器具有更高的读写速率（约 150ns）和耐久性（约 10 万亿次），其功耗也仅为传统非易失性存储器的 1/400。通过不断的技术革新和应用验证，铁电存储器的容量及应用温度都得到了大幅度的提升。近期，日本富士通公司成功开发了 4Mbit 的铁电存储器并实现量产，该铁电存储器的应用温度提高到 125℃并能经受辐射环境的考验。目前，铁电存储器件已经被成功应用到汽车智能系统、工业机器人自动化控制信息系统、高端医疗装备及卫星信息存储系统等（图 7）。

那么问题来了，既然铁电存储器具有诸多优于传统存储介质性能的表现，它是否可以用作数据处理并取代 Si 基半导体材料呢？现实的情况是，虽然铁电材料电极化的翻转切换只需要几纳秒，但这样的速度对于数据处理而言还是太慢，且会消耗较大的电量。不过科学家们并没有灰心，加利福尼亚大学伯克利分校的莱恩 · 马丁领导的科研团队正在为了实现这一目标而努力探索，他们通过对一系列铁电材料测试，发现将铁电存储器的正向极化状态切换至一个中间状态，再进一步切换至反置状态所需要的时间比直接将铁电存储器从正向切换至反向的时间快了 2 ～ 3 倍，且所需的驱动电压也得到了大幅的降低。通过将铁电存储器与硅基芯片集成，我们就看到能够同时完成数据处理并实时进行信息存储的铁电器件（图 8）。这种将计算处理与存储结合为一体的器件更加高效节能，而且不会造成数据的断电丢失，为我们的工作和生活带来更多的便利。

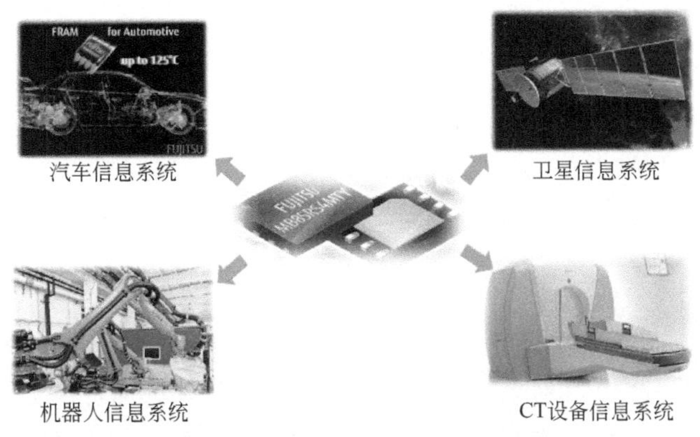

图7 处理器和存储器的一体化

图8 处理器和存储器的一体化融合

对称性破缺的尺度再小一点，会怎样呢

普通的铁电材料对称性破缺是原子尺度的，如果让其对称性破缺再缩小一个尺度，会是怎样的结果呢？而这个更小的尺度便是组成原子的电子。每一个原子由一个原子核和固有的外壳层电子构成，这些电子就像是行星围绕太阳公转一般，做着规律的运动。每一个电子都有一个固定的旋转方向（向上或向下），当外壳层电子为偶数时，具有向上旋转和向下旋转的电子数各占总电子数量的1/2，此时电子处于动态平衡状态；而当材料的外壳层电子数量为奇数时，无论系统的电子如何平衡，总会有一个电子找不到与它反向旋转

匹配的小伙伴，造成了外壳层电子自旋状态的对称性破缺，孤零零的它是忍受不了这种寂寞的，于是，它赋予了原子磁性。

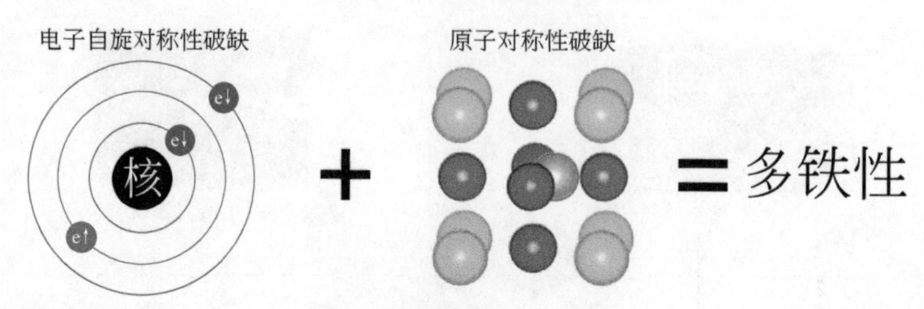

图 9　多铁性融合示意图

如果组成铁电材料的原子里也有这样的孤独者，那么更加有趣的事情就发生了。此时，铁电材料就同时拥有了两个尺度的对称性破缺——原子和电子。换言之，这种材料将既拥有铁电性也兼具铁磁性，科学家给它取了个通俗易懂的名字——多铁性（图 9）。多铁材料的出现对于数据计算和数据存储将是革命性的，因为它将实现电和磁的跨尺度耦合，在同一种材料上既能利用磁场进行信息处理，又能利用电场对信息进行存储和操纵。这个概念在几十年前就被提出，然而到 21 世纪初才得以实现。最具代表性的就是 $BiFeO_3$ 材料，这种材料是一种典型的铁电材料，且其晶体内部电极化方向并非单一取向（铁电畴为多个取向）。2003 年，加利福尼亚大学伯克利分校的拉米斯教授团队在测量 $BiFeO_3$ 薄膜铁电极化实验时，发现当薄膜的厚度降低到 100nm 以下时，薄膜同时出现了明显的铁磁极化。不过在室温条件下，$BiFeO_3$ 薄膜中能获得的铁磁极化强度相对铁电极化较弱，尚无法达到实际应用的要求。探寻多铁材料之路存在着诸多的挑战，但也为广大的科研人员提供了未知的新机遇。

让光子学会一加一等于二

在光线五彩斑斓的世界里，每一个光子都承载着属于自己的能量，光子能量的大小赋予了其不同的色彩。有一天，两个具有相同能量的红色光子在空中畅游时，遇到了一块铁电晶体。晶莹剔透的铁电晶体瞬间就吸引了两个光子的目光，它们好奇地走进了这块铁电晶体里，于是奇迹发生了。当两个红色的小伙伴手牵着手穿过铁电晶体后，它们合二为一，再也分不开了，合体的光子能量实现了叠加，自身也变成了蓝色（图 10）。是什么导致了这样奇妙的现象发生呢？简单地讲，还是得溯源到铁电材料结构对称性的破缺，正是它的无限魅力俘获了光子的芳心，让两个光子甘愿合二为一。科学家给这个美妙的现象取了个学名——二次谐波激发，由于这一现象是光子与物质内部极化场非线性相互作用的体现，也被称为二阶非线性光学效应。光是一种电磁波，当一个物质对入射电磁波的电磁场响应不满足入射电磁场振幅的线性比例关系时，便会产生非线性的光学响应，这种响应在材料中是普遍存在的，根据其响应的机制不同，可以存在二阶、三阶、四阶甚至更高阶的非线性响应。然而，二阶非线性是非线性光学中的一个特例，仅存在对称性破缺的铁电极性材料才能激发二阶非线性的响应。

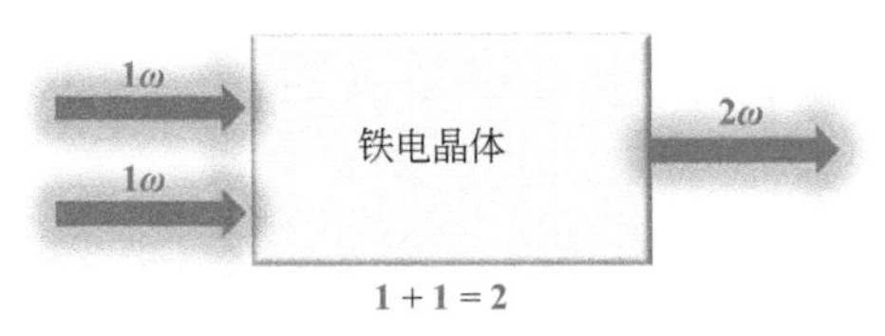

图 10　二次谐波激发示意图

由于二次谐波激发源于材料原子结构对称破缺，故而人们也经常采用二次谐波激发的光学表征技术来研究材料原子结构的对称性，预判材料是否具有铁电性，同时结合极性偏振的光谱表征，可以获得晶体的取向分布，被广泛地应用于纳米晶体取向探测以及铁电薄膜的生长测试。铁电晶体独特的光学倍频性质，也令其成为激光发生装置中必备的核心部件。除了二次谐波激发，铁电晶体还具有一些有趣的与光相互作用的效应，例如光折变效应和光伏效应，不过这些效应都不是铁电材料特有的，也与材料的对称性破缺没有直接的关联。光折变晶体对于实现光空间调制（全息成像）至关重要，而铁电光伏材料则是通过调制材料的能隙，尽可能地俘获可见光的能量，最终实现高效稳定的光 - 电转换。

百岁铁电，扬帆再起航

一个世纪的成长，让铁电材料从起初的一个概念慢慢地走进了我们生活，不经意间我们已经无法忽视它所扮演的重要角色。然而，新百年伊始，铁电材料站在新的起点向广大科研工作者吹响了集结的号角。随着材料研究理论的日趋成熟，材料制备表征技术的不断革新，以及计算模拟技术的广泛应用，一系列新的铁电材料和新颖物理现象被科学家们陆续发现。例如，有机杂化钙钛矿结构材料、无机卤族钙钛矿结构材料、界面工程诱导的拓扑极性半子和室温稳定的电极化斯格明子。铁电材料新体系和新现象的发现，为下一代光 - 电转换、信息存储器件的开发和应用注入了新的活力。铁电材料在各个应用领域留给我们的未解之谜还有很多，其中也不乏许多尚待解决的工程难题。百年的历练不是终点，铁电材料没有忘却初心，扬帆再起航，一往无前地奔赴下一个百年。

超浸润界面材料

王德辉　邓　旭

材料表面的润湿性

稳定状态下，自然界的物质通常以气、液、固三相（形态）存在，这三者中，任何两相或两相以上的物质共存时（不相混溶），会分别形成气 - 液、气 - 固、液 - 液、液 - 固、固 - 固，乃至气 - 液 - 固多相界面。通常将凝聚相（Condensed phase）与气相（或真空）之间的分界面定义为表面（Surface）。由于处在界面上的分子环境特殊，表现出许多独特的物理、化学性质，如表面张力（Surface tension）、毛细现象（Capillarity）、润湿现象（Wettability）等，研究者将这些界面性质赋予了科学的解释，并将其总结为表面浸润性，也称润湿性。润湿性是表面科学中的一个重要分支，也是材料表面的重要特征。液体对固体表面的浸润，是常见的界面现象，不仅影响自然界中动、植物的各种生命活动，而且对人类的生产和生活有着重要影响。理解和调控浸润性，即液体与固体表面的相互作用，已成为表面科学与工程研究的关键问题，影响着包括生命科学、化学化工、信息技术在内的诸多科学技术领域。在人类社会生活中，特别是在极端环境条件下，许多与表界面相关的科学问题仍未能得到有效解决，造成严重的经济损失，甚至带来毁灭性灾难。如图 1 所示，飞机、轮船、高压输电设备等遭遇严重的结冰，以及汽车车窗和后视镜起雾都可能导致人们的生命、财产受到严重威胁。而金属腐蚀和海洋生物黏附、原油污染、管道固 - 液输运阻力、太阳能电池板积灰、触摸屏残留指纹等现象则会增加能源输出、加重环境负担、降低生产效率等。因此，开发能够承受复杂环境挑战的固 - 液界面材料对人类的生存发展至关重要。

图 1　日常生活中因界面引发的诸多不利现象：(a) 飞机螺旋桨结冰；(b) 高压输电设备结冰；(c) 车窗玻璃起雾；(d) 金属材料被腐蚀；(e) 船底黏附大量贻贝；(f) 原油污染，导致鸟类羽毛被浸润；(g) 管道输运阻力增加能源消耗；(h) 太阳能电池面板严重积灰；(i) 屏幕残留指纹

设计制备具有特殊浸润性的功能界面材料，必须先对浸润性原理进行深入理解。随着特殊浸润性机制的不断揭示和界面材料的不断推陈出新，目前已经建立起了比较完善的浸润性理论体系。自然界植物或动物表面有趣的润湿现象的发现，加速了人工特殊润湿性表界面系统的发展。其中，仿生于荷叶的超疏水表面被研究得最为广泛，其独特的固 - 液界面性质，在表面自清洁、生物防污、防水抗结冰、流体减阻以及传热传质等领域展现出了巨大的应用潜力，并随之发展出了一系列如超亲水、超疏油等超浸润系统理论。以江雷院士团队等为代表的国内外广大研究群体在固 - 液界面材料研究领域建立了坚实的理论和应用基础，并取得了丰硕的研究成果[1, 2]。特殊浸润性表现出极端的润湿状态，可称为超浸润状态。在过去的 20 年里，极端润湿状态的研究报道越来越多[3,4]，主要包括空气中的超亲水（Superhydrophilicity）、超疏水（Superhydrophobicity）、超亲油（Superoleophilicity）、超疏油（Superoleophobicity）及超滑（Slippery）等性质；也包括水下超亲油、超疏油、超亲气（Superaerophilicity）和超疏气（Superaerophobicity）等性质；还包括在油中的超亲水、超疏水、超亲气和超疏气等性质。通过将刺激响应性材料与特殊微 / 纳米结构相结合，还可以实现上述润湿状态之间的智能切换。

开发制造具有特殊浸润性的功能界面材料，实现：①排斥各类液体；②可操纵流体；③在复杂、极端的环境条件下长效运行。这将对环境、能源和健康等领域产生广泛影响，然而这已被证明极具挑战性。自然界中，许多生命体衍化出精细复杂的表面结构，形成特殊的固 - 液相互作用，即特殊浸润性。这些生物能在特定环境中生存，表现出高度的环境适应性 [5-7]。例如，荷叶依靠表面的微 / 纳米结构捕捉空气，在固 - 液之间形成气垫，使得液滴极易滚落，表现出超疏水的性质。液滴在滚落的同时，可带走表面的污垢使表面保持清洁，这种自清洁（Self-cleaning）效应也被称为荷叶效应，如图 2（a）所示。跳虫（Springtails）是一种长期生活在土壤中的节肢动物，它们已经进化出双内凹纳米结构的皮肤，可防止土壤中的污水或有机液体浸润其躯体，如图 2（b）所示。猪笼草（Nepenthes）尽管不具备任何主动捕猎机制，却能成功“吞噬”昆虫。究其原理，主要是借助笼体口缘连续的微米级纹理，不仅能将笼中液体定向运输至口缘，还能长期锁住“润滑液”形成超滑表面，使昆虫被动滑落进入笼体，从而被“消化”吸收，如图 2（c）所示。此外，水黾的水上行走能力，蝴蝶翅膀对液滴的定向黏附性，以及沙漠甲虫、蜘蛛网和仙人掌的集水功能，都是生物体表面独特的微 / 纳米结构和固有的材料性质表现出来的特殊浸润性。

图 2　自然界中典型的超浸润表面：(a) 拥有自清洁功能的荷叶表面具有微 / 纳米结构；(b) 跳虫的躯体具有特殊的双内凹纳米结构，可防止有机液体浸润；(c) 猪笼草口缘的微 / 纳米结构充分灌入液体后展现出超滑效果，使“猎物”滑落到笼子里被“捕获”

受生物体为适应各种环境进化而来的特殊浸润性（巧妙的结构设计）的启发，广大科研工作者对生物体的浸润性原理进行深入研究，并通过结构仿生开发出许多新型功能界面材料，有望解决工业、农业和生物医学领域中的相关技术难题。例如，受部分鸟类通过长喙饮水的启发，利用光诱导液晶高分子管状体发生非对称变形，导致管内润湿液滴两端曲率压力不同，从而形成轴向力（毛细力），将液滴往较窄的一端推进，产生定向运动。研究人员基于该光诱导的毛细推力，开发出光控微流体泵（Micro-pumps），有望应用于微机械系统（MEMS）和化学工程等领域[8]。基于仿生设计原理，通过在硅片等基底表面制备出独特的拓扑微观结构，有效地将液滴前进边缘过剩的表面能转化为动能，打破了三相接触线钉扎；同时，增强后退方向的钉扎效应，阻止液滴的反向流动，提供了一种定向输运液体的新思路。这种功能表面不需要外部能量输入，并能实现几乎任何一种液体的快速、定向和长距离输送，被形象地称作新型拓扑流体"二极管"[9]。此外，研究人员通过向液滴中添加少量的表面活性剂，抑制了液滴撞击超疏水表面时的液滴飞溅行为。飞溅行为的抑制是因为加入的表面活性剂形成囊泡，在气-液界面聚集，导致液滴浸润性转变，从而抑制飞溅。这种效应可明显改善农药喷洒过程中液滴的飞溅，增强农药在农作物表面的附着，大大提高农药使用效率，并降低对土壤和水体的污染。

超疏水表面

在众多超浸润性当中，仿生于荷叶的超疏水表面因具有自清洁、低固-液黏附、保持干燥等多种功能特点，在过去几十年间得到了广泛关注和飞速发展，并展现出了诸多潜在应用，如图3所示。超疏水表面可应用于衣物等穿戴用品防止污水浸润，也能基于其自清洁能力，借助雨滴去除玻璃幕墙等透光介质表面沉积的灰尘。作为冷凝传热表面，由于凝结液滴在超疏水表面呈珠状形态，具有极低的固-液黏附力而容易从表面脱离。随着液滴的生长，相邻液滴合并释放表面能，引发液滴弹跳，促进冷凝液滴脱离表面，减小冷凝表面液滴的平均半径和覆盖率，强化传热传质。此外，由于水滴无法润湿且难以附着于超疏水表面，表面得以保持干燥，可用于材料及电子器件防水、防腐蚀；而凝结（聚）水滴的迅速脱离，又可实现表面的防雾、防冰（霜）功能。超疏水表面极低的固-液接触面积，表现出极小的表面黏附力和摩擦力，不仅能大大减少贻贝、海藻等海洋生物对船体表面的黏附；还能降低流体对船体的阻力。再者，由于超疏水表面疏水亲油，可开发油水分离材料；而其疏水亲气的特性，在排斥液体（如血液）的同时，又能保持气体通透，

实现物质在气 - 液之间的传递与交换，有望基于该特性开发新型人工肺膜。

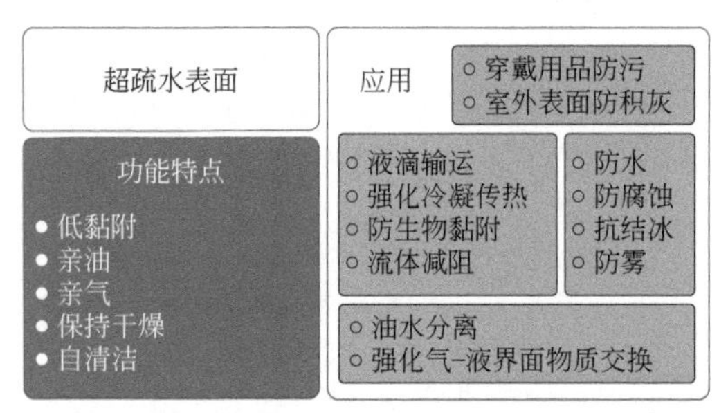

图 3　具有低黏附、自清洁、亲油亲气、保持干燥等多重功能的超疏水表面材料，在生命科学、海洋、能源等工程领域具有广泛的潜在应用

所谓超疏水材料一般是指水在其表面的静态接触角 θ* 大于 150°，滚动角（Roll-off angle）$\theta_{\text{roll-off}}$ 小于 10° 的超浸润界面材料。材料要实现超疏水性，需要满足以下几点：

① 粗糙结构能截留空气并托起液滴，创造气 - 液 - 固复合表面，实现 Cassie-Baxter 态；

② 通过表面微纳米结构创造较低的固 - 液接触，即低结构面积分数；

③ 一般情况下，粗糙结构要能托起液滴，还要求材料表面具有低的化学能（Surface energy chemistry）。

要获得优异的超疏水性，往往需要更高的表观接触角和更低的接触角滞后（滚动角）。以微米级圆柱阵列为模型，借助共聚焦显微观察并进行微观力学分析，得出了后退角的表达式，并指出柱子直径与相邻柱子间距之间的比值是影响后退角的重要因素，且提供粗糙度的微结构特征尺寸越小，对提高表观接触角和改善接触角滞后越有利。若按比例缩小托起液滴几何结构，还可以在不影响高表观接触角的情况下获得更高的抗液压性能。因此，在纳米尺度上设计表面更有利于超疏水性的提升。

超疏水表面的机械稳定性

面向应用的超疏水表面不仅需要优异的液体排斥性能，还要兼具良好的稳定性，包括耐磨、抗冲击等机械稳定性，化学及热耐久性等；其中，机械稳定性当首先被考虑。在实际应用场景中，表面在运输、安装过程中存在潜在的摩擦磨损风险，以及使用过程中可能遭遇的沙砾（如沙尘暴）冲击，都是对表面耐磨性的考验。长期以来，表面耐磨性都是设计超疏水材料面临的

主要挑战。然而，超疏水表面所必备的粗糙度（尤其是纳米级结构）非常脆弱，极易受到外部摩擦而被损坏。此外，磨损暴露本体材料，可能改变局部表面的化学性质，使表面从疏水变为亲水（超疏水表面多为亲水性基质材料通过氟化等表面改性手段降低表面能），导致水滴的钉扎 (Pinning)[10]，如图 4 所示。

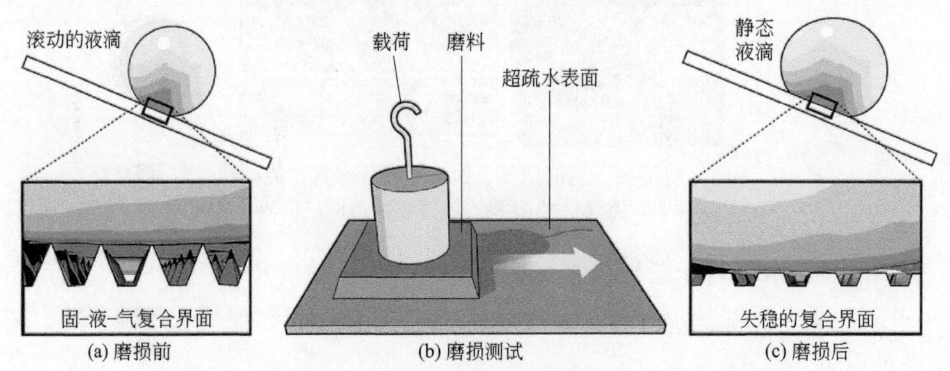

图 4　通常情况下，超疏水表面在机械磨损后失去其液体排斥性

根据 Cassie-Baxter 方程，减小结构面积分数，有利于提高表观接触角和降低滚动角。因此，降低结构面积分数和减少固 - 液接触面积是增强超疏水性的常用手段。但结构面积分数降低后，在外部机械载荷下，必然使微 / 纳米结构承受更高的局部压强，从而使结构更容易遭到破坏。这就意味着，超疏水的液体排斥性和机械耐久性往往不可兼得，即提高一种性能必然会导致另一种性能下降。因此，表面的机械稳定性是阻碍超疏水表面广泛应用的首要障碍。应对这一挑战，研究人员尝试了各种各样的方法去提升超疏水表面的机械稳定性，这些方法大致可分为三种类型。

（1）引入高分子黏结层增强超疏水材料与基底之间的结合力。

使用高分子胶黏剂锚定疏水纳米材料增强超疏水表面机械稳定性的研究层出不穷，在此基础上也诞生了一些商用超疏水涂料，其中性能较好的是美国 Ultra-Tech 开发的 Ultra-Ever Dry 涂料。该涂料分为 Bottom coating 和 Top coating 两部分，其中 Bottom coating 主要是起粘接作用的高分子胶黏剂，Top coating 则主要是疏水纳米材料。不过，为保证超疏水效果，胶黏剂不能完全覆盖或包裹纳米材料，从而导致涂层表皮的纳米材料仍然易被磨损；再者，普通高分子材料本身不具备优良的机械强度。

另外，还可基于高分子粘接层进一步增加表层疏水材料的厚度，在遭受磨损牺牲掉外层结构的同时，又将内层的相似结构（和外层一样的超疏水微 / 纳米结构）暴露，达到保留超疏水性的目的。比较典型的是将氟聚物嫁接至环氧树脂高分子链，并与全氟聚醚以及聚四氟乙烯纳米粒子共混，得到一种全有机材质的纳米复合涂层，这是一种典型的自相似结构涂层。该表面展现出了一定的耐磨性，但主要是以牺牲自相似结构为代价，超疏水性的保持严重依赖涂层厚度。此外，随着涂层厚度的增加，透光等重要性能将大打折扣。这种牺牲自相似结构的方法只是一种权宜之计。

（2）随机引入离散的微观结构来承受外部磨损。

近来有较多研究引入微/纳米多级粗糙结构，在受外部磨损时，牺牲微米结构对超疏水的贡献，保留纳米结构对液体的排斥。一些研究人员通过光刻(Photolithography)或离子束刻蚀(DRIE)制备出离散或随机分布的硅基纳米线/微米柱（锥）复合表面，相比纯纳米线表面，多级结构复合后使机械耐磨性得到了一定程度的提升。另外，基于化学腐蚀或电化学沉积等方法制备出微米结构，并将纳米材料涂敷到微米结构表面，得到微/纳米复合表面，也表现出一定的耐磨性。

然而，上述方案并没有使超疏水表面的机械稳定性实质性增强。主要存在以下几个因素：

① 断裂性磨损使随机引入的微/纳米复合结构的固-液接触面积陡增，暴露出大量的亲水位点，导致液滴钉扎；

② 未针对微米结构本身的机械稳定性进行力学优化设计，引入的微米结构本身就缺乏较强的机械强度；

③ 随机引入的离散微米结构，无法很好地抵抗外部物体的入侵，使表面的纳米结构无法得到全方位的保护。

（3）铠甲化超疏水表面。

通常，减少固-液接触是增强表面超疏水性的常用手段，根据Cassie-Baxter方程，固-液接触面积的减小，有利于提高表观接触角和降低滚动角。但由于接触面积的降低，必然导致微/纳米结构承受更高的局部压强，从而更易磨损，这就意味着超疏水性和机械稳定性在提高一种性能时必然导致另一种性能下降。研究人员基于全新的思路，通过去耦合机制将超疏水性和机械稳定性拆分至两种不同的结构尺度，并提出微米结构“铠甲”保护超疏水纳米材料免遭摩擦磨损的概念[11]，如图5所示，结合浸润性理论和力学原理进行最优化设计，并利用光刻、冷/热压等微细加工技术将铠甲微米结构制备于硅片、陶瓷、金属、玻璃等普适性基材表面，与疏水纳米材料复合构建出具有优良机械稳定性的铠甲化超疏水表面。该研究还实现了玻璃铠甲化表面的高透光率，为该表面应用于太阳能电池盖板、建筑玻璃幕墙创造了必要条件。

该工作创新的设计思路和通用的制造策略展示了铠甲化超疏水表面非凡的应用潜力，将进一步推动超疏水表面进入广泛的实际应用。

图 5　为纳米级超疏水表面披上微米结构“铠甲”

实际应用中超疏水表面还将面临诸多考验

1. 抗液体穿刺 (Liquid impalement)

除机械稳定性外，根据应用场景的不同，还应着重考虑超疏水表面的抗液体穿刺性能（抗水压性能）。涉及超疏水表面的潜在应用，多数都是室外场景，这种情况下就无法避免高速水滴（流）冲击。如表面遭遇暴雨冲刷，其雨滴速度可达 9m/s；而作为自清洁车窗玻璃在雨天高速行驶、作为防冰（霜）风力发电机叶片涂层高速运转等情况下，都会遭遇更高速度的水滴（流）冲击。在水滴或射流撞击表面时，液体弯月面对表面结构的穿刺主要受到水锤压力 (Hammer pressure) 的瞬态峰值的影响，而柔性基底可有效降低这一峰值。需要强调的是，抗高速水滴（流）冲击往往也是建立在优异的机械稳定性基础之上，否则，强烈的流体冲击也会损坏表面的微 / 纳米粗糙度。

另外，由于表面的结构形貌特征等因素导致表面抗液体穿刺能力不足，也无法承受较高的水压，强烈的水压将促使 Cassie-Baxter 态向 Wenzel 态转变，导致超疏水性丢失。因此，研究人员通过超疏水表面的结构设计与调控，促进液滴泼溅、减少液滴撞击接触时间，一定程度上增强了表面的抗穿刺能力。除了宏观的水滴（流）冲击，超疏水表面的微观失效过程也引起了科学家的关注。如液滴蒸发导致尺寸减小，压力随之增加，迫使液滴慢慢刺穿结构。一旦气 - 液界面接触到基板，几毫秒内即可完成对结构的润湿，形成 Wenzel 态。

2. 化学及热稳定性

超疏水表面要实现应用，无法回避其化学稳定性。特别是室外环境，由于酸雨侵蚀等，日积月累，将导致表面低化学能涂层的降解；而在海洋环境中抗生物黏附及防腐蚀应用方面，对化学稳定性的要求相对更高。抵抗化学腐蚀主要依赖超疏水表面与液滴之间固 - 液接触部分的化学稳定性。全有机材料对提高化学稳定性极为有利，同时也存在较大限制。如有机超疏水材料往往只能作为涂层涂敷至基底表面，而涂层与基底之间的粘接界面难以抵挡化学侵蚀，容易使涂层整体脱落。此外，抗化学腐蚀，还要求表面零缺陷，因为一旦某处被浸润，将导致整个表面被侵蚀。

长期暴露在室外的超疏水表面，需要较好的热稳定性。在大部分地区，太阳暴晒可使基板温度长时间超过 50℃。周而复始，表面的低表面能物质，如含氟单分子层降解，导致超疏水失效。

3. 冷凝诱导超疏水性失效

气 - 液相转变冷凝和雾滴凝结都是常见的自然现象。在超疏水表面的应用中，空气中的水气经常会在表面发生冷凝，而冷凝一旦发生在结构中，将会对超疏水的 Cassie-Baxter 态造成不良影响。超疏水表面的粗糙度导致热阻比基底更高，水气将优先在粗糙度结构底部，也就是从基底表面开始冷凝。若超疏水表面设计不当，特别是结构尺寸在微米尺度时，冷凝液滴或在涂层底部合并长大，最终连接成片，浸润整个表面，导致表面丢失超疏水性。若为超疏水涂层，随着底部冷凝液滴不断增大，强大的液滴压力或将涂层撑破，导致涂层脱落。若表面无法抵抗持续冷凝引起的超疏水失效问题，那么超疏水表面在传热传质领域的应用也将成为空谈。

通过合理的结构设计有望解决超疏水表面的冷凝失效问题。例如通过模仿自然系统中蚊子的眼睛和蝉的翅膀的防雾机制，调控表面结构特征尺寸和形状，设计出纳米尖锥阵列表面，如图 6 所示。该表面不仅可以防止冷凝引起的失效，还能促进冷凝液滴脱离。研究总结得出，尽管暴露在雾气中会严重影响疏水表面的防水性能，但可将结构缩小至纳米尺度来减小这种效应带来的破坏。

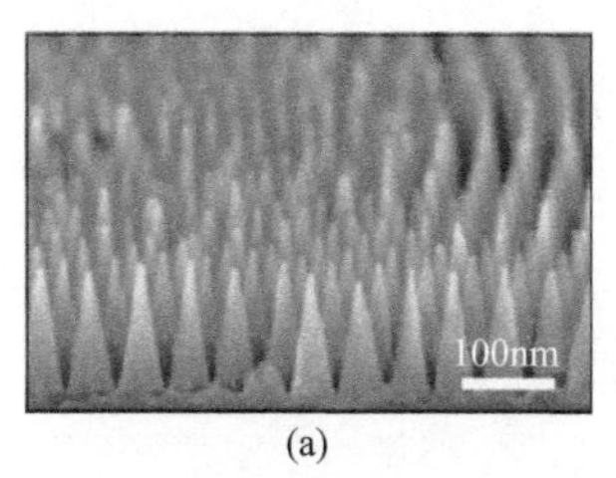

(a)

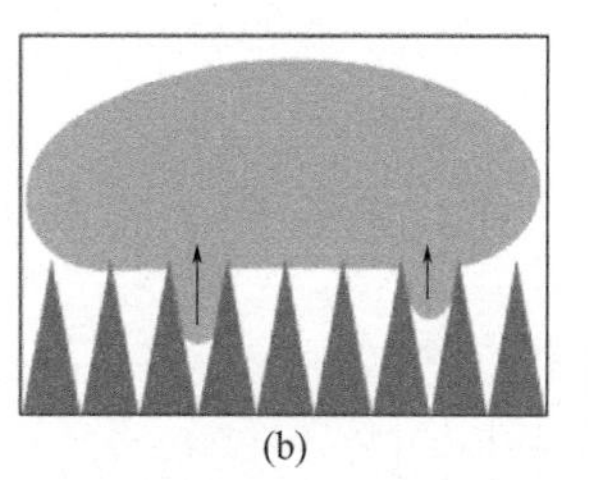
(b)

图 6　仿生纳米尖锥阵列具有优良防雾性能 [12]

超疏水表面在诸多工程应用领域展现出了潜在应用前景，但在真正进入应用的过程中又暴露出了许多不足，包括抗紫外老化及热稳定性不足，难以抵抗冷凝诱导的超疏水性失效，难以抵抗高速水流冲击等。庆幸的是，许多科研工作者正在针对上述问题进行大量的研究探索，也取得了丰富的研究成果，相信在不久的将来，以超疏水材料为代表的超浸润界面材料将走向日常生活。

参考文献

[1] Lin F, Li S, Li Y, et al. Super-hydrophobic surfaces: from natural to artificial[J]. Advanced Materials, 2010, 14: 1857-1860.

[2] Zheng Y, Bai H, Huang Z, et al. Directional water collection on wetted spider silk[J]. Nature, 2010, 463: 640-643.

[3] Liu T, Kim C. Turning a surface superrepellent even to completely wetting liquids[J]. Science, 2014, 346: 1096-1100.

[4] Lu Y, Sathasivam S, Song J, et al. Robust self-cleaning surfaces that function when exposed to either air or oil[J]. Science, 2015, 347: 1132-1135.

[5] Ensikat H J, Ditsche-Kuru P, Neinhuis C, et al. Superhydrophobicity in perfection: the outstanding properties of the lotus leaf[J]. Beilstein Journal of Nanotechnology, 2011: 2152-2161.

[6] Helbig R, Nickerl J, Neinhuis C, et al. Smart skin patterns protect springtails[J]. PLoS One, 2011, 6(9): e25105.

[7] Chen H, Zhang P, Zhang L, et al. Continuous directional water transport on the peristome surface of Nepenthes alata[J]. Science Foundation in China, 2016, 532(7597): 85-89.

[8] Lv J, Liu Y, Wei J, et al. Photocontrol of fluid slugs in liquid crystal polymer microactuators[J]. Science Foundation in China, 2016, 537: 179-184.

[9] Li J, Zhou X, Li J, et al. Topological liquid diode[J]. Science Advances, 2017, 3: eaao3530.

[10] Tian X, Verho T, Ras R H A. Moving superhydrophobic surfaces toward real-world applications[J]. Science, 2016, 352: 142-143.

[11] Wang D, Sun Q, Hokkanen M J, et al. Design of robust superhydrophobic surfaces[J]. Nature, 2020, 582 (7810): 55-59.

[12] Mouterde T, Lehoucq G, Xavier S, et al. Antifogging abilities of model nanotextures[J]. Nature Materials, 2017, 16(6): 658-663.

〔电致变色材料〕

——智能变色调光的小能手

韦友秀　颜　悦

发展历程及变色调光特性

2020年1月，一加首款概念机Concept One正式发布，其中采用一项新的科技——电致变色技术引起了大家的关注。2020年12月，OPPO推出的Reno5 Pro+手机也采用了电致变色技术，通过轻轻敲击手机后盖，可实现本机变色，让用户自己定义手机后盖颜色。为了提高手机的科技感和用户使用体验，电致变色手机已然成为各大手机厂商争夺占位的热点，这使得电致变色技术能够更普遍地进入大众视野中。实际上，在进入手机领域之前，这项技术已经在其他领域有所应用，其中知名度最高的是波音787的电致变色舷窗，但该项技术并未普及，关注的人群多为相关领域人员。如果解析这些产品，会发现实现变色功能的是一个由多层材料构成的结构单元，这个结构单元就是我们所说的电致变色器件，典型的电致变色器件的结构是由透明基板、透明导电层、电致变色层、电解质层、离子存储层依次叠加构成的三明治结构[1]。除去透明基板，其他膜层的厚度在几百纳米左右，整体厚度为1～2μm，还不到人类头发丝直径的1/10，其中电致变色层和离子存储层均由电致变色材料构成，是器件实现变色的功能材料，决定了器件的变色特性。

在电致变色技术领域，对电致变色材料的定义是在外电压驱动下，其光学属性（透过、反射或吸收）发生可逆和持久稳固的变化，外观上表现为颜色变化的材料。关于电致变色的起源，可追溯到 20 世纪 60 年代，Deb[2] 于 1969 年首次发表了关于三氧化钨（WO_3）薄膜形貌的文章，发现其具有电致变色性能，并提出了“氧空位色心”机理。20 世纪 70 年代出现了大量关于无机电致变色材料和变色机理的报告，Malyuk[3] 等人在 1974 年的文章中引用了关于电致变色氧化铌（NbO）薄膜的苏联专利，这将电致变色首次发现的时间推回到了 1963 年。在此时期，电致变色技术瞄准的市场目标是在显示器领域中的应用，但它的响应速度慢、色彩度无法满足显示技术的要求，所以当液晶显示器开始出现后，人们对电致变色的兴趣逐渐减弱。到了 20 世纪 80 年代，有机电致变色材料的报道大幅出现，与无机电致变色材料相比较，有机电致变色材料（包括金属螯合有机材料）容易进行分子设计，颜色变化种类多，变色响应速度快，但是离显示技术的要求还存在一定差距。

1984 年，美国科学家 Lampert 和瑞典科学家 Granqvist 提出了一种以电致变色膜为基础的新型节能窗，即灵巧节能调光窗（Smart window），并首次进行了试验探索[4]，电致变色技术在建筑物门窗中的应用使得人们对该项技术的兴趣飙升，在电致变色技术发展中具有里程碑的意义。为了提高舒适度，窗户面积越做越大，在一些商业建筑中，窗户占据的面积与墙体面积相当，有很大一部分能源通过玻璃扩散产生能源浪费。将电致变色技术应用于建筑窗户，人们可以根据需求改变窗户的颜色，从而调控太阳光入射量，大幅度降低室内控温设备的能耗，从而提高能源利用效率，既符合降低窗户能耗的市场需求，同时也满足人们对室内舒适度的需求。

随着技术的发展，陆续出现了其他变色调光技术，如 Low-E 膜、悬浮粒子变色（SPD）、分散型液晶变色（PDLC）、光致变色等，所以电致变色技术在发展过程中充满了挑战。它能够披荆斩棘，乘风破浪地向前发展，主要得益于电致变色材料具有的动态 / 无级调节光波、智能可控、低能耗的变色调光特性（图 1），这些特性使得电致变色技术在一些应用领域中具有明显优势。

前面讲到将电致变色技术应用于建筑窗户，人们可以选择性地调节室外光线到室内的辐射量，起到节约能源的效果。Low-E 膜也可应用于建筑物的窗户，通过反射红外光、透过可见光也能起到隔热透光的效果。电致变色材料与 Low-E 膜区别在于通过着色和褪色之间可逆转换，来动态调控穿过窗玻璃的光线，Low-E 膜调光模式可以看作是静态的。相对于 Low-E 膜，电致变色材料组装的器件更能达到按需节能、提高室内舒适度的效果。

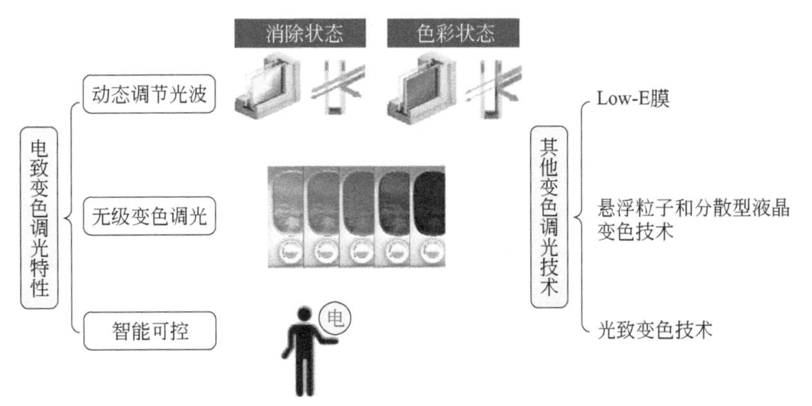

图 1　电致变色技术与其他变色技术的比较

SPD 和 PDLC 技术也是需要电源驱动变色调光的[5-7]，两者的变色原理类似，在一直施加电压的条件下，呈透明状态，一旦撤掉电压，就变成雾化状态。其中，PDLC 发展较为成熟，在商场、地铁、医院等很多地方都能看到它的身影。而电致变色技术能够从中占有一席之地，一方面得益于电致变色材料具有无级调光特性，而且对红外光波也能调控，调节颜色深浅和光学吸收强度，可在最小和最大吸收之间调节到任何水平，所以能够将变色过程分为多个挡位进行控制。例如，波音 787 的电致变色舷窗可以实现 5 挡调节，乘客可以根据需要调节飞机舷窗的亮度，进一步提升舒适度。另外，整个变色过程均是可视状态，无雾化状态，不阻挡窗外视野，使得工作环境更加舒适。SPD 和 PDLC 变色技术的调光是瞬发的，在调制过程中具有一定的雾度，对红外区域的限制很小。基于以上几点，电致变色技术不仅可以与 PDLC 并驾齐驱，而且能应用在一些对玻璃雾度有要求的场合。

电致变色材料需要电源来驱动变色，而人们对电的掌控已经得心应手，可以通过电路设计和软件设计，使得变色过程更加智能化、更加随心所欲。常见的变色技术还有光致变色、温致变色、热致变色、气致变色等，这些变色技术需要光、温度、热量、气体来驱动变色，而这些激发源的可控性、操作性差很多，所以相对于其他变色技术，电致变色技术更加智能可控。

变色调光原理

电致变色材料是怎样实现变色功能的呢？首先，材料在变色过程中需要电子和离子同时参与，所以需要和其他材料（前面所讲的透明导电层、电解质层、离子存储层）相互配合才能完成变色功能。所以在实际应用中，采用的是电致变色器件这一变色基本结构单元，材料在器件中是以薄膜形式存在的。电致变色材料的变色过程就是器件的变色过程，在外加电压的驱动下，电子和离子从外电路和电解质层中同时嵌入或脱出电致变色材料，器件外观上会发生颜色变化，而且这一过程是可逆的。如果进一步深究材料的变色原理，我们知道涉及颜色变化，总离不开电子能级跃迁、光子吸收或发射这些物理过程。电致变色材料种类丰富，如果按照材料类型进行分类，电致变色材料可分为三大类：第一类是无机电致变色材料，如过渡金属氧化物；第二类是有机电致变色材料，包括有机小分子和聚合物材料；第三类是有机金属螯合物材料。不同种类材料的变色原理和过程是有一些差别的，如图 2 所示。

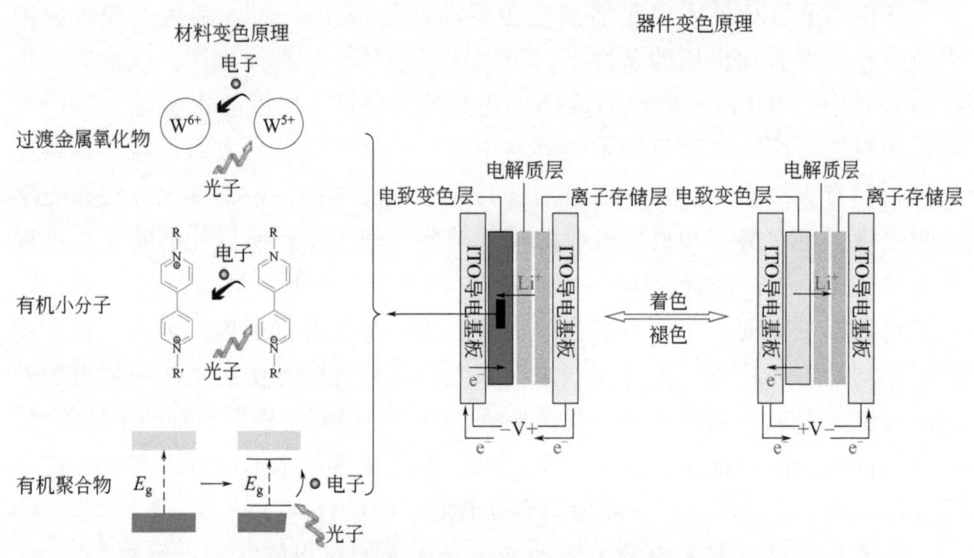

图 2　电致变色材料和器件的变色原理和过程

1. 无机电致变色材料

无机电致变色材料主要是过渡金属氧化物，按照着色的方式可以分为阴极着色材料（还原着色，如 W、Mo、Nb、Ta、Ti 等氧化物）和阳极着色材料（氧化着色，如 Ni、Co、Rh、Ir 等氧化物）。这些氧化物是怎么表现出电致变色性质的呢？以 WO_3 薄膜为例。最早发现具有电致变色现象的材料是 WO_3 薄膜，也是迄今为止研究最广泛、最成熟、最具有应用前景的材料。用于解释其变色原理的模型有电化学反应模型、色心模型、价间跃迁模型、极化子模型、能级模型和配位场模型 [8]，讨论最多的为价间跃迁模型。该模型

认为当 WO_3 薄膜外加负向电压时，电子和阳离子同时注入薄膜中，阳离子通常选择的是离子半径较小的质子（H^+）或锂离子（Li^+），更容易在材料中穿梭。电子进入 W^{6+} 的 5d 轨道，被 W^{6+} 俘获，形成定域态的 W^{5+}，阳离子起到平衡电荷的作用。因此薄膜中同时存在 W^{6+} 和 W^{5+}，处于 W^{5+} 晶格位置的电子将吸收光子能量而处于激发态，跃迁至 W^{6+} 晶格位置，从而引起材料光吸收的改变，薄膜呈现蓝色。当施加反向电压时，电子和阳离子同时从薄膜两侧抽出，蓝色消失，薄膜重新回到无色透明状态。无机电致变色材料调控的波段范围宽，对可见光和红外波段均有明显的调控作用。

2. 有机小分子

在有机小分子材料中，研究最为广泛和成熟的是紫罗精类材料[9]。这类材料在中性状态下颜色较浅，在施加正电压的情况下，发生氧化反应，最终形成稳定的二价阳离子，处于透明状态；施加负电压，部分二价阳离子还原成单价阳离子，分子间产生强烈的电子转移，同时伴随着光吸收，材料发生着色反应，主要调控可见光波段中的部分区域。紫罗精的响应时间为毫秒级，循环次数在 10^5 次以上，已广泛用于汽车后视镜和各种显示器中。

3. 有机聚合物

聚合物电致变色材料主要是一些结构稳定的杂环芳香族材料，如噻吩、吡咯、苯胺、呋喃、咔唑、吲哚等。相比于无机电致变色材料，有机材料的能隙较小，可以进行分子结构设计，易于实现能隙的调节，表现出丰富的颜色。其中，基于二氧噻吩结构单元的一系列共轭聚合物材料，通过调节结构单元中的取代基，并且组合不同单元结构实现红、橙、黄、绿、青、蓝、紫颜色的调节，如图 3 所示[10]。

变色反应主要是由共轭结构中电子能隙发生变化引起的，最高占据分子轨道（HOMO）构成价带，最低未占分子轨道（LUMO）构成导带，电子从价带跃迁到导带时会产生光吸收，呈现出与吸收波长相反的颜色。HOMO 和 LUMO 能级之间的能隙（E_g）大小决定了聚合物的颜色，在外电压的驱动下，离子和电子在高分子链中进行可逆的迁入和迁出，该过程改变了 E_g 大小，从而调节吸收光波长，外观上表现为颜色变化，由于掺杂浓度不同，某些共轭聚合物能在多种颜色之间转换。大部分聚合物电致变色材料是阴极着色的，中性态在可见光区域有吸收，呈现出颜色，氧化后无色。

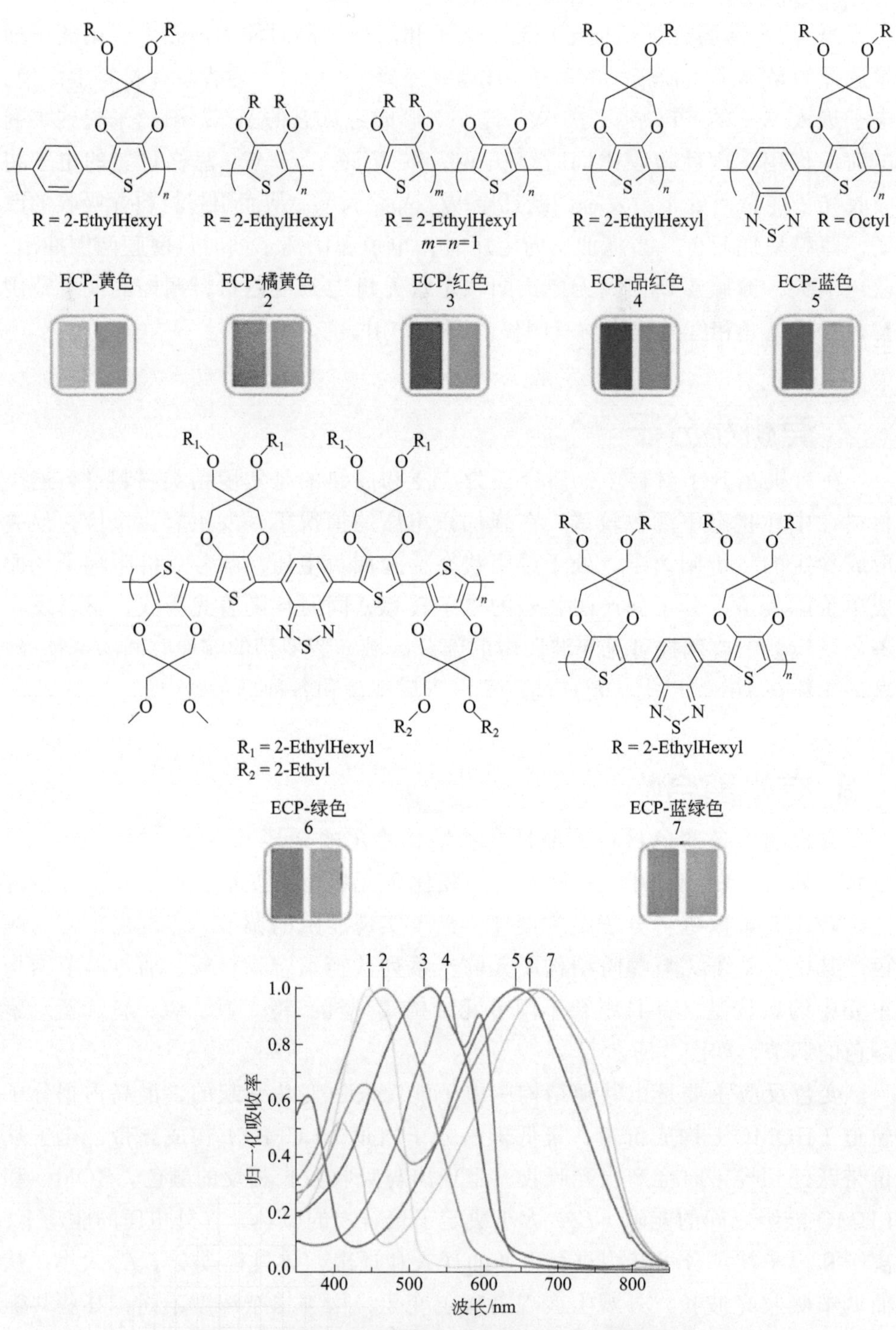

图 3 不同颜色的共聚物的重复结构单元和吸收光谱

ECP—电致变色聚合物；2-EthylHexyl—2- 乙基己基；2-Ethyl—2- 乙基；Octyl—辛基

4. 螯合物

有机金属螯合材料由位于中心的金属原子和有机配位物构成，变色过程中有多个氧化还原过程，包含金属原子和配位物自身的氧化还原，所以这类材料颜色丰富，能实现多颜色的变色过程，吸收波长范围大，紫外和红外区域都有吸收，但其结构复杂，制备过程烦琐，稳定性较差，成本高，实用性有待提高。

总体来讲，有机电致变色材料易进行分子设计，颜色丰富，但只对可见光波段区域的某些波段具有明显的调控作用，而且抗水氧及紫外性较差。无机电致变色材料，调控波段范围大（红外也能调控），耐候性好，但变色速度慢。根据材料各自不同的变色特性，可应用在不同领域。

智能应用

1. 建筑窗

随着电致变色技术的发展，电致变色产品已经悄悄出现在我们的生活中，就像前面提到的智能窗，就是将电致变色技术应用在建筑窗中，虽然在20世纪80年代已经提出了智能窗的概念并进行了试验，由于其技术壁垒高，2000年以后才有相关产品出现，美国SAGE公司首先开发了电致变色智能窗产品（图4），其技术处于国际领先水平，是迄今为止最合适的建筑变色窗，已经实现了小范围的应用，腾讯北京总部大楼的部分窗户就使用了电致变色玻璃。电致变色窗的特点是节能、舒适，能够根据日照角度、四季变化调控颜色变化，动态调控外部进入室内的光线，而且不阻断户外景观，提高了内部人员的舒适度，所以一般采用对可见光和红外波段均有明显调控功能的无机电致变色材料制备。

图4　电致变色建筑窗（SAGE）

2. 交通工具透明件

电致变色技术另一个重要的应用领域是在交通工具的透明件中。2005 年 1 月，法拉利 Supermarica 敞篷跑车的风窗玻璃和顶棚玻璃采用了电致变色技术，车内人员可以随心所欲地调节车窗的颜色，控制进入车内的光强，而又不阻挡视野。2007 年，波音 787 客机观察窗淘汰了机械式遮阳板，采用了 GENTEX 公司的电致变色技术，乘客通过触动按钮调整由暗到亮五个不同级别的亮度，减少机舱内太阳光及热发散量，提高乘客的舒适度。一些高档汽车的后视镜也采用电致变色技术，可减少强眩光对驾驶员视线的影响，提高驾驶安全性，如图 5 所示。

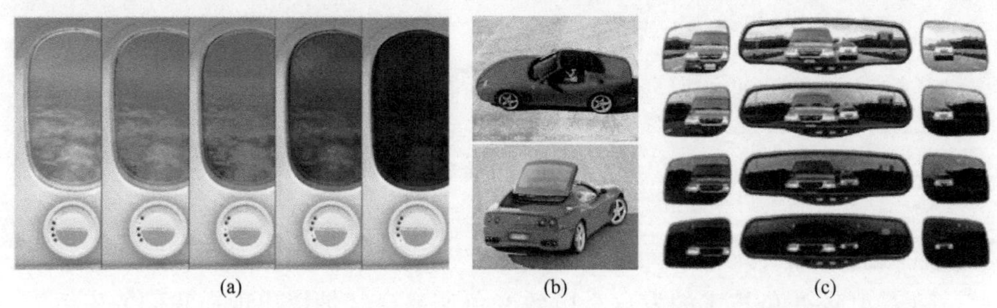

(a) (b) (c)

图 5 电致变色技术在交通工具透明件中的应用：（a）飞机电致变色观察窗（PPG 和 GENTEX）；（b）汽车电致变色玻璃（GENTEX）；（c）汽车防眩后视镜（GENTEX）

3. 护目雪镜

将电致变色技术应用在雪镜中，可以起到保护眼睛的作用。例如，在雪地中存在非常刺眼的情况，可将雪镜的颜色调深，减弱光强。Oaklley 研发了电致变色雪镜（图 6），三挡颜色可调，可以调整灰阶、定制透过率，完成变色后不需要电压维持。当然目前的产品还存在镜片浅色状态不够浅、响应速度稍慢、定价过高等问题，一旦阻碍电致变色技术普及的因素不存在，相信雪上运动会掀起一场电致变色雪镜普及的风暴。

图 6 Oaklley Fall Line XL Prizm React 电致变色雪镜

4. 电子产品

虽然液晶显示器已经占据了电子显示技术的主要市场，但是由于电致变色技术不需要背光源，在电子标签、电子纸、电子二维码等电子显示上具有明显的应用优势。2013 年，RICOH 公司展示了基于电致变色技术的 3.5in 全彩电子纸。东华大学材料科学与工程学院王宏志研究团队与美国佐治亚理工学院王刚博士 (现美国西北大学博士后) 合作，成功制备了多彩电致变色显示器件，并应用于共享单车的可隐藏智能二维码中，这也证明了电致变色技术在物联网电子器件领域的发展潜力。另外，还有前面曾经提到的，OPPO 推出的 Reno5 Pro+ 手机后盖也采用了电致变色技术，让用户自己定义手机后盖颜色，提高了手机的科技感和用户使用体验，如图 7 所示。但电致变色技术在电子产品中的应用还有很多技术问题尚需解决，所以仍旧充满了各种挑战。

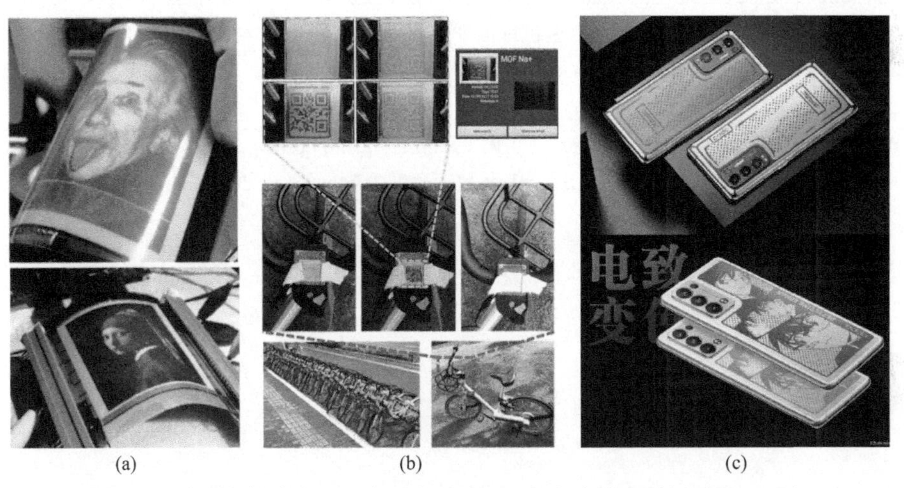

(a) (b) (c)

图 7　电致变色技术在电子产品中的应用：（a）全彩电子纸（RICOH）；（b）智能二维码（王宏志研究团队与美国佐治亚理工王刚博士）；（c）OPPO 变色手机

结语

电致变色材料作为一种变色调光的智能材料，在很多领域已经崭露头角，目前，实现应用的领域主要有防眩目后视镜、电致变色窗户、汽车天窗、飞机舷窗、部分电子产品，但由于还存在一些技术问题需要进一步解决，并未实现大范围的应用，所以适应市场需求、扩展电致变色技术应用范围在未来将成为热点。

参考文献

[1] Granqvist C G. Electrochromism and smart window design[J]. Solid State Ionics, 1992, 53:479-489.

[2] Deb S K. A novel electrophotographic system[J]. Applied Optics, 1969, 3: 192-195.

[3] Palatnik L S, Malyuk Y I, Belozerov V V. An X-ray diffraction study of the mechanism of reversible electrochemical dielectric semiconductor transformations in Nb_2O_5[J]. Doklady Akademii Nauk SSSR, 1974, 215: 1182-1185.

[4] Svensson J S E M, Granqvist C G. Electrochromic coatings for "smart windows" [J]. Solar Energy Materials and Solar Cell, 1985, 12:391-402.

[5] Marks A M. Electrooptical characteristics of dipole suspensions[J]. Applied Optics, 1969, 8: 1397-1412.

[6] Kahr B, Freudenthal J, Phillips S, et al. Herapathite[J]. Science, 2009, 324: 1407.

[7] Gardiner D J, Morris S M, Coles H J. High-efficiency multistable switchable glazing using smectic A liquid crystals[J]. Solar Energy Materials and Solar Cells, 2009, 93:301-306.

[8] 牛微，毕孝国，孙旭东. 电致变色机理的研究现状与发展 [J]. 材料导报，2011(3): 107-110.

[9] Sliwa W, Bachowska B, Zelichowicz N. Chemistry of viologens[J]. Heterocycles, 1991, 32: 2241-2273.

[10] Dyer A L, Thompson E J, Reynolds J R. Completing the color palette with spray-processable polymer electrochromics[J]. ACS Applied Materials & Interfaces, 2011, 3:1787-1795.

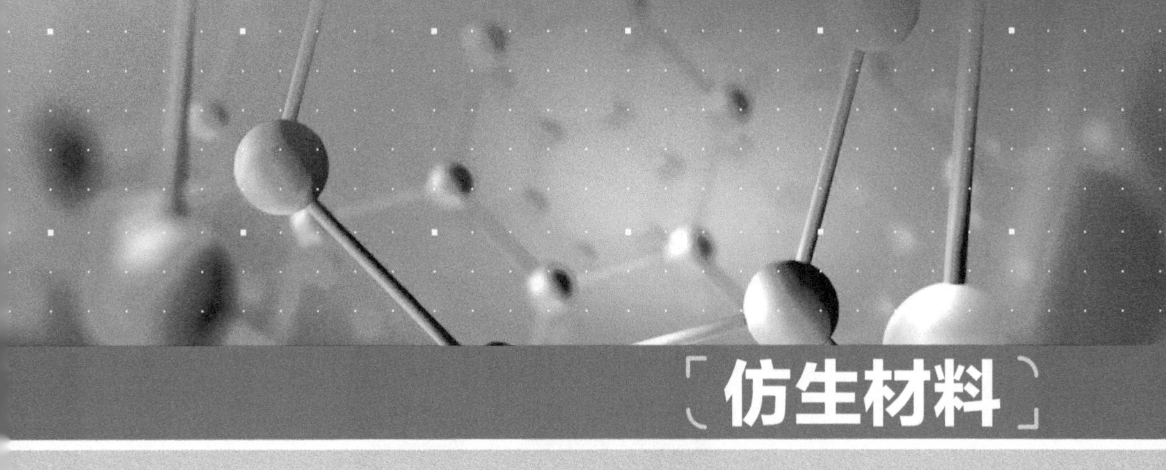

仿生材料

——自然生物教我们的独门秘诀

陈　振　张增志

仿生材料（Biomimetic Materials）是指模仿生物的各种特点或特性而研制开发的材料。几十亿年的生物进化历程使得自然界生物体的某些部位巧夺天工，在长期的生命进化过程中，生物合成了种类繁多、性能各异的生物材料来适应环境，维系自身的生存与发展。通常把仿照生命系统的运行模式和生物材料的结构规律而设计制造的人工材料称为仿生材料（图 1）。仿生材料研究自 20 世纪 80 年代以来在国际上受到广泛重视，在各个领域都取得了优异的进展。下面介绍自然界中常见的集水生物都有哪些独门秘籍。

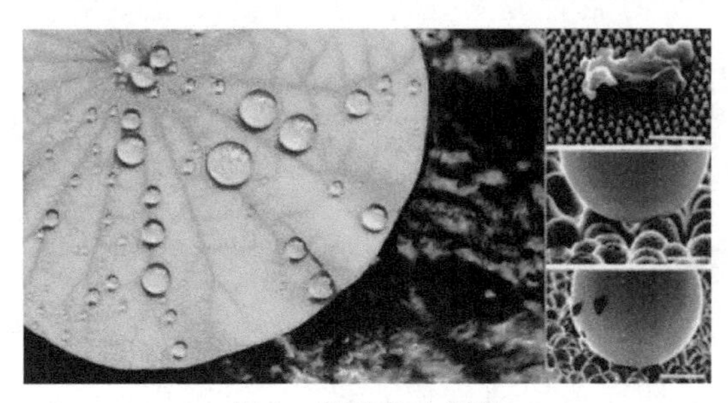

图 1　荷叶仿生材料

大自然中常见有哪些集水大师呢?

自然界中的动物和植物，有相当一部分在经过若干年的进化之后获得了“隔空取水”的能力。例如，在纳米布沙漠中，甲虫、蜘蛛和仙人掌等都进化出了从雾气中获取水分的特异功能来适应干旱的地理环境（图 2）。此外，绿色树蛙和澳大利亚沙漠蜥蜴这两种冷血动物可通过控制体表温度来响应外界环境，用亲水或者疏水的表皮来达到集水的目的。这些生物具有多样的集水机理，丰富了我们的仿生宝库。

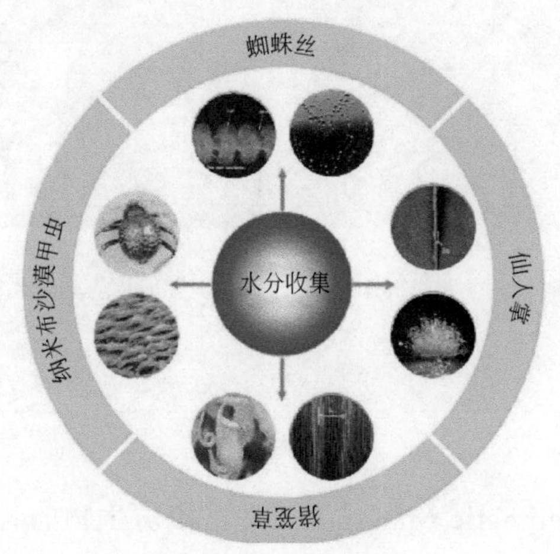

图 2　常见的具有集水特性的生物（DOI：10.1002/smll.201602992）

集水秘诀的试炼

受到自然界中集水生物的启发，世界各地的研究者已经构建了许多一维或者二维的具有集水功能的仿生材料，如仿生人造蜘蛛丝、仙人掌刺棘状结构和仿沙漠甲虫背部的人造表面等。这些材料都为无法应用海水淡化技术和污水处理技术的欠发达干旱地区，找到了解决淡水资源紧缺问题的新办法。

1. 蜘蛛仿生集水新“丝”路

蜘蛛的集水能力归因于它独特的蜘蛛丝纤维结构，该结构由周期性纺锤节和关节构成，其中，纺锤节由随机杂乱的纳米纤维组成，而关节则由排列整齐的纳米纤维组成。仿照这种结构，一种用于大规模制造集水功能仿生蜘蛛丝的方法被提出（图 3）。在制备过程中，为避免重力诱导的液体流动，将纤维水平固定在聚合物溶液储罐中，两根毛细管作为导向器，使纤维从中穿过，并在一端与滚轴电动机相连[1]。当纤维被电动机以一定的速度从聚合物溶液中拉出时，纤维表面被覆盖一层聚合物膜，该膜在瑞利不稳定性的作用下破碎并聚集成液滴状，液滴凝固在纤维表面形成周期性纺锤节。这种材料的定向集水能力得到了验证，该研究对大规模制备具有集水功能的仿生蜘蛛丝纤维具有重要意义。

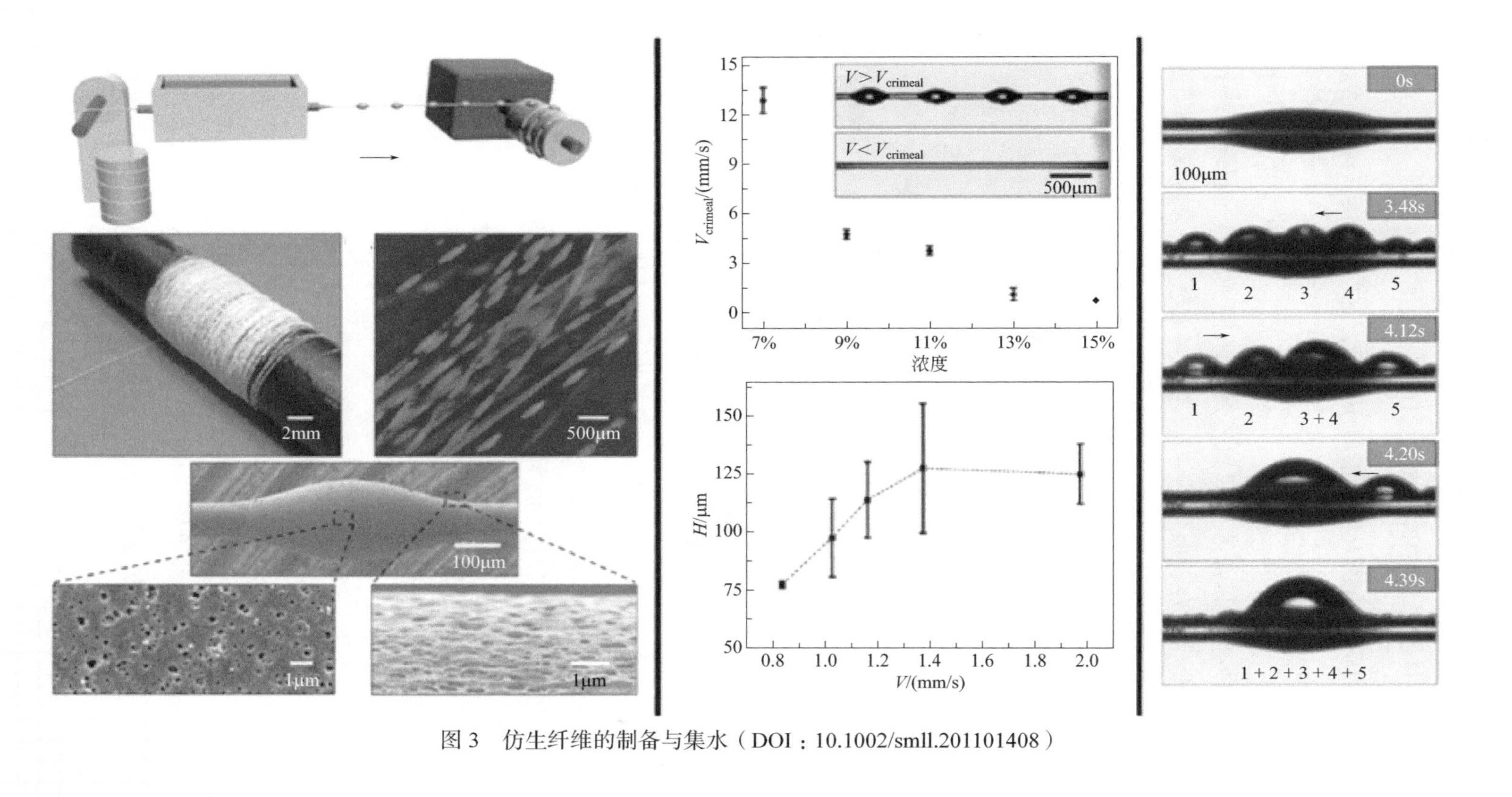

图 3　仿生纤维的制备与集水（DOI：10.1002/smll.201101408）

2. 沙漠甲虫背部暗藏玄机

沙漠甲虫的背部鞘翅上存在很多小凸起，这些小凸起与鞘翅表面的疏水性不同，它们具有很强的亲水性。受纳米布沙漠甲虫亲水性 - 疏水性背部表面集水性能的启发，一种简单、低成本制备超疏水性 - 亲水性混合表面的方法应运而生[2]。由飞秒激光制备的聚四氟乙烯纳米粒子沉积在超疏水铜网上，并与亲水铜片结合形成混合表面（图 4），与均匀 (超) 疏水性或 (超) 亲水性表面相比，所制备的表面具有更高的水分收集效率。

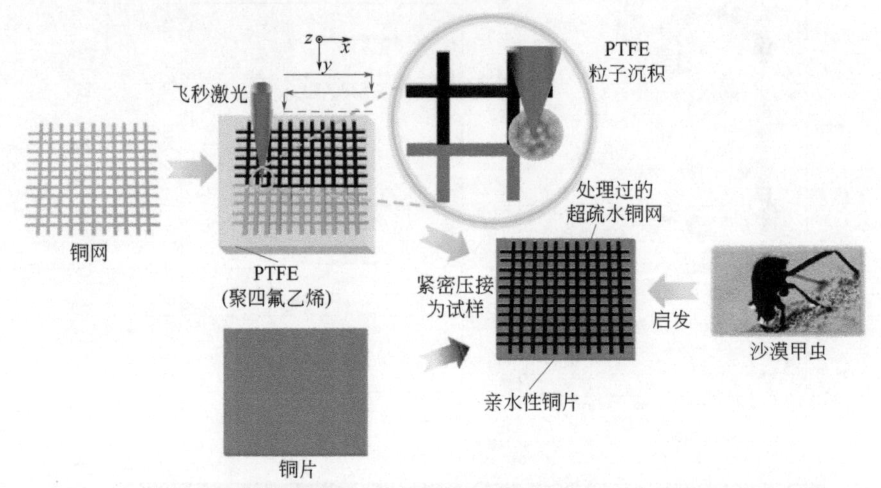

图 4　飞秒激光制备超疏水性 - 亲水性水混合表面（DOI:10.1039/c7nr05683d）

此外，还可以将亲水性黏胶纤维与疏水性丙纶纱配合普通商用试剂编织成具有亲水性 - 超疏水性表面的织物（图 5），这种织物具有良好的集水性能。更重要的是，该织物可循环使用 10 次。其表面在经过 2000 次的磨损试验后，疏水区域接触角仍然超过 140°，亲水区域接触角保持为 0°。这项工作为未来纺织业与环境保护之间架接了新的桥梁[3]。

3. 仙人掌刺虽小，作用大

仙人掌雾水收集的能力源于其多重生物结构，拉普拉斯压力梯度和表面自由能梯度的共同作用，使液滴在仙人掌刺表面定向移动。将受仙人掌启发的锥形结构与磁响应柔性锥阵列相结合（图 6），可大大提高磁性阵列在无风条件下对空气中雾水的收集效率[4]。在外加磁场作用下，由于拉氏压差的存在，静电雾可以自发地、连续地被捕获并从锥体顶端传输到锥体基部。这项工作为无风地区雾水的收集工作提供了新的途径。

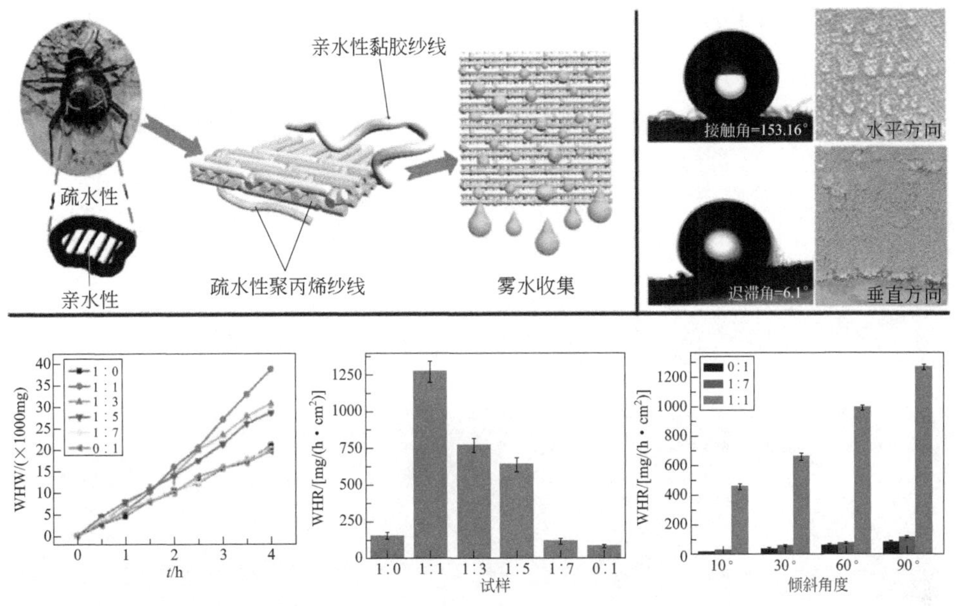

图5　集水无纺布的制备（DOI：10.1021/acssuschemeng.8b01387）

WHW—水分收集质量；WHR—水分收集率

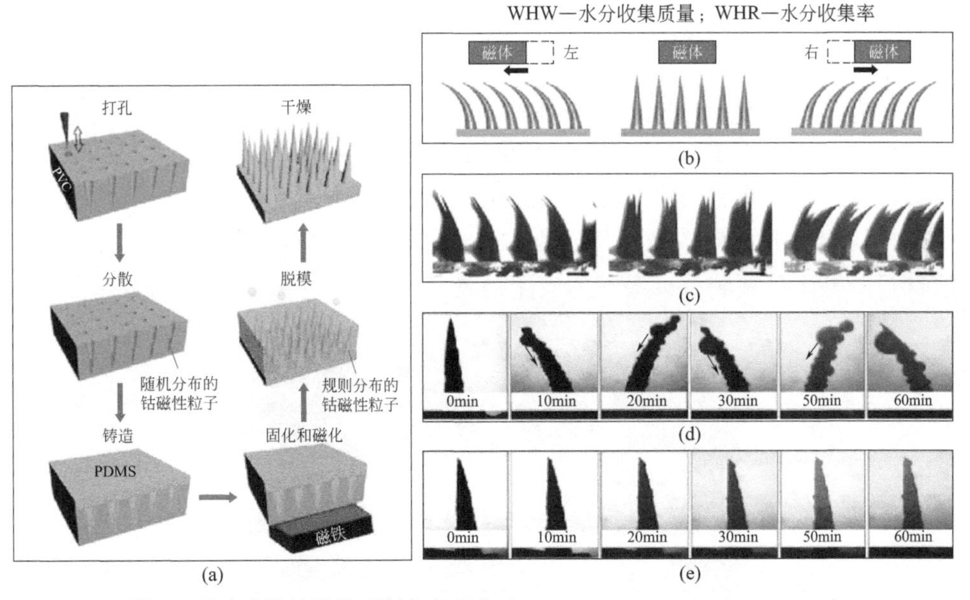

图6　磁响应柔性锥阵列制备与集水（DOI：10.1002/adfm.201502745）

4. 猪笼草致命陷阱的奥秘

研究发现，在猪笼草“瓶口”的边缘外表面存在连续的、定向的水滴输送现象。这是由于其多尺度结构可优化并增强沿输送方向的毛细作用，并将反方向运动的水滴前缘固定在适当的位置来防止回流（图 7）[5]。

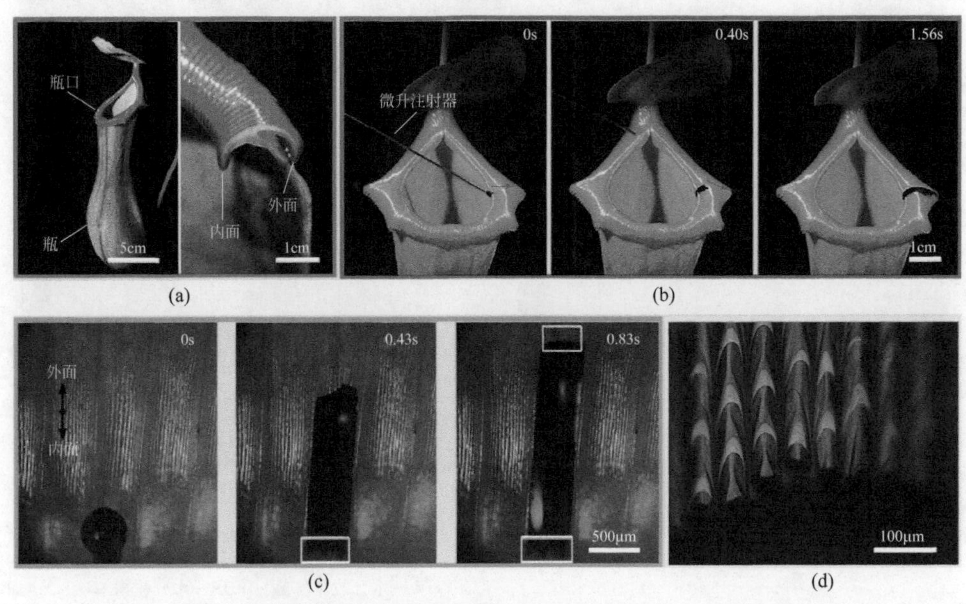

图 7　猪笼草开口边缘表面结构（DOI：10.1038/nature17189）

受猪笼草的启发，研究人员采用两步紫外光刻技术制作了一种新型的斜弧凹槽单向液体扩散表面（图 8），论证了其单向液体扩散能力优于其他表面形态，并对其单向液体扩散机理进行了研究。这种新型的仿生表面结构具有快速、长距离的单向扩散特性，在农业滴灌、无动力输送药物、机械工程中的自润滑等诸多领域都有潜在的应用前景[6]。

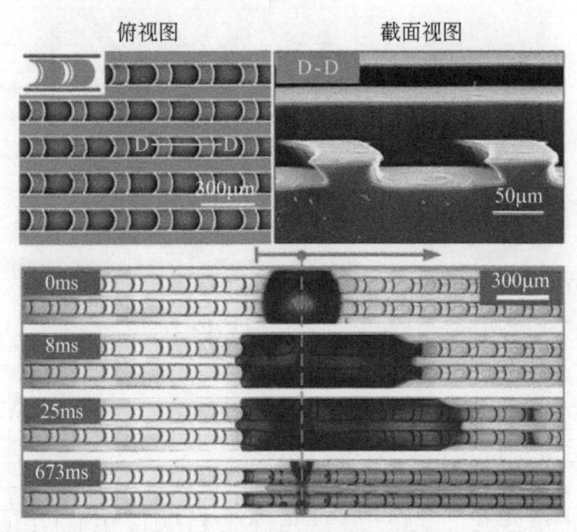

图 8　单向扩散表面结构 (DOI: 10.1002/smll.201601676)

5. 蝴蝶美丽翅膀有妙用

生活在南美洲的大闪蝶，其超疏水性翅膀具有方向性附着的特点，在重力的作用下，翅膀上的水滴会很容易地沿着一个方向滚落下来[7]。在最近的研究中发现，大闪蝶的翅膀可以在没有重力帮助的情况下，在静态和动态两种状态下将雾滴从表面赶走（图 9）。在静态条件下，超疏水表面对于雾滴具有较低的黏附力，这使得雾滴的推进更容易，雾滴在非对称棘轮状结构上的生长和聚集引入了不平衡的表面张力，使雾滴定向运动；在动态条件下，借助外部能量，雾滴在表面不对称地收集，在此过程中引入不平衡的表面张力，使液滴运动具有方向性。

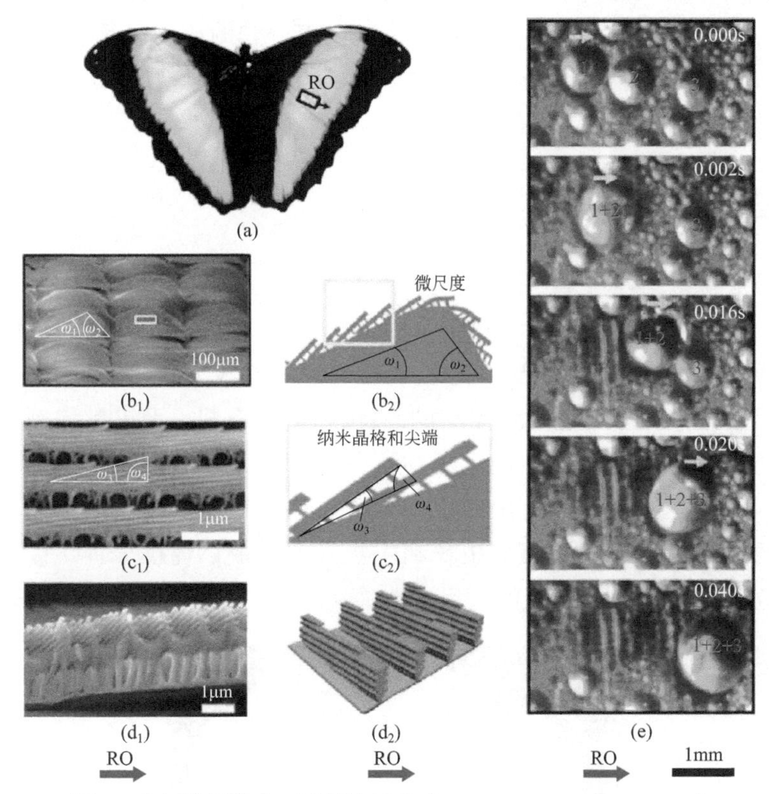

图 9　大闪蝶翅膀表面及雾滴运移（DOI：10.1021/nn404761q）

仿生材料在生活中的应用

1. 微流控技术

液滴在不同润湿性的表面会表现出不同的接触面积、接触角和接触角滞后。因此，可以通过调节表面润湿性来控制液滴运动和液体输送，从而实现微流体技术。微流体技术由于在生物技术和精准医学方面的潜在应用而引起了广泛的关注。为了使设备尺寸最小化并降低成本，集成度高、易于制造的微流体是必要的。通常情况下，微流体的驱动力是由机械泵等片外模块提供的，但其缺点是体积大、流量脉动、所需功率大。受猪笼草开口处微 / 纳米结构的启发，一种自泵液体驱动系统被开发出来。这个系统的关键部位是细管内部表面覆盖着的仿猪笼草的微 / 纳米结构。当液体充满细管时，就会形成一薄层液体前驱体先沿管壁向上爬升，然后液体逐渐上升并充满管壁。它表现出极强的液体输送能力，其驱动力和液体的传送高度都比微槽管或光滑管大得多、高得多[8]。由于这种技术具备诸多优点，它的应用已拓展到很多领域，如生物医学、人体细胞筛选、可穿戴传感器中的流体自动泵送，以及微能量发电等领域。

2. 自清洁织物

自然生物亲疏水性表面的研究加深了人们对纳米结构与表面润湿性关系的理解，先进的制造技术为纺织品带来了额外的功能。制备自清洁纺织品的一般策略是用疏水涂层对纤维进行改性，使其具有超疏水特性。例如，可使用商用水性氟烷基硅氧烷、银纳米颗粒和活性有机 - 无机黏结剂，通过溶胶 - 凝胶工艺制备多功能、疏水疏油抗菌棉织物（图 10）。这种织物除表面活性剂银纳米颗粒固有的抗菌作用外，疏油性带来的低表面能可以防止或阻碍细菌的黏附及其在织物上的生长和生物膜的形成，提供一种“被动抗菌活性”的效果。现在，许多新的耐用自清洁纺织品已经被设计出来。尽管如此，

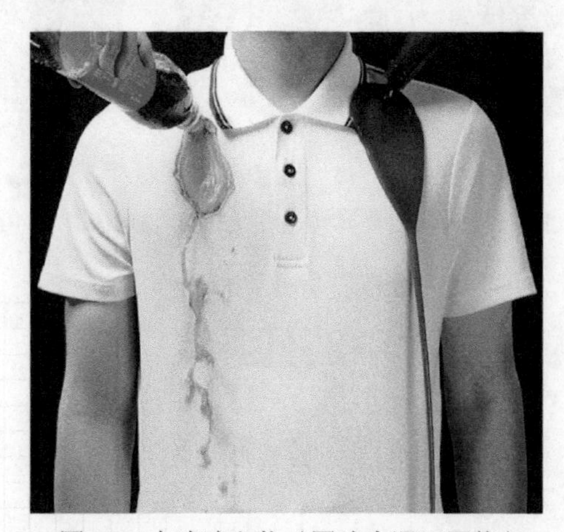

图 10　自清洁衣物（图片来源于网络）

这种自清洁面料仍然面临着挑战，防水织物经过表面处理后，如何保持其原有的外观，如何保持适当的柔软性，并且疏水涂层如何具备良好的耐洗涤性、抗阳光照射和耐高低温性，都应被重视。此外，成本效益高、环保性高、能大规模生产的工艺流程将是未来的努力方向。

3. 油水分离筛

仿照自然生物表面所制备的超疏水性表面通常是超亲油的，造成超疏水性表面上低表面能的化学物质通常与油滴（烃类物质）具有相似的表面能，表面粗糙度会增强亲油性，导致超亲油性。同时具有超疏水和超亲油特性 / 超亲水和超疏油特性表面的一个内在应用是用于油水分离。一种简易的油水分离器可以通过具有亲水性和疏油性的含氟表面活性剂来实现，将这种涂层涂覆到钢丝网上，并控制好一定的倾斜角度，就可以将油水混合物中的水过滤出来（图 11）。基于这种思路，可以制备出效率更高的两相分离器，这些设备的一个更直接的应用是去除水中的疏水 / 亲油污染物 (如工业排放物)。鉴于石油泄漏和工业有机污染物在全球范围内造成的严重水污染，油水分离研究在改善环境方面将有广泛的用途。

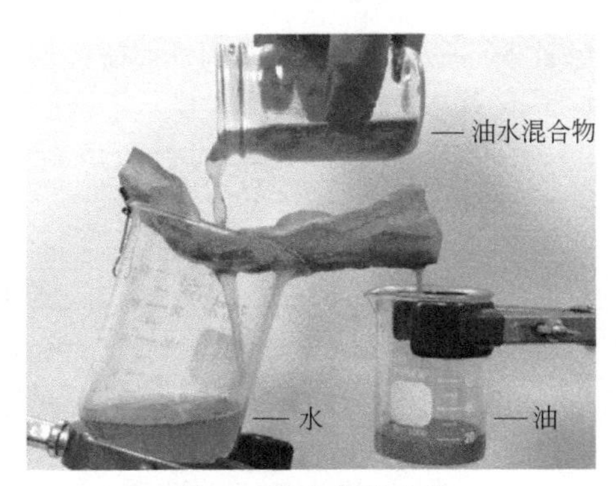

图 11　油水分离实验

目前，由于水污染和淡水资源缺乏等问题，水资源危机越来越受到广泛关注。可利用清洁水资源的分布不均匀，造成全世界超过 20 亿人生活在水资源紧张区域。生产淡水将是解决危机的第一步。虽然海水淡化和废水处理技术是有效的方法，但由于技术的适用性、简便性和成本效益等问题，使得一些地区无法使用。因此，从大自然获取灵感的仿生集水技术是一种有效的、低成本的潜在替代方法。

由于从大自然中获得了创造灵感，我们生产制造了许多具有集水能力的功能材料。但是需要指出的是，这些材料的制备和实验过程还都处于初级阶段，大部分材料的集水能力测试实验是在湿度大于 60% 的条件下进行的，而实际的干旱地区的湿度都在 20% 以下。所以，在未来的研究中，如何使材料能够在低湿度环境中实现集水应该被重点考虑。另外，除了解决低湿度问题，外部条件如风速、风向、温度以及磁场与集水效率之间的关系也需要进行理论论证。同时，仿生材料还存在表面结构的易损坏失效、不稳固长久及成本高等问题。现有的集水材料主要集中在一维和二维表面，未来应更多地关注三维材料。总的来说，仿生集水材料在解决干旱和偏远地区的缺水问题上，开辟了新的有效途径，在将来也会有更好的发展前景。

参考文献

[1] Bai H, Sun R Z, Ju J, et al. Large-scale fabrication of bioinspired fibers for directional water collection[J]. Small, 2011, 7(24):3429-3433.

[2] Yin K, Du H F, Dong X R, et al. A simple way to achieve bioinspired hybrid wettability surface with micro/nanopatterns for efficient fog collection[J]. Nanoscale, 2017:10.1039.C7NR05683D.

[3] Gao Y, Wang J, Xia W, et al. Reusable hydrophilic-superhydrophobic patterned weft backed woven fabric for high-efficiency water-harvesting application[J]. ACS Sustainable Chemistry & Engineering, 2018:acssuschemeng.8b01387.

[4] Peng Y, He Y, Yang S, et al. Magnetically induced fog harvesting via flexible conical arrays[J]. Advanced Functional Materials, 2015, 25(37):5967-5971.

[5] Chen H, Zhang P, Zhang L, et al. Continuous directional water transport on the peristome surface of nepenthes alata[J]. Nature, 2016, 532(7597):85-89.

[6] Chen H, Zhang L, Zhang P, et al. A novel bioinspired continuous unidirectional liquid spreading surface structure from the peristome surface of nepenthes alata[J]. Small, 2017.

[7] Liu C C, Ju J , Zheng Y, et al. Asymmetric ratchet effect for directional transport of fog drops on static and dynamic butterfly wings[J]. Acs Nano, 2014, 8(2):1321-1329.

[8] Zhang L, Liu G, Chen H. Bioinspired unidirectional liquid transport micro-nano structures: A review[J]. Journal of Bionic Engineering, 2021, 18(1):1-29.

跨越维度的携手

——走近石墨烯 3D 打印材料的世界

邢　悦

"寄蜉蝣于天地，渺沧海之一粟。"天地、沧海，无论古今，都蕴含着多样的维度空间。零维空间就是一个点；若两点连成了线，便有了一维空间；两条线构成的面则被定义为二维空间；如果把面层层堆叠起来，有了高度上的延伸，便形成了体，这就是我们最熟悉的三维空间。那么，石墨烯与 3D 打印又是如何实现跨越维度的携手呢？

石墨烯：二维空间的钻石

可以说，材料发明史影响着整个人类文明的进步，从原始社会的石器时代到铁器时代、蒸汽时代，再到出现了计算机的硅时代，21 世纪，我们又步入了纳米材料的新时代。众多纳米材料中，最有代表性的非石墨烯莫属。

石墨烯是 2004 年由英国曼彻斯特大学的安德烈·盖姆（Andre K. Geim）和康斯坦丁·诺沃肖洛夫（Konstantin Novoselov）两位科学家制备出的一种全新的二维材料[1]，他们也因此获得了 2010 年诺贝尔物理学奖，拉开了二维材料的序幕。石墨烯是由碳原子组成的六角形、呈蜂巢晶格的二维碳纳米材料，微观结构中每个网格的交点便是一个碳原子。它是世界上已知最薄的材料，厚度（0.34nm）仅为头发的二十万分之一，却拥有最高的强度，领跑我们熟知的高强度材料。石墨烯特殊的结构决定了其具有独特的性质，如较高的比表面积，优异的力学性能，非比寻常的导热性能，较高的载流子迁移率及良好的透光性能等。石墨烯的这些优异性能引起了科学家们的极大兴趣，掀起了对其性质、制备方法以及在各个领域中应用的研究热潮。

石墨烯具有最致密却又最简单的平面结构（图 1），被人们称为二维空间的钻石。

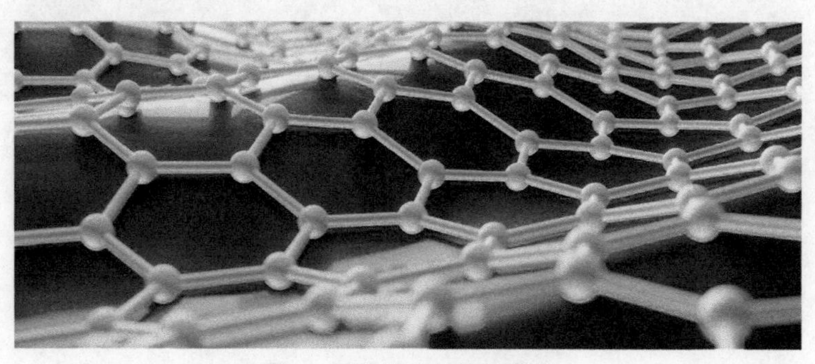

图 1　石墨烯微观结构模型

3D 打印：制造业的新秀

如前所述，把面层层堆叠起来就构成了三维的体，这也是 3D 打印技术的工艺原理。3D 打印，也称增材制造，是以数字模型为基础，通过逐层沉积的方式来构造物体的快速成型技术，如图 2 所示。当传统制造工艺暴露出诸多弊端时，它便脱颖而出。它可以实现小批量、高复杂度的工业制造，不仅缩短了周期，降低了成本，还能实现个性化定制，能快速响应市场。

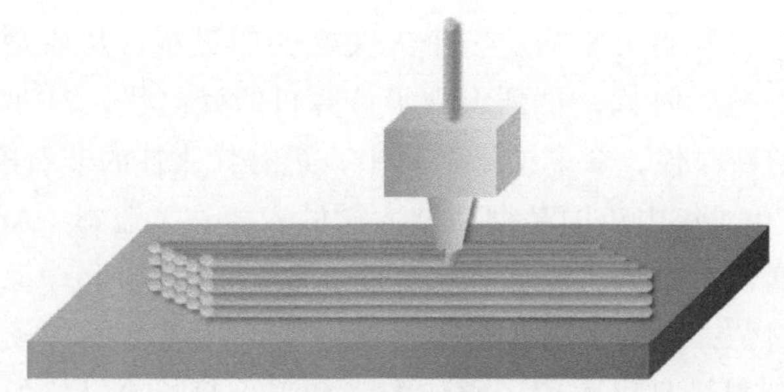

图 2　3D 打印过程示意图

虽然很多人说 3D 打印可打万物，但现在还远没有发展到如此成熟的程度，仍然有很多技术壁垒需要突破。限制 3D 打印技术发展的因素主要有三大类：首先是材料的局限性，目前市场上仍然以 PLA、ABS 等消费级低端材料为主，它们都无法满足高端制造领域的工程应用要求；其次是 3D 打印设备精度的局限性，这种分层制造的方式自身存在着“台阶效应”，而这直接影响了制件的表面精度和层间强度；这也就导致了另一问题，即3D打印所固有的工艺特性引起的力学性能折损，与同种材料的注塑件相比，3D打印制件的力学性能会有大幅衰减。这些问题都是阻碍3D打印技术实现工程应用的屏障。

强强联合：跨越维度的携手

科技创新是由一次次发现和解决问题推动的。在“中国制造2025”“工业4.0”为主流的市场环境下，为了突破3D打印技术壁垒，我们将先进的二维材料引入三维智能制造技术中，将3D打印材料、制件及技术服务的产业化延伸到各个高端领域的实际应用中，推动新一代纳米材料与制造技术的深度融合发展，实现了跨越维度的携手。

我们自主研发的新型石墨烯特种树脂基3D打印复合材料填补了此领域国内外的空白（图3），同时也打破了3D打印制件性能衰减的魔咒。石墨烯的引入助力了树脂基体拓展其性能边界，不仅弥补了折损的力学性能，还令力学性能、热力学性能、抗磨损性能都有了大幅的提升，性能如图4所示。

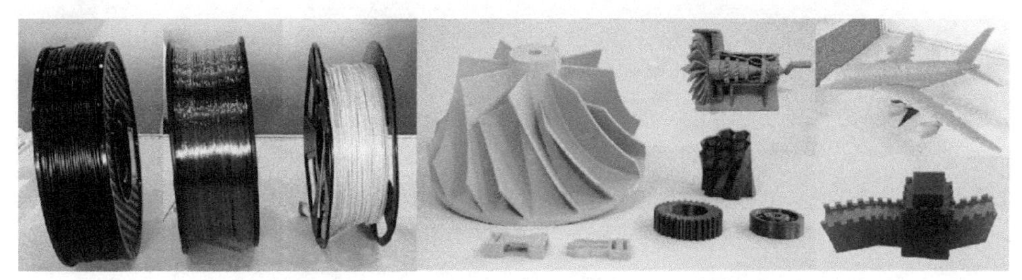

图3　新型石墨烯特种树脂基3D打印复合线材及制件

不仅如此，石墨烯3D打印材料的环境耐受度也非常高，防火阻燃达到了最高的航空级别，氧指数高达48%，且其兼具优异的耐腐蚀、耐辐射、抗老化性能。那么这些功能又有何用呢？要知道，大部分国防武器装备的服役环境十分恶劣，可谓“上九天、下五洋、高原驰骋、烈日为伴”。石墨烯3D打印零部件可耐受无机酸、稀碱、大多数燃料、盐溶液及高温润滑油的腐蚀，可耐受紫外线、伽马射线、电磁等辐射（图5），还可以在盐雾、高温等使用环境中延缓老化，拥有这样优异的特性使其未来可广泛应用于航空航天器、舰船、特种作战车辆、单兵配件等各类国防武器装备上。

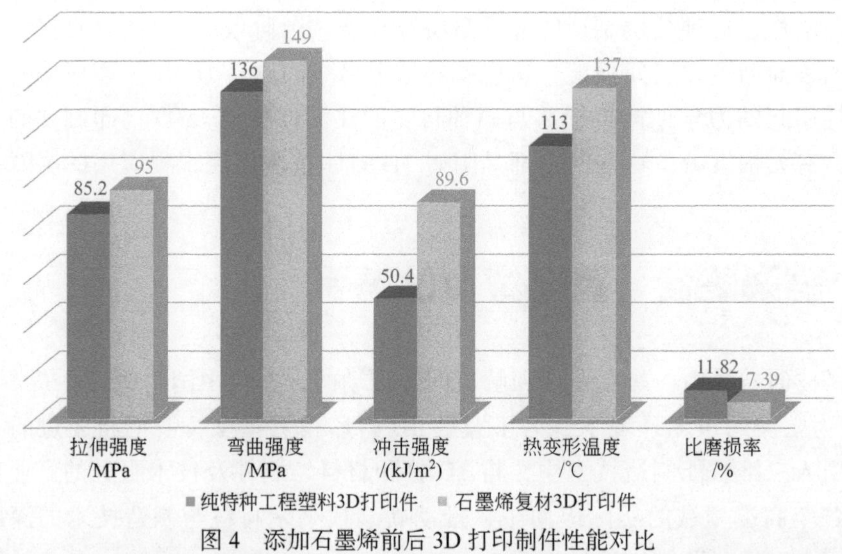

图 4　添加石墨烯前后 3D 打印制件性能对比

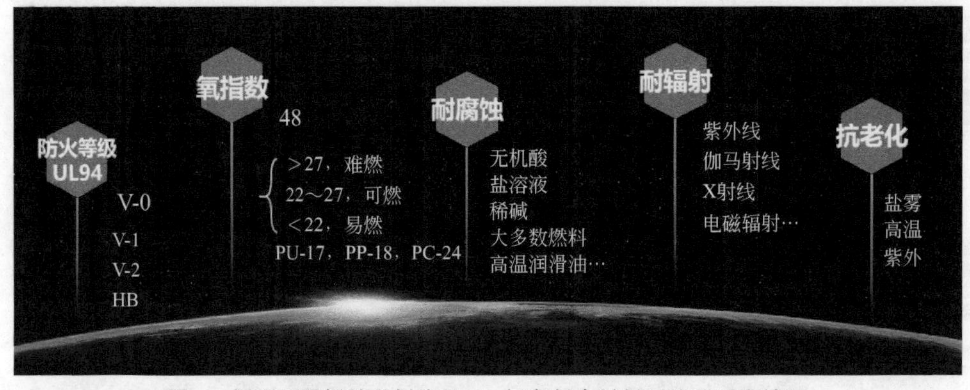

图 5　新型石墨烯特种树脂基 3D 打印复合材料环境耐受度情况

未来可期：石墨烯 3D 打印的应用前景

2017 年，空客推出的 A350 已经使用了上千件直接 3D 打印的高分子零部件。2019 年，牛津性能材料公司已签署协议，为波音定向提供 3D 打印复合材料管道、发动机出口导向叶片和推力转向叶栅等零部件。大家是否认为这些零部件的应用要求会很低？其实不然！以发动机出口导向叶片为例，当飞机降落、发动机反推实现减速时，这里可是要承受高达 10t 的质量呢！

那么，为何两大航空巨头争相在新机型上采用 3D 打印树脂零部件呢？答案是“成本”。从统计来看，3D 打印树脂零部件的装配可节省 70% 左右的制造成本和周期，单件 3D 打印部件较传统部件可减重 30% ～ 35%，整体核算下来，每架飞机可节省上千万元的制造及运营成本。

2020 年 5 月 5 日，我国成功完成了首次太空“3D 打印”（图 6），这对于未来中国空间站的建设、长期在轨运行及发展超大型结构在轨制造，都具有重要意义！

图 6　太空“3D 打印”案例新闻图

未来宇航员可以在失重环境下自制各类工具、零部件，这就大幅提高了空间站实验的灵活性和维修的及时性，降低了空间站对地面补给的依赖。说到地面补给，您了解多少？ 2018 年，美国 SpaceX 的无人补给任务耗费约 9 亿元，却仅搭载了 2t 物资，而这样的补给任务平均 3 ～ 6 个月就要进行一次。真是耗费不菲啊！ 2019 年，它完成了第 18 次补给任务，与以往不同的是，这次它为空间站送去了一台 3D 打印机。

由于石墨烯优异的力学性能，将其加入基体材料中，可显著提高抗拉强度和弹性模量等力学性能，再将其应用于 3D 打印成型制造，可为航空航天器实现大幅减重、降低成本、缩短周期提供保障，并实现多种功能。

除航空航天领域巨大的应用前景，石墨烯 3D 打印在电子领域、能源领域、医疗领域也显现出了不小的应用潜力。石墨烯材料的比表面积大，载流子迁移率高，使得其在电子领域具有很大的应用潜力。石墨烯与合适的聚合物基体复合后，可以用于制备柔性电子器件，而 3D 打印的应用可以方便快速地成型复杂精巧的电子器件，并且可以快速集成电子元件。石墨烯超大的比表面积和良好的导电性能使其在能源领域的应用受到了重视，其中包括用于能量储存的超级电容器和锂离子电池，以及用于能量转换的燃料电池和太阳能电池。

最后，在与生活息息相关的医疗方面，3D 打印的手术辅助导板、模型有助于医生在术前规划手术方案，以提高手术成功率。它还可以精准制造术后、骨科等各类康复医疗器械及辅助牙科修复（图 7）。石墨烯又具有良好的生物相容性和抗菌性，石墨烯 3D 打印可用于制备生物支架，增强人工骨组织和关节的耐磨性能。

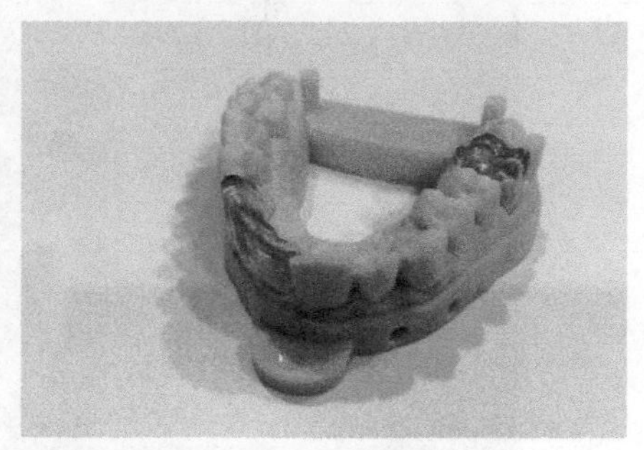

图 7　3D 打印口腔应用案例

3D 打印实现了低成本、短时效的精准还原，它正在无形中悄然改变着世界，慢慢推动人类发展的脚步。有了石墨烯的加持，更将二者结合起来，充分发挥各自优势，为复杂结构的成形制件附加功能性提供了有效的解决途径。

参考文献

[1] Novoselov K S,Geim A K,Morozov S V,et al.Electric field effect in atomically thin carbon films[J]. Science,2004,306(5696):666-669.

从哈利·波特到 3D 打印

师 博 杨源祺 陈帅雷 黄依婧 黄佳玮 姚瑞希 赵 沧

《哈利·波特》带我们走进了一个奇幻的世界：在哥特式的建筑背景下，魔法师挥一挥魔杖，念几句咒语，便能实现自己的愿望。地室里太黑了？没问题，有照明咒语。家里太脏了？放心，清理咒帮着打扫。此外，还可以骑着扫帚飞上天，披着斗篷隐形不见。

其实，"魔法"离我们并不遥远。在现实世界里，有种叫作3D打印的技术，能够帮助我们自由地创造心中所想的物体。在发动"魔法"之前，我们需要先设计好"咒语"。换句话说，就是使用计算机对想要创造的物体进行三维建模。之后，将"咒语"传入"魔杖"——3D 打印机，并向它供应魔力——材料和电力。稍等片刻，一个想象中的物体就被创造出来了（图 1）。想象力有多丰富，创造的舞台就有多大。

图 1　神奇的 3D 打印技术

什么是 3D 打印?

3D 打印技术，又称作增材制造，已有近 40 年的历史。它以三维数字模型为基础，通过喷头挤出、高能束扫描等手段，将金属、陶瓷、树脂等材料基本单元有选择性地连接起来，构建三维实体。一般情况下，3D 打印采用逐层堆积的方式，每层的制造过程都可以看作是在一张纸上绘制图案。当我们拿到一个刚刚打印好的构件时，会看到它的侧面上近乎平行的纹路，这便是逐层打印留下的痕迹。将它剖开，在显微镜下可以观察到内部的微观结构和组织。通过精心设计 3D 打印的材料和工艺，可以实现对微观结构和组织的调控以及对微观缺陷的抑制和消除。

目前，3D 打印技术快速发展，在医疗器械、航空航天、国防等领域呈现出广阔的应用前景。一个具有代表性的应用案例是微格金属。微格金属是一种多孔结构，由金属网格构成，网格的尺寸从几十纳米到几十微米不等。从宏观上看，微格金属就像一块海绵。由于里面空气的体积分数可以超过 99.9%，它被视为世界上最轻的金属材料。尽管如此，微格金属仍然具有较高的强度。除了微格金属，典型的案例还有火柴头大小的金属齿轮、比头发直径还小的动物模型等。简言之，肉眼看得见、看不见的东西，3D 打印都能制造出来。

基于独特的技术优势，3D 打印有望推动第四次工业革命（简称工业 4.0）。较之传统的减材加工和等材制造，3D 打印提供了更高的设计自由度、更短的产品研制周期、更环保节能的制造工艺以及满足个性化需求的定制选项。在减材加工中，主要通过切除、磨削等方法去掉原材料上多余的部分，从而得到具有特定形状和尺寸的构件。在等材制造中，如铸造、锻造、焊接等，材料在外界约束下被赋予一定形状，但不发生质量上的增加或减少。相比而言，3D 打印是一个从无到有的过程。在这个过程中，可以大幅提高原材料和能量的利用效率。这符合“碳达峰、碳中和”“绿色制造”等国家战略要求。更重要的是，它将复杂三维形体的制造过程降维至简单二维平面的制造，提供了一种普适的制造模式，人们可以根据需要，尽情发挥自己的聪明才智和艺术天分，而不用受限于加工工艺。在未来的日常生活中，只需要设计好模型，然后发送到云上的 3D 打印机，便可以得到独一无二的定制牙刷、文具、运动鞋、自行车、工艺品等。

3D 打印技术的分类

3D 打印发展到今天，形成了以粉末床熔融、定向能量沉积、材料挤出、黏结剂喷射、光固化等为代表的主流技术，打印构件的尺寸越来越大，精度越来越高，速度也越来越快。在原有技术不断改进提高的同时，新的打印技术也在不断出现，如双光子聚合、计算机轴向光刻等。

1. 粉末床熔融

在日常生活中，人们可能会由于运动伤害、高空坠落、车祸冲击等原因导致严重的骨缺损。针对这一问题，理想的方法是用与缺损部位一样的植入体来替代。但是，对于不同的情况，所需植入体的结构千差万别。下面将要介绍的粉末床熔融（Powder Bed Fusion）成型技术为人工植入体的个性化制造带来了福音。

粉末床熔融成型是目前发展较为成熟、应用较为广泛的 3D 打印技术之一。该技术一般使用激光束或者电子束作为热源熔化粉末。在激光粉末床熔融成型的过程中，粉末床往往需要置于惰性气体（如氩气）的氛围中，对于金属材料来说，这可以防止其在高温环境下发生氧化；而在电子束粉末床熔融成型中，则需要高度真空的环境，如果存在气体分子，电子束会与气体分子发生碰撞，造成能量的损失和方向的改变。

在 3D 打印开始之前，需要采用软件对三维实体模型进行切片分层，并且规划好打印的路径和工艺参数。这一步完成后，使用刮刀在基板平台上铺一层薄而均匀的粉末颗粒。接着，如图 2 所示，高能束线沿着预设的轨迹扫描，将粉末熔化和融合。待束线扫过后，熔化的金属迅速凝固，形成沉积层。当一层粉末完成打印后，重复上述的铺粉和扫描加热过程。在这个过程中，除当前粉末层的熔化外，之前的沉积层也会有一部分被重新熔化，两者相互交叠，融合成一个整体。通过这样的层层堆积，最终，一个与模型相同的三维物体就被打印出来了。

在金属粉末床熔融成型的过程中，加热和冷却的速率都很快（$10^3 \sim 10^8$K/s）。一般情况下，这有利于细化晶粒，获得更高的机械强度。然而，急速冷却容易造成较大的应力和变形。为了适当降低冷却速度，可以对基板平台进行预热或者对粉末床进行预扫描，以提高粉末床的温度。

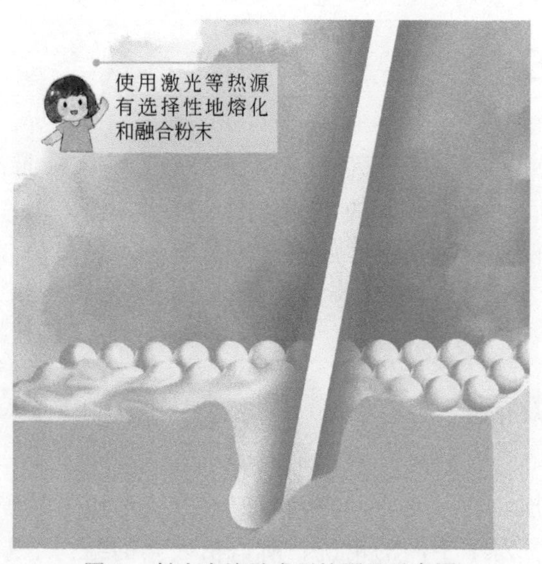

图2　粉末床熔融成型的原理示意图

相比电子束，激光粉末床熔融成型的精度较高。这源于后者使用了较小的束斑尺寸和粉末粒径。一般情况下，激光的束斑尺寸小于100μm，粉末的颗粒直径小于50μm。但是，精度提升的同时牺牲了成型的效率。为了克服这一缺点，部分商业化设备同时使用多束激光进行加工。这背后需要更为强大的软件和控制系统作为支撑。

2. 定向能量沉积

除粉末床熔融成形外，目前应用较为广泛的另一项3D打印技术是定向能量沉积（Directed Energy Deposition）成型。如图3所示，它通过喷粉或送丝的方式使材料进入激光束、电子束等热源的作用范围。当热源离开后，熔融的材料快速冷却和凝固，与之前的沉积层形成一个整体。这样的沉积过程逐层反复，最后完成构件的打印。与粉末床熔融成形类似，为了避免金属在高温下发生氧化，可以通过喷嘴送入惰性气体，营造出局部保护环境。

与粉末床熔融成型相比，定向能量沉积成型的精度稍差。但是，该技术在结构和成分的控制方面具有更高的自由度。第一，不需要额外的腔体，也就没有了腔体尺寸的限制，可以打印出尺寸更大的构件。第二，利用多轴系统调整喷嘴的角度，可以在斜面和曲面上沉积材料，并配合铣削、磨削等传统工序，去除多余的材料。第三，可以同时使用多个喷嘴在不同的位置进行不同材料的打印，也可以通过实时地改变材料的配比来自由地控制合金的成分。此外，由于使用了更大的束斑尺寸，能同时熔化更多的材料、形成更大的熔池，所以，定向能量沉积成型的打印速度也要更快。

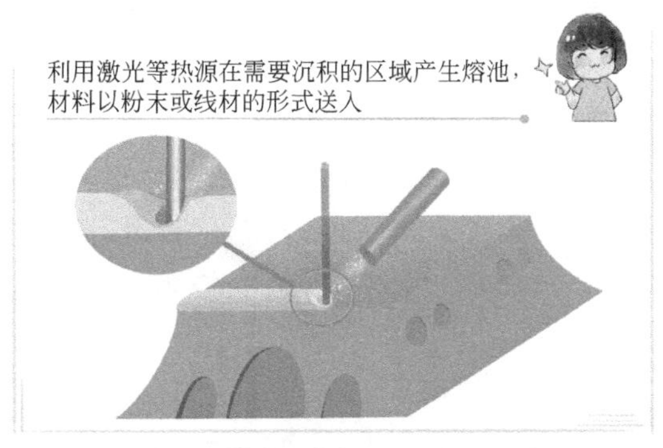

图 3　定向能量沉积成型的原理示意图

3. 材料挤出

早在商朝以前，人们就开始用泥条逐层堆叠的手艺来制作各式各样的陶器。下面将要介绍的挤出式 3D 打印技术与这种原始工艺有着异曲同工之妙。材料挤出成型使用本身或者加热后具有一定流动性的材料，将其以细丝状从喷嘴沿着指定的轮廓挤出，经过冷却凝固、化学交联等方式形成沉积层。

熔融沉积成型（Fused Deposition Modeling）是最为人们熟知的一种挤出式 3D 打印技术。该技术一般使用高分子丝材。如图 4 所示，丝材被滚轮送进加热器，待加热至熔融态后从喷嘴挤出，最后很快冷却固化。除了丝材，也可以采用螺杆挤出颗粒原料，这样更利于不同材料之间的均匀混合，拓宽适用材料的范围。

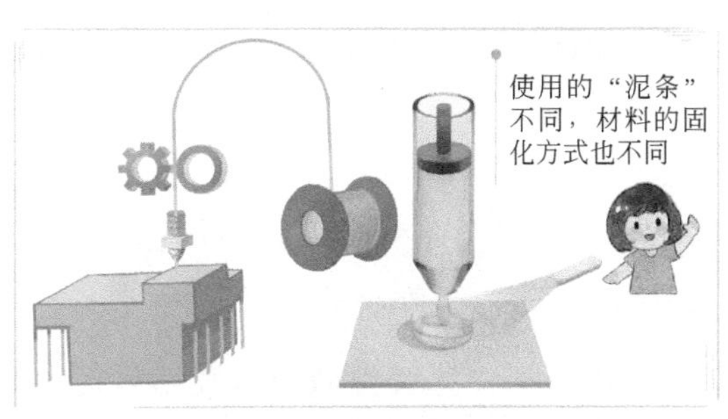

图 4　材料挤出成型的原理示意图

另一类挤出式 3D 打印技术称为墨水直写技术（Direct Ink Writing）。其工艺原理类似于生活中经常见到的注射器。如图 4 所示，材料直接在压力的驱动下从喷嘴中流出并固化。这里所说的“墨水”，并不是像水那样流动性极好的液体，而是类似于奶油的黏稠浆料。这种特殊的墨水在挤出后具有保持原状的能力，不会四处流动，最后通过光照、加热、化学反应等辅助手段实现固化成型。

挤出式 3D 打印技术的成型精度取决于喷嘴口径。针对不同的材料和应用场合，这一参数目前最小可达到数十微米，如用于微电子器件的导电油墨打印，最大可达到分米级，如用于建筑的混凝土打印。简单的设备、低廉的成本以及优异的可集成性使得这项技术无论在研究中还是应用中都经久不衰。

4. 黏结剂喷射

黏结剂喷射（Binder Jetting）成型是一种使用黏结剂有选择性地粘接粉末的技术（图 5）。由于表面张力的影响，黏结剂不能完全填充粉末之间的空隙，所以打印出的构件具有疏松多孔的内部结构。这些构件往往需要进行热处理，以进一步固化和强化。而在某些应用场合下，这种疏松多孔的结构反而成了优势。例如，铸造用的型芯需要这种微小孔隙，以具备一定的透气性以及铸件成型后便于除砂。再如，药物载体需要具有较大的比表面积，以便在体内能够快速降解。

图 5　黏结剂喷射成型的原理示意图

黏结剂喷射成型也可以用来制造较为致密的构件。为了达到这个目的，需要进行一道称作排胶的工序。该工序可以去除粉末颗粒间的黏结剂，同时保证构件形状的完好。目前，一般使用高温加热的方法，将黏结剂分解为气体排出。待黏结剂完全消除后，需要升高温度进行第二道工序，即烧结。在这个过程中，粉末颗粒发生表面熔化而形成烧结颈。随着烧结颈的长大，构件发生收缩和致密化。这种体积的收缩（10% ～ 20%）会影响构件的尺寸精度，可以通过放大打印的模型进行适当的补偿。这项技术不仅适用于金属，还适用于陶瓷等材料。但是，限于工艺特点，一般只能用在对力学性能要求不是很苛刻的场合。

5. 光固化

液态的光敏树脂受到光照后，会发生固化而转变为坚硬的固体。光固化（Vat Polymerisation）就是利用了这一特性，一般使用紫外线选择性地固化液态树脂，进而得到需要的三维结构。

最早被提出的光固化技术是立体光刻（Stereolithography）。如图6所示，打印平台被浸入盛有光敏树脂的容器中，并与容器的底面间隔一定距离。计算机按照模型的分层结果，操控激光对间隙内的树脂薄层进行扫描固化。每扫描完一层，平台便会向上移动一个层高。待新的树脂充填间隙后，再进行下一层的扫描。最终成型的构件还要在紫外灯箱中进一步固化。

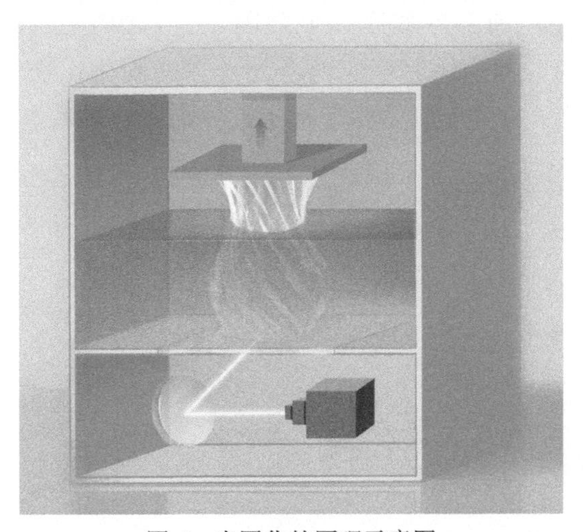

图6　光固化的原理示意图

传统的立体光刻技术使用点状光源，固化效率很低。于是，人们考虑使用投影仪代替点状光源，直接向树脂表面投影图案，对整个树脂薄层同时进行固化，这种方法叫作数字光处理（Digital Light Processing），并由此衍生出了连续液面制造（Continuous Liquid Interface Production）等打印效率更高的光固化技术。

无论采用哪种光固化形式，构件的成型精度都会受到紫外线的光斑尺寸或者投影图像的像素尺寸的影响，一般为数十微米。但是，树脂材料不耐高温，强度也不高，所以，光固化3D打印技术最初主要用于手办、产品样件等对材料性能要求不高的场合。后来，科学家想到将金属或陶瓷粉末均匀分散到光敏树脂中，利用所得浆料进行光固化3D打印，再通过热处理去除树脂，就可以得到表面质量和致密度良好的金属或陶瓷构件。这一方法拓宽了光固化技术的适用范围，并在一些领域成了不可替代的方案。

6. 双光子聚合技术

光固化技术一般利用紫外光照射液态光敏材料，通过单光子吸收实现固化。因此，激光只能对树脂表层进行加工。此外，加工的最小区域受到光学衍射极限的限制，所以，普通的光固化技术难以达到微/纳米级的精度。

随着纳米医学、微电子等领域对于微/纳米三维结构的需求越来越大，一种名为双光子聚合（Two-Photon Polymerisation）的成型技术引起了人们的关注。不同于普通的光固化，双光子聚合一般采用近红外波段的飞秒激光（光子能量较低）在焦点局部区域完成聚合固化。如图7所示，在这个过程中，材料只有在极短的时间内同时吸收两个光子才能固化，是一种非线性光学效应。利用这种方法，科学家制造出了标志性作品——纳米牛。

图7　双光子聚合技术的原理示意图

双光子聚合技术可以使用高黏度树脂，不必添加额外支撑。通过调节光强，使其略高于双光子吸收的阈值，能够使成型精度突破光学衍射极限，达到纳米尺度，如10nm。同时，极短的脉冲时间也使得热量难以扩散，保证了加工的精度。

最近，有研究团队通过设计新的光敏树脂和引发剂体系，实现了引发剂对激光能量的两步吸收。其中，第一步吸收使分子处于中间态，而第二步吸收使分子变为激发态。与前文双光子吸收不同的是，这里材料对光子的两步吸收不需要同时进行，因此，这项新的技术可以使用比飞秒激光器价格更低、体积更小的低功率连续激光器。在成型精度方面，该技术能够与双光子聚合技术相媲美。但显然，无论采用何种原理，这类利用非线性光学特性的微/纳米尺度3D打印技术难以高效制备大尺寸结构。通过和其他成型技术相结合，可以更好地发挥其精度优势，推动微/纳米器件的功能化和集成化发展。

7. 计算机轴向光刻技术

传统的3D打印是一个逐道、逐层堆积的过程，所以打印出来的构件往往存在力学性能上的各向异性。而体积成型技术（Volumetric Additive Manufacturing）可以直接通过光照将构件整体同时成型。由于没有分层，构件的表面十分光滑。

计算机轴向光刻（Computed Axial Lithography）技术便是其中的一种，它受到了计算机断层扫描（Computed Tomography）的启发，利用投影仪对盛有光敏树脂的容器进行旋转投影，如图8所示，在容器沿中轴线连续旋转的过程中，投影仪实时投影对应的图案，使一个三维区域内的树脂同时固化成型。你可能会疑惑：为什么其他受到光照的部分不会固化呢？这是因为光敏树脂中溶解有抑制固化的氧气。通过计算控制各个投影的强度，使得要成型区域的氧气先于其他区域耗尽，便能够固化该区域的树脂，而剩余的树脂仍会保持液态。

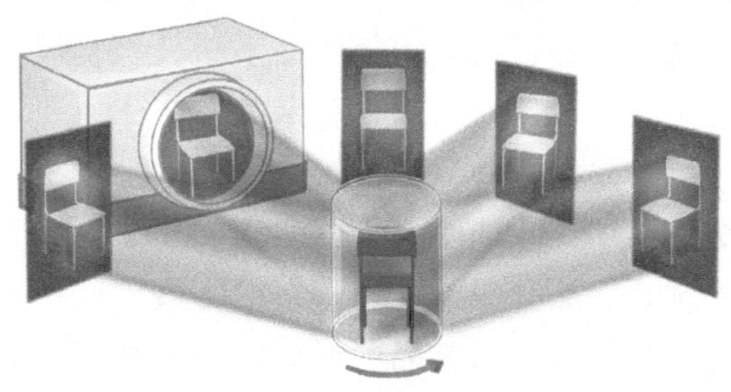

图8 计算机轴向光刻技术的原理示意图

与传统的方法相比，计算机轴向光刻技术的打印速度要快得多。例如，它能在1min内制造出拳头大的物体，而其他方法可能需要数小时。此外，计算机轴向光刻技术可以使用高黏度树脂，打印时甚至无需支撑。但是，它需要反馈系统实时进行计算优化，这增加了设备成本，需要高性能计算的支撑。

3D 打印技术的应用

1. 单晶与类单晶

航空发动机被誉为“工业皇冠上的明珠”。其核心构件是涡轮叶片，需要在近千摄氏度的高温下长时间承受巨大载荷。这对材料的性能有着严苛的要求。镍基单晶高温合金在高温下仍然具有足够的力学性能，是制造涡轮叶片等热端零部件的理想选择。

通常来说，金属是多晶材料，由许多取向明显不同的晶粒构成。晶粒之间的结合界面称作晶界。晶界在高温和长时间载荷下容易产生裂纹。而单晶不同，在理想情况下，只由一个晶粒构成，没有晶界。实际上，还存在着晶粒数量较少、晶粒尺寸较大的晶体，称为类单晶或者准单晶。虽然不及理想的单晶，但相较于多晶，类单晶的性能已有很大提升。

目前，单晶组织多通过液态金属的定向凝固获得。在激光 3D 打印中，由于熔池尺寸小、激光能量密度高，熔池内部的温度梯度峰值可以达到 $10^6 \sim 10^8$K/m，具有比传统铸造工艺更强的定向凝固特征。这里以定向能量沉积技术为例，来说明类单晶构件的打印过程。如图 9 所示，在单晶基板上熔覆第一层时，在极高的温度梯度下，柱状枝晶依附于基板现有的晶粒表面，沿一致的方向外延生长。但是，在熔覆层的顶部会产生细小的杂晶。这可能与凝固前沿的自发形核有关。在熔覆第二层时，前一层顶部的杂晶会被重熔，并进行外延生长。重复上述过程后，类单晶不断长大，最终得到具有一定结构的构件。成型结束后，构件的表层存在杂晶，往往需要进行机械加工和热处理。

目前，杂晶仍然是 3D 打印单晶金属的主要障碍。熔覆层间的重熔可以有效地转化前一层顶部的杂晶，但是，由于逐层的热量累积减小了熔池的温度梯度，这反而促进了熔覆层表面杂晶的形成，因而对工艺参数的精确控制提出了要求。但无论如何，得不到重熔的顶层杂晶仍然很难抑制，尤其是制造空心、多孔等复杂结构时，内部杂晶的去除极为困难。

虽然困难重重，但随着服役温度不断提高，涡轮叶片的冷却结构日趋复杂，3D 打印技术的优势就尤为明显。随着快速凝固理论和增减材复合技术的发展，在未来，短流程、高可靠地制造严格意义上的单晶构件有望成为现实。

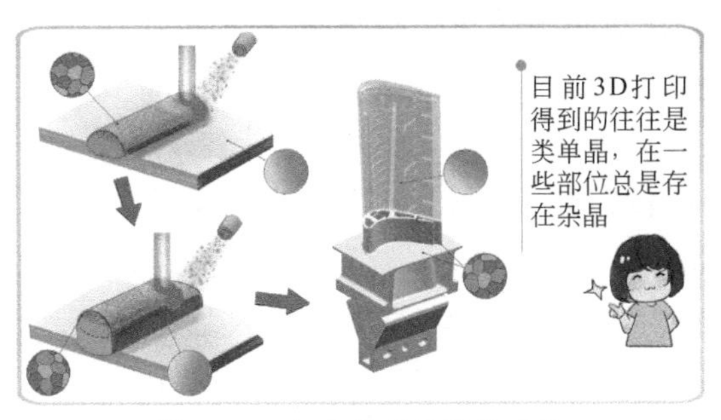

图 9　3D 打印类单晶涡轮叶片

2. 金属玻璃

早期，人们普遍认为，金属由原子排列长程有序的晶粒构成，而玻璃中的原子排列是长程无序的。1960 年，科学家偶然发现，快速冷却制备的 Au-Si 合金具有和玻璃相似的 X 射线衍射图谱，这意味着两种材料具有相似的原子排列结构。那么是什么原因导致了这种奇怪的现象呢？如图 10 所示，液态金属在极高的冷却速率下（如 10^5 ～ 10^6K/s），还没有等混乱运动的原子“排好队”，就已经完全凝固了，所以，液态时的微观结构被封存在固态金属中。这类材料称为金属玻璃或者非晶合金。

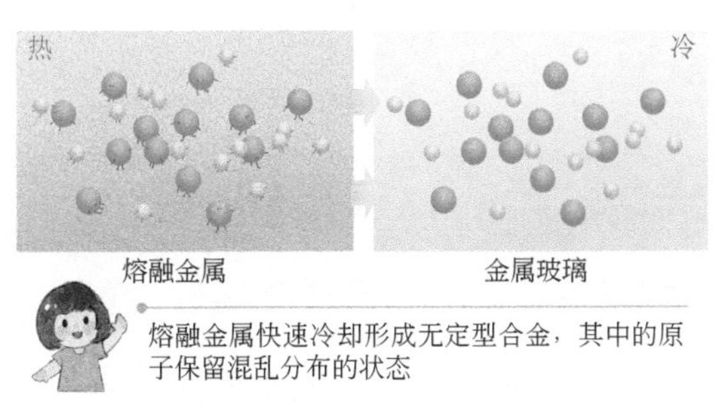

图 10　3D 打印快速冷却制备金属玻璃

由于没有晶界、位错等微观缺陷，金属玻璃具有优异的耐腐蚀性、耐磨性和强度，有些还表现出良好的软磁性、催化性等功能特性。迄今为止，已经发现了上千种适合制备金属玻璃的合金体系，但是受到冷却速率的限制，绝大部分都难以得到厚度超过 10mm 的块体金属玻璃，严重阻碍了其工程化应用。激光 3D 打印中熔池非常小，有望解决冷却速率不足的问题。

目前制备金属玻璃，使用最广泛的技术是激光粉末床熔融成型。其打印过程可以看作一个个熔池凝固后得到小块金属玻璃，然后不断连接形成大的块体。此外，可以通过设计粉末材料的成分，有效地调节金属玻璃的性能。例如，向粉末中混入较软的材料，这可以帮助克服金属玻璃脆性大的缺点，从而获得兼具强度和塑性的金属玻璃复合材料。

尽管如此，3D 打印逐层沉积、重复加热的特性也带来了一定的问题。由于受到上层熔池的热影响，下方区域可能发生晶化，所以，最终得到的并不是全非晶组织。有趣的是，在一定的工艺参数下，晶化粉末可以打印出全非晶的块体，非晶粉末也可以打印出完全晶化的块体。这说明除合金成分外，工艺参数对材料的微观结构和性能也有直接影响。

总之，利用 3D 打印技术制造金属玻璃，突破了传统方法对于尺寸和结构复杂程度的限制，这为金属玻璃更好地发挥性能优势、更广泛地应用于航空航天、精密仪器等关键领域带来了新的机遇。

3. 高中熵合金

传统的合金，例如我们生活中熟悉的钢铁，一般以一种金属元素为主体，再往其中加入一些微量元素来提升性能。近年来，科学家们发现，如果将多种金属元素不分主次地混合，形成的合金会表现出比传统合金更优异的性能。这类多主元合金，由于“混合熵”比较高（图 11），所以被称为高熵合金或者中熵合金。前者由五种及五种以上主元金属元素组成，而后者由两到四种主元金属元素组成。

图 11　多主元合金中的“混合熵”

高中熵合金往往具有高强度、高硬度、耐磨、耐腐蚀等优异性能。但是，因为这些优异的性能，锻压、切削等传统制造方法很难对其进行加工，制造形状复杂的构件更加困难。采用 3D 打印技术，则不会遇到这些问题。常用的打印技术包括粉末床熔融成型和定向能量沉积成型。在打印的过程中，加热和冷却速率极快（如 $10^3 \sim 10^8$K/s），可能形成超细晶、非晶等微观组织，获得更好的力学性能。

除了制造构件，3D 打印技术还可用于制备高中熵合金激光熔覆涂层。例如，利用定向能量沉积技术，通过激光束将合金粉末与基材表层熔融，冷却后即在基材表面形成涂层。这种方法可以使切削刀具变得内韧外强，也可以使船体抗腐蚀的能力增强。

4. 形状记忆材料和结构

生物在受到外界温度、压力等信号刺激时，能够表现出应激反应。例如，当我们触摸含羞草时，它展开的叶片会迅速合拢，而将手拿开一段时间后，叶片又会慢慢恢复原状。通过向大自然学习，利用 3D 打印技术，我们可以赋予无生命构件以“智慧”，使其能感知环境变化，并执行相应动作（图 12）。这里，除空间三维坐标系外，还引入了时间维度，所以，我们将这种技术称为 4D 打印。那么，如何获得“智慧”呢？一方面，我们可以采用形状记忆智能材料进行打印；另一方面，也可以对非智能材料进行结构设计，打印出智能结构。

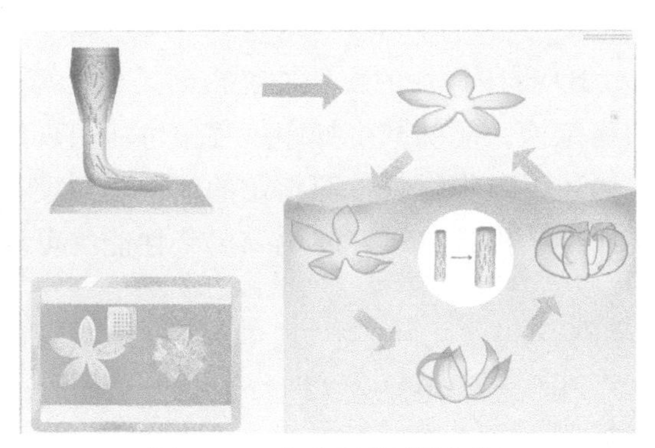

图 12　3D 打印赋能形状记忆

顾名思义，形状记忆材料是一种能够“记住”自己形状的智能材料。它在受力产生变形后，遇到特定的外界激励又能恢复至初始形状。例如，利用能响应温度变化的钛镍合金制造的空间可展开天线，可以先被揉成体积很小的线团装入卫星舱内，当发射至太空后，天线受到太阳辐射而升温，逐渐恢复至展开状态。再如，记忆合金血管支架可以微创植入人体后自动撑开，减轻患者的手术痛苦。

智能结构，具体来说，就是赋予特定部位以特定的材料成分和宏微观结构，使构件各个部分具有不同的变形特性，从而实现整体形状的可控变化。例如，用刚性的聚乳酸模拟翅脉、用弹性的热塑性聚氨酯弹性体模拟节肢弹性蛋白，就能得到仿昆虫膜翅的折纸结构，可完成折叠和展开动作。

目前，许多4D打印构件尚处于演示阶段。要想实现智能构件变形、变性能、变功能的精确控制，还需要进行大量的研究工作。但不可否认，4D打印为智能构件的设计和制造提供了新的思路，在航空航天、生物医疗、仿生机器人等领域具有巨大的应用前景。

5. 碳纤维复合材料

复合材料由两种或两种以上的材料混合而成。碳纤维复合材料具有密度小、强度高的特点。其传统成型方法不仅工序繁多，而且难以实现自动化生产。相比较而言，使用将材料熔化并以丝状挤出的3D打印方法，可以很方便地使构件的成型和碳纤维在空间中的分布同步完成。根据纤维的长度，打印方法有所不同。短纤维可以与热塑性颗粒混合后进行熔融沉积成型。纤维在挤出时受到剪切力的作用，会形成一定的取向。长纤维则可以以同轴的形式预先嵌入打印丝材中。这省去了编织碳纤维预制体的流程，大大提高了构件设计的自由度。

经纤维增强后，3D打印构件的拉伸性能得到显著提高。同时，纤维的嵌入还增加了构件的稳定性，能够减少打印过程中可能出现的变形。通过计算机的精确控制，我们还可以将材料按照指定的间距和角度打印，制成特定的结构。例如，栅状纤维结构具有较好的电磁屏蔽性能，可以用于隐形战机的外壳。

6. 生物材料

当一个人器官损坏甚至功能丧失时，器官移植是战胜病魔的一个好方法。然而，目前可供移植的器官缺口巨大，而且免疫排斥反应也可能导致器官移植失败。为了解决这些问题，我们可以尝试利用3D打印技术直接打印出与人体相容的器官，如心脏（图13）。

生物打印一般使用材料挤出成型技术，以生物墨水为原料。这种材料由细胞、培养液和其他生物相容性材料混合而成，既能保证细胞的正常生存，又有各种神奇的特性。例如，它在经受温度变化、光照、接触生物酶时，可以发生固化。在打印过程中，生物墨水准确固化，将生物相容性材料和细胞组装成三维结构，细胞进一步生长，理论上有可能得到可供移植的器官。

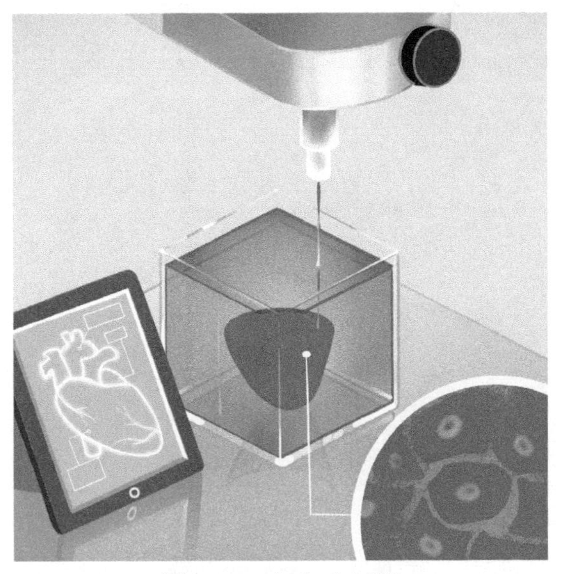

图 13　3D 打印“心脏”

3D 打印器官可以进行个性化定制生产，但是，目前离实际应用还有很长的路要走。面临的问题之一是细胞的存活率。打印过程中压力或温度变化以及生物墨水中的有毒成分等环境中微小的刺激就可能导致细胞死亡。另一个问题是血管系统的搭建。器官要想发挥应有的功能，充足的养料供应必不可少，但毛细血管的构建是一项巨大的挑战。人体内毛细血管的直径只有 6 ～ 8μm，甚至比红细胞还要窄。尽管近年来，有科学家通过同轴式喷头挤出夹芯导线式的材料，再使芯部材料溶解，实现了血管化器官原型的制造，但是这仍然难以实现临床应用。

7. 锂电池材料

在 2019 年的诺贝尔化学奖颁奖词中，诺贝尔委员会说：“锂离子电池的发明和应用，让人类实现无化石能源的社会成为可能。”今天，锂离子电池的广泛应用在为“碳达峰、碳中和”作出贡献。

传统工艺制造的平板电极很难保证同时获得高能量密度和高功率密度。能量密度是单位质量（或者体积）的能量储量，而功率密度则是单位质量（或者体积）的能量释放速率。高能量密度意味着增加电极的质量，进而增加电极厚度，但这就会导致电极内部的离子和电子为了到达表面放电，需要移动更远的距离，从而降低功率密度。利用 3D 打印技术，我们可以通过设计更加精巧的电极结构解决这个矛盾。例如，多孔结构可以为锂离子的移动提供距离更短的通道，而“曲折”的电极结构（图 14）则能够增大电极板与电解质的接触面积。

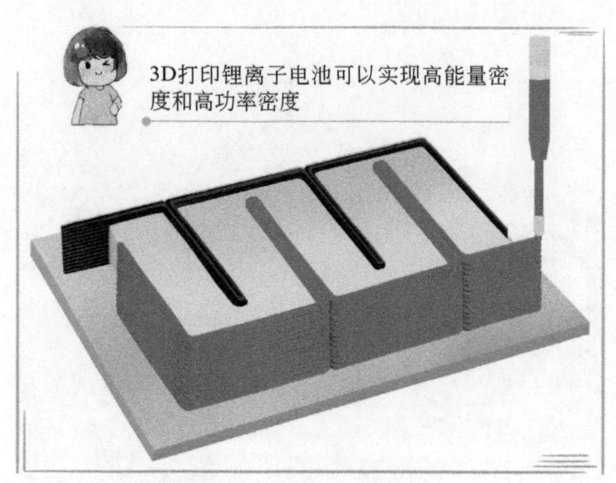

图 14　3D 打印锂电池

除了提升电池的性能，3D 打印技术还为制造各种形状的锂离子电池提供了可能，而不局限于传统的圆柱或立方体。这在可穿戴电子产品领域具有一定的应用价值。

8. 珠宝材料

你是否想过，人们手指上的戒指、手腕上的手镯、脖颈上的项链，或许也可以利用 3D 打印技术制造出来。是的，3D 打印悄然进入了珠宝首饰行业。

在传统的珠宝制造过程中，雕蜡师根据设计师的图纸用蜡雕刻出蜡版，然后通过压制模具等工艺制造出蜡模。这个过程工序复杂、生产成本高。而利用 3D 打印技术，可以有效缩短制造蜡模的工艺流程。如图 15 所示，只需要将首饰的模型导入计算机，3D 打印机就能直接打印出蜡模。这种方法不仅效率高，而且成型的精度很高，能够打印出比传统蜡模更为精细复杂的结构。除此之外，还可以直接使用贵金属打印珠宝首饰。得益于以上优点，珠宝设计师们可以更加自由地放飞想象，也能够在更短的时间里把新想法转换成展柜里的新产品。

3D 打印的使用也为消费者个性化首饰的定制插上了翅膀。传统的珠宝制造流程成本很高，如果消费者想要定制个性化首饰，往往需要承担高昂的设计加工费用。而如果采用 3D 打印技术，一般情况下，由于加工成本与首饰的个性化程度或者复杂程度没有关系，所以，主要成本变成了设计师的设计费用。可以预见，定制个性化首饰将会越来越普及。

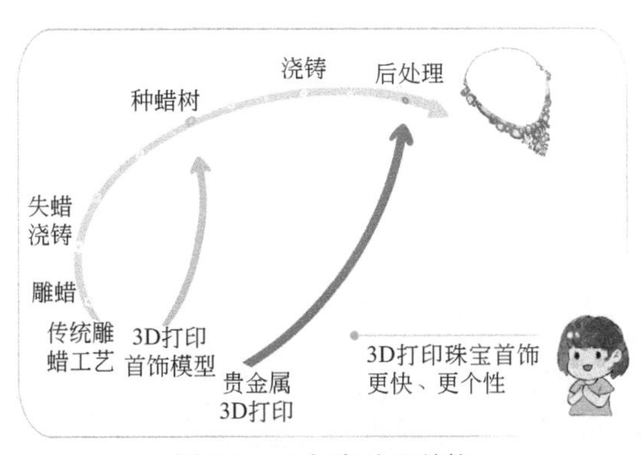

图 15　3D 打印珠宝首饰

9. 建筑材料

在古代，人们将砖块和黄泥一层层地堆叠起来，就能砌起一堵墙，盖成一间屋。现在，借助电力、机械和计算机，3D 打印在建筑领域开始得到应用和推广。相比较而言，3D 打印建筑的一大优势是环保，可以大大减少碳排放，同时也能解放工人的双手。

如图 16 所示，在 3D 打印房屋的过程中，一台大型喷头被安装在可以旋转伸缩的吊机上，按照房屋的图纸模型一层层地挤出混凝土。之后通过人工在预留的通道中插入钢筋，并浇筑混凝土进行加固。别看这里介绍得简单，要想打印出稳定的墙体，首先就要“驯服”混凝土，使其具有合适的凝固速度，不能太快，需要保证沉积层之间的连接强度；也不能太慢，需要下方的沉积层具有足够的支撑强度。同时，对混凝土进行改性可以提高其力学性能，从而减少甚至避免钢筋的使用。

3D 打印技术给建筑师带来了新的设计灵感。而且，有些打印建筑的性能甚至超过行业标准，并已经投入使用。值得一提的是，对于这项技术，科学家们将目光放到了更遥远的未来。假如我们能够在月球上就地取材，利用 3D 打印技术建造基地，这无疑将大大推动对月球资源的研究和利用，为人类社会可持续发展提供新的机遇。

图 16　3D 打印未来房屋

10. 仿生结构

经过数十亿年的演化，自然界的生物进化出了令人惊叹的功能结构。例如，荷叶表面密集的微凸起结构使得荷叶“出淤泥而不染”；鲨鱼皮肤表面粗糙的 V 形皱褶能够大大减小水流的摩擦阻力；蝴蝶翅膀上“沟壑纵横”的微 / 纳米结构使得蝴蝶翅膀兼具超疏水性和结构显色功能。利用多材料打印技术，3D 打印有望制造出复杂精妙的仿生结构。

贝壳的珍珠层由文石晶片和有机物两种低强度材料组成。但是，凭借高度有序的“砖泥结构”，它具有人工合成材料难以比拟的力学性能。受此启发，科学家们利用材料挤出技术，同时使用刚性材料和柔性材料打印出仿珍珠层结构的构件。相比单一组分，这种仿生设计使构件的韧性提高了一个数量级。

另外，在生物体中，许多部位具有连续渐变的成分和结构。这样的特征有利于充分发挥不同成分各自的独特优势，又避免了成分突变的界面，从而使它们能够协同配合。例如，人的髋臼在与股骨头接触的表面具有较高的致密度和硬度，可以减缓磨损，而其内部充满了孔隙，可以为组织生长、养分输送提供通道。基于此，科学家使用 Ti6Al4V 和 CoCrMo 材料，利用多喷头定向能量沉积技术制造出了仿生的髋臼杯（图 17）。通过调整激光的扫描路径和粉末层厚，可以方便地控制材料的孔隙率，进而实现构件功能的分级。这种基于 3D 打印的仿生设计和制造，使产品更加贴近真实环境下的应用需求。

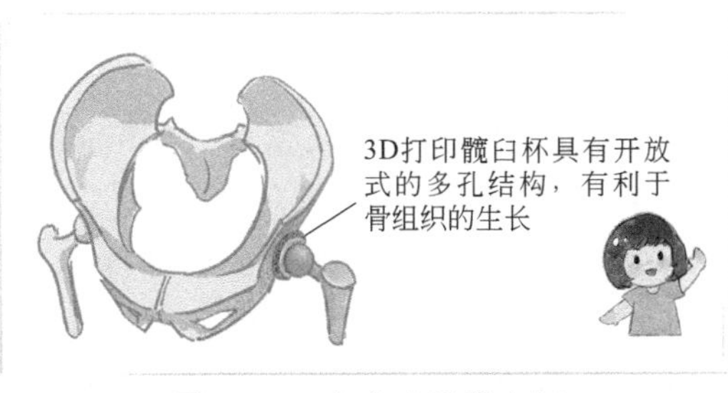

图 17　3D 打印人类髋臼杯

展望

经过近 40 年的发展，3D 打印行业已经初具规模，正在深刻影响着人们生产、生活的方式以及全球产业的格局。但是，目前 3D 打印仍然有很多瓶颈问题需要解决，如经济成本、适用材料、成型缺陷等。可以预见，在未来相当长的一段时期，它将与传统的制造技术互补并存。

首先，3D 打印的经济成本仍然很高。虽然家用型 3D 打印机的价格日趋低廉，但一台高性能的工业级金属 3D 打印机，其售价一般高达上百万元。同时，3D 打印耗材的费用也比较高昂。例如，用于熔融沉积成型的 ABS 塑料价格基本在 200 元 /kg 以上，光固化技术中使用的光敏树脂则在 200 元 /L 以上。此外，目前得到应用的 3D 打印技术仍然是逐层叠加的制造方式，较慢的打印速度也带来了较高的时间成本。打印一个构件通常需要半小时到几天不等的时间，而且往往还需要进行后处理。相比于传统汽车工业中每分钟生产十几件汽车零件的冲压流水线，这样的速度显然是汽车供应商不能接受的。因此，3D 打印技术在当下主要作为一种定制化产品的制造方案，而难以承担大规模生产的任务。

其次，3D 打印可选材料的成分和形态仍然有限，并且目前主要是单种材料打印。例如，在金属 3D 打印中，常用的材料包括不锈钢、铝合金、钛合金、镍基合金等，它们大多是铸造用合金，并不一定能完美适配 3D 打印特殊的加工条件。同时，这些金属只有制成专用的粉末或者线材才能满足工艺要求。虽然金属材料有成千上万种，但并不是所有的材料都适合用来 3D 打印。有一些高性能合金含有容易汽化的成分（如锌元素），在打印时很容易产生元素损失，从而影响构件的性能。目前，实际应用到生产中的 3D 打印材料只是庞大材料家族的冰山一角，3D 打印专用金属、陶瓷、高分子及其复合材料的研发方兴未艾。

更重要的是，3D 打印的构件仍然存在很多成型缺陷。在金属 3D 打印中，常见的缺陷包括气孔、局部未熔合、氧化、残余应力、微裂纹、粗糙表面等。这些缺陷可能会严重影响产品的力学性能和抗腐蚀性能，从而限制了产品的实际应用。如当熔池内的气体未在熔池凝固前逃逸出来，就会在构件中留下气孔。存在于构件表面或者近表面的气孔，会造成局部的应力集中。当构件承受周期性载荷时，裂纹容易从这些气孔位置萌生，大大降低构件的使用寿命（疲劳寿命）。

尽管如此，由于无限的自由度，3D 打印赋予了人类想象的翅膀以在云端驰骋，不受物理和空间的限制。希望中国能够作为制造强国立于世界之林。这将依赖于青少年一代，需要他们彻底解放思想，以迎接工业 4.0 的到来。彼时，以量制价的生产方式将成为过去。

参考文献

[1] 颜永年，张人佶，林峰，等. 快速制造技术的发展道路与发展趋势 [J]. 电加工与模具，2007 (S1): 25-29.

[2] 卢秉恒，李涤尘. 增材制造（3D 打印）技术发展 [J]. 机械制造与自动化，2013 (4): 1-4.

[3] 王华明. 高性能大型金属构件激光增材制造：若干材料基础问题 [J]. 航空学报，2014 (10): 2690-2698.

[4] 林鑫，黄卫东. 应用于航空领域的金属高性能增材制造技术 [J]. 中国材料进展，2015 (9): 684-688.

[5] 陈双，吴甲民，史玉升. 3D 打印材料及其应用概述 [J]. 物理，2018 (11): 715-724.

[6] 杨永强，陈杰，宋长辉，等. 金属零件激光选区熔化技术的现状及进展 [J]. 激光与光电子学进展，2018 (1)3-15.

[7] 汤海波，吴宇，张述泉，等. 高性能大型金属构件激光增材制造技术研究现状与发展趋势 [J]. 精密成形工程，2019 (4): 58-63.

[8] 史玉升，伍宏志，闫春泽，等. 4D 打印——智能构件的增材制造技术，机械工程学报，2020 (15): 1-25.

[9] 赵沧，杨源祺，师博，等. 金属激光增材制造微观结构和缺陷原位实时监测 [J]，科学通报，2022. doi: 10.1360/TB-2022-0439

[10] ISO/ASTM52900-15.Standard terminology for additive manufacturing-general principles-

terminology[J]. ASTM International, West Conshohocken, PA, 2015.

[11]King W, Anderson A, Ferencz R, et al. Laser powder bed fusion additive manufacturing of metals; physics, computational, and materials challenges[J]. Applied Physics Reviews, 2015, 2(4): 041304.

[12] DebRoy T, Wei H, Zuback J, et al. Additive manufacturing of metallic components-process, structure and properties[J]. Progress in Materials Science, 2018, 92: 112-224.

[13] Kawata S, Sun H B, Tanaka T, et al. Finer features for functional microdevices[J]. Nature, 2001, 412(6848): 697-698.

[14] Hahn V, Messer T, Bojanowski N M, et al. Two-step absorption instead of two-photon absorption in 3D nanoprinting[J]. Nature Photonics, 2021, 15(12): 932-938.

[15] Martin, J. H, Yahata, B. D, Hundley, J. M, et al. 3D printing of high-strength aluminium alloys [J], Nature, 2017, 549(7672): 365-369.

[16] MacDonald, E, Wicker, R, Multiprocess 3D printing for increasing component functionality [J], Science, 2016, 353(6307): aaf2093.

[17] Gu D, Shi X, Poprawe R, et al. Material-structure-performance integrated laser-metal additive manufacturing[J]. Science, 2021, 372(6545): eabg1487.

[18] Zhao C, Parab N D, Li X, et al. Critical instability at moving keyhole tip generates porosity in laser melting[J]. Science, 2020, 370(6520): 1080-1086.

[19] Cunningham R, Zhao C, Parab N, et al. Keyhole threshold and morphology in laser melting revealed by ultrahigh-speed x-ray imaging[J]. Science, 2019, 363(6429): 849-852.

[20] Kelly B E, Bhattacharya I, Heidari H, et al. Volumetric additive manufacturing via tomographic reconstruction[J]. Science, 2019, 363(6431): 1075-1079.

[21] Liang J, Liu Y, Li J, et al. Epitaxial growth and oxidation behavior of an overlay coating on a Ni-base single-crystal superalloy by laser cladding[J]. Journal of Materials Science & Technology, 2019, 35(2): 344-350.

[22] Dehoff R R, Kirka M M, Sames W J, et al. Site specific control of crystallographic grain orientation through electron beam additive manufacturing[J]. Materials Science and Technology, 2015, 31(8): 931-938.

[23] Zhang C, Ouyang D, Pauly S, et al. 3D printing of bulk metallic glasses[J]. Materials Science & Engineering R-Reports, 2021, 145: 100625.

[24] Gladman A S, Matsumoto E A, Nuzzo R G, et al. Biomimetic 4D printing[J]. Nature Materials, 2016, 15(4): 413-418.

[25] Yeh J W, Chen S K, Lin S J, et al. Nanostructured high-entropy alloys with multiple principal elements: novel alloy design concepts and outcomes[J]. Advanced Engineering Materials, 2004, 6(5): 299-303.

[26] Tekinalp H L, Kunc V, Velez-Garcia G M, et al. Highly oriented carbon fiber–polymer composites via additive manufacturing[J]. Composites Science and Technology, 2014, 105: 144-150.

[27] Tian X Y, Liu T F, Yang C C, et al. Interface and performance of 3D printed continuous carbon

fiber reinforced PLA composites[J]. Composites Part a-Applied Science and Manufacturing, 2016, 88: 198-205.

[28] Yan Y N, Wang X H, Pan Y Q, et al. Fabrication of viable tissue-engineered constructs with 3D cell-assembly technique[J]. Biomaterials, 2005, 26(29): 5864-5871.

[29] Noor N, Shapira A, Edri R, et al. 3D Printing of personalized thick and perfusable cardiac patches and hearts[J]. Advanced Science, 2019, 6(11): 1900344.

[30] Deiner L J, Gomes Bezerra C A, Howell T G, et al. Digital printing of solid-state lithium-ion batteries[J]. Advanced Engineering Materials, 2019, 21(11): 1900737.

[31] Yap Y L, Yeong W Y. Additive manufacture of fashion and jewellery products: a mini review[J]. Virtual and Physical Prototyping, 2014, 9(3): 195-201.

[32] Bos F, Wolfs R, Ahmed Z, et al. Additive manufacturing of concrete in construction: potentials and challenges of 3D concrete printing[J]. Virtual and Physical Prototyping, 2016, 11(3): 209-225.

[33] Espana F A, Balla V K, Bose S, et al. Design and fabrication of CoCrMo alloy based novel structures for load bearing implants using laser engineered net shaping[J]. Materials Science and Engineering: C, 2010, 30(1): 50-57.